"十四五"职业教育国家规划教材

"十三五"职业教育国家规划教材

光纤通信技术
（第二版）

夏林中　杨文霞　曹雪梅◎主　编
梁　晨　刘　俊◎副主编

扫描二维码
观看视频

- 理论微课
- 案例视频
- 教学课件、素材

中国铁道出版社有限公司
CHINA RAILWAY PUBLISHING HOUSE CO., LTD.

内 容 简 介

本书共分15章，内容包括光纤通信概述、光纤与光缆、光纤通信器件、光纤通信网络、光纤通信接口技术、光纤通信网硬件平台搭建、光传输网基础、SDH 传输网工作原理、SDH 网元组网方式和设备规范、SDH 网络保护、SDH 时钟同步原理、SDH 传输网规划与设备选型、PTN 传输网基础、PTN 传输网工作原理、PTN 传输网关键技术。

本书内容全面，讲解深入浅出，实践性与理论性相结合，适合作为高等职业院校通信技术、移动通信技术、电子通信等专业"光纤通信技术"课程的教材，也可供相关专业技术人员参考阅读。

图书在版编目（CIP）数据

光纤通信技术/夏林中，杨文霞，曹雪梅主编. —2版. —北京：中国铁道出版社有限公司，2022.4（2025.1重印）
"十三五"职业教育国家规划教材
ISBN 978-7-113-28876-1

Ⅰ.①光… Ⅱ.①夏… ②杨… ③曹… Ⅲ.①光纤通信–高等职业教育–教材 Ⅳ.①TN929.11

中国版本图书馆CIP数据核字（2022）第028013号

书　　名	光纤通信技术
作　　者	夏林中　杨文霞　曹雪梅

策　　划	王春霞	编辑部电话：	（010）63551006
责任编辑	王春霞　徐盼欣		
封面设计	付　巍		
封面制作	刘　颖		
责任校对	苗　丹		
责任印制	赵星辰		

出版发行：中国铁道出版社有限公司（100054，北京市西城区右安门西街8号）
网　　址：https://www.tdpress.com/51eds
印　　刷：三河市国英印务有限公司
版　　次：2017年10月第1版　2022年4月第2版　2025年1月第5次印刷
开　　本：850 mm×1 168 mm　1/16　印张：14.5　字数：364千
书　　号：ISBN 978-7-113-28876-1
定　　价：45.00元

版权所有　侵权必究

凡购买铁道版图书，如有印制质量问题，请与本社教材图书营销部联系调换。电话：（010）63550836
打击盗版举报电话：（010）63549461

前　言

光纤通信技术自问世以来得到了飞速发展，并成为通信专业知识体系的重要组成部分。目前，无论是主干网还是接入网，无论是陆地通信还是海底光缆通信，无论是数据传输还是语音传输，都离不开光纤通信，光纤已无处不在，无时不用。经过几十年的发展，我国在光纤通信技术领域已处于世界先进行列。正如二十大报告中提出的"新时代的伟大成就是党和人民一道拼出来、干出来、奋斗出来的！"，我国在光纤通信技术领域取得的伟大成就是党带领着无数老一辈科学家、工程师拼出来、干出来、奋斗出来的！

本书针对高等职业院校通信技术、移动通信技术、电子通信等专业"光纤通信技术"课程的需求而编写，其目的是让高等职业院校学生学习光纤通信技术知识，掌握光纤通信网的搭建、运行、维护与管理。

本书共15章。第1章讲述了通信技术的发展史、光纤通信的优缺点等内容；第2章讲述了光纤分类和结构、光纤如何对光进行传导、单模光纤和多模光纤、光缆结构等内容；第3章讲述了有源器件、无源器件等内容；第4章讲述了常用的光纤通信网络相关内容；第5章讲述了光接口技术、电接口技术等内容；第6章讲述了光纤通信网机房环境要求、硬件安装准备、硬件安装流程与规范、线缆布放与绑扎基本工艺、光纤绑扎带等内容；第7章讲述了光传输网基础；第8章讲述了SDH传输网工作原理；第9章讲述了SDH网元组网方式和设备规范；第10章讲述了SDH网络保护；第11章讲述了SDH时钟同步原理；第12章讲述了SDH传输网规划与设备选型；第13章讲述了PTN传输网基础；第14章讲述了PTN传输网工作原理；第15章讲述了PTN传输网关键技术。

本书由夏林中、杨文霞、曹雪梅任主编，梁晨、刘俊任副主编。具体编写分工如下：夏林中编写第1章～第6章，杨文霞编写第7章～第12章，曹雪梅编写第13章～第15章，梁晨负责动画和微课资源的制作，刘俊负责各章思考与练习的编写。在编写成稿的过程中得到了深圳市讯方技术股份有限公司的帮助和支持，支持的内容主要包括硬件搭建规范和操作流程，并提供了若干实际操作图片，在此表示衷心的感谢。本书借助现代信息技术，在书中关键知识点相应位置做了二维码资源标记，读者可以通过移动终端方便地扫码观看动画和微课资源。

由于编者水平有限，书中难免存在不妥和疏漏之处，恳请广大读者批评指正，以便在今后的修订工作中进一步改进。

编　者
2022年12月

目 录

第1章 光纤通信概述 1
- 1.1 探索时期的光通信 1
- 1.2 光传输介质的研究与进展 2
- 1.3 光源的研究与进展 3
- 1.4 光纤通信系统的发展 4
- 1.5 光纤通信的优点和应用 5
- 拓展阅读 7
- 本章小结 7
- 思考与练习 8

第2章 光纤与光缆 9
- 2.1 光纤发展概述 9
- 2.2 光纤分类和结构 10
  - 2.2.1 光纤分类 10
  - 2.2.2 光纤结构 11
- 2.3 光纤如何对光进行传导 13
  - 2.3.1 光波 13
  - 2.3.2 全反射 15
  - 2.3.3 数值孔径简介 15
- 2.4 单模光纤和多模光纤 17
- 2.5 光缆简介 18
  - 2.5.1 光缆的种类和结构 19
  - 2.5.2 光缆线路工程技术 20
  - 2.5.3 光缆型号及命名 21
  - 2.5.4 光缆网简介 22
- 本章小结 23
- 思考与练习 23

第3章 光纤通信器件 24
- 3.1 有源器件 24
  - 3.1.1 光源和光发射机 24
  - 3.1.2 光检测器和光接收机 27
  - 3.1.3 光放大器 30
- 3.2 无源器件 32
  - 3.2.1 耦合器 32
  - 3.2.2 连接器 35
  - 3.2.3 隔离器 37
  - 3.2.4 环形器 38
  - 3.2.5 滤波器 39
  - 3.2.6 衰减器 40
  - 3.2.7 光开关 41
  - 3.2.8 复用器 43
- 本章小结 45
- 思考与练习 45

第4章 光纤通信网络 46
- 4.1 光纤通信网络概述 46
  - 4.1.1 光纤网络系统组成 46
  - 4.1.2 光纤网络的分类 47
- 4.2 各种数据类型的光网络系统 48
  - 4.2.1 光纤计算机网 48
  - 4.2.2 光纤电话网 49
  - 4.2.3 光纤电视网 50
- 4.3 关键光网络技术 51
  - 4.3.1 同步数字体系（SDH） 51

4.3.2 多业务传送平台（MSTP） 52
4.3.3 波分复用（WDM） 53
4.3.4 光传送网（OTN） 54
4.3.5 分组传送网（PTN） 55
4.4 光网络发展情况概述 56
拓展阅读 56
本章小结 57
思考与练习 57

第5章 光纤通信接口技术 58

5.1 光接口技术 58
    5.1.1 光纤的种类 59
    5.1.2 光接口类型 59
    5.1.3 光接口参数 60
5.2 电接口技术 64
本章小结 64
思考与练习 64

第6章 光纤通信网硬件平台搭建 65

6.1 机房环境要求 65
    6.1.1 机房建筑要求 66
    6.1.2 电源要求 67
    6.1.3 保护系统要求 69
6.2 硬件安装准备 71
6.3 硬件安装流程与规范 76
    6.3.1 硬件安装流程 76
    6.3.2 硬件安装规范 76
6.4 机房配线架认识 77
6.5 线缆布放与绑扎基本工艺 79
    6.5.1 线缆认识 79
    6.5.2 线缆布放工艺 79
    6.5.3 线缆绑扎工艺 80
6.6 光纤绑扎带 81
    6.6.1 光纤绑扎带的结构和裁剪 81
    6.6.2 光纤绑扎带使用 82
6.7 工程标签 82
    6.7.1 标签简介 82
    6.7.2 标签使用说明 83
    6.7.3 标签的书写 84
    6.7.4 标签的粘贴方法 85
    6.7.5 常见工程标签介绍 85
6.8 制作电缆接头并测试 90
    6.8.1 装接同轴电缆的接头 90
    6.8.2 测试电缆通断 95
6.9 2M线制作 95
拓展阅读 97
本章小结 97
思考与练习 97

第7章 光传输网基础 98

7.1 光传输网概述 98
7.2 光传输技术 99
    7.2.1 数字光纤通信系统的组成 99
    7.2.2 PDH技术 100
    7.2.3 SDH技术 104
7.3 光纤接入技术 107
    7.3.1 无源光网络技术 107
    7.3.2 ATM无源光网络 108
    7.3.3 以太网无源光网络 109
    7.3.4 吉比特无源光网络 110
本章小结 111
思考与练习 111

第8章 SDH传输网工作原理 112

8.1 SDH的帧结构、复用结构和映射方法 112

8.1.1 SDH的帧结构..................112
8.1.2 SDH的复用结构和映射方法......115
8.2 SDH的开销..........................121
8.2.1 段开销............................121
8.2.2 通道开销..........................126
8.3 SDH的指针..........................130
8.3.1 管理单元指针......................130
8.3.2 支路单元指针......................133
8.4 网元网络地址定义....................133
8.4.1 网元网络地址的组成..............134
8.4.2 网元网络地址实例................134
8.5 SDH传输性能........................134
8.5.1 可用性参数........................134
8.5.2 误码性能..........................135
8.5.3 抖动漂移性能......................137
本章小结..................................138
思考与练习..............................138

第9章 SDH网元组网方式和设备规范 140

9.1 网元简介............................140
9.1.1 分/插复用器......................140
9.1.2 终端复用器........................141
9.1.3 数字交叉连接设备..................141
9.1.4 再生中继器........................142
9.2 各类SDH传输网结构..................143
9.2.1 SDH网络简单拓扑结构............143
9.2.2 SDH网络中常用的组网结构........144
9.2.3 SDH网络的整体结构..............147
9.3 SDH传输网的应用形式................150
9.4 SDH网元设备规范....................151
9.4.1 SPI：SDH物理接口功能块........152
9.4.2 RST：再生段终端功能块..........152
9.4.3 MST：复用段终端功能块..........153

9.4.4 MSP：复用段保护功能块..........154
9.4.5 MSA：复用段适配功能块..........155
9.4.6 TTF：传送终端功能块............155
9.4.7 HPC：高阶通道连接功能块........155
9.4.8 HPT：高阶通道终端功能块........156
9.4.9 LPA：低阶通道适配功能块........156
9.4.10 PPI：PDH物理接口功能块........156
9.4.11 HPA：高阶通道适配功能块......157
9.4.12 HOA：高阶组装器................157
9.4.13 LPC：低阶通道连接功能块......157
9.4.14 LPT：低阶通道终端功能块......157
9.4.15 LPA：低阶通道适配功能块......158
9.4.16 PPI：PDH物理接口功能块......158
9.4.17 LOI：低阶接口功能块............158
9.4.18 SEMF：同步设备管理
       功能块............................158
9.4.19 MCF：消息通信功能块............158
9.4.20 SETS：同步设备定时源
       功能块............................158
9.4.21 SETPI：同步设备定时物理
       接口................................159
9.4.22 OHA：开销接入功能块............159
拓展阅读..................................160
本章小结..................................160
思考与练习..............................161

第10章 SDH网络保护 162

10.1 网络保护的必要性..................162
10.2 自愈的基本概念....................163
10.3 自愈环保护........................163
10.3.1 通道保护环与复用段保护环....164
10.3.2 二纤单向通道保护环............164
10.3.3 二纤双向通道保护环............165
10.3.4 二纤单向复用段保护环..........166

10.3.5 四纤双向复用段保护环 166
10.3.6 二纤双向复用段保护环 168
10.4 链状网保护 169
10.4.1 链状网简介 170
10.4.2 链状网保护 170
本章小结 171
思考与练习 171

第11章 SDH时钟同步原理 172

11.1 时钟同步基本原理 172
11.1.1 主从同步 173
11.1.2 主从同步的优点 173
11.1.3 时钟类型 173
11.1.4 时钟工作模式 174
11.2 SDH网同步原理 175
11.2.1 SDH的引入对网同步的影响 175
11.2.2 SDH网络的同步原则 175
11.2.3 SDH网元时钟源的种类 176
11.2.4 SDH网络常见的定时方式 176
11.3 S1字节和SDH网络时钟保护倒换
原理 178
11.3.1 S1字节工作原理 178
11.3.2 SDH网络时钟保护倒换原理 179
11.3.3 工作实例介绍 179
本章小结 181
思考与练习 182

第12章 SDH传输网规划与设备选型 183

12.1 传输网规划 183
12.1.1 建设原则 183
12.1.2 规划要点 184
12.1.3 本地网规划路线图 185

12.2 SDH常见设备简介 185
12.3 SDH常见设备选择原则 186
本章小结 187
思考与练习 187

第13章 PTN传输网基础 188

13.1 PTN技术发展背景 188
13.2 MSTP技术 190
13.2.1 MSTP技术概述 190
13.2.2 MSTP关键技术 190
13.3 OTN技术 192
13.3.1 OTN定义 192
13.3.2 OTN的分层结构 193
13.3.3 OTN的帧结构 193
拓展阅读 194
本章小结 194
思考与练习 194

第14章 PTN传输网工作原理 195

14.1 PTN定义 195
14.2 MPLS技术 196
14.2.1 MPLS定义 196
14.2.2 MPLS的标签交换原理 196
14.2.3 MPLS的标签结构 197
14.2.4 MPLS的标签交换过程 197
14.3 PTN技术原理 198
14.3.1 PTN原理概述 198
14.3.2 PTN分层结构 200
14.3.3 PTN的基本功能 201
14.3.4 PTN与SHD/MSTP的比较 ... 202
本章小结 203
思考与练习 203

第15章　PTN传输网关键技术 204

15.1　伪线仿真技术 204
15.1.1　PWE3工作原理 204
15.1.2　PWE3的分类 205

15.2　PTN保护技术 206
15.2.1　PTN技术线性保护 206
15.2.2　APS保护 207

15.3　OAM技术 209
15.3.1　OAM定义 209
15.3.2　OAM帧 209
15.3.3　PTN的OAM功能ꜜ.....................210

15.4　QoS技术 211
15.4.1　QoS的服务模型 211
15.4.2　QoS功能 212

15.5　同步技术 213
15.5.1　同步的概念 213
15.5.2　同步技术简介 214

15.6　PTN组网技术 215
15.6.1　PTN组网概述 215
15.6.2　PTN组网应用 216

本章小结 218

思考与练习 219

参考文献 220

第 1 章

光纤通信概述

学习目标

(1) 了解光通信的发展历史。
(2) 了解光源的发展历史。
(3) 了解光通信系统传输介质的发展历史。
(4) 了解我国光纤通信系统的发展历史和现状。

1.1 探索时期的光通信

视频

光纤通信概述

光通信在两千多年前就已经存在了,据中国相关历史记载,公元前 800 年左右,当时为了军事需要,古人发明了用火光传递少量信息。例如,中国古代"周幽王烽火戏诸侯"(见图 1.1)的故事就流传很广:周幽王非常宠爱自己的爱妃,为了让爱妃开心,在无军情的情况下点燃了烽火,各路诸侯看到烽火后以为有军情,于是就派兵赶到王城救援,结果发现并无军情,各路诸侯气愤而回。此处用来传递信息的媒介就是火光。

图 1.1 周幽王烽火戏诸侯

据相关历史记载,公元前 200 年左右,在古希腊有个叫 Polybios 的人,他发明了一种光传输系统(见图 1.2),这种光传输系统不仅可以传递一些固定信息,而且可以传递事先排版好的字母信息。该传输系统每分钟大约能传输八个字母,换算成现代的传输速率则是 1 bit/s,而现代通信系统的传输速率为太比特每秒量级。

1880 年,美国著名科学家贝尔发明了一种用光传递语音信息的通话系统,如图 1.3 所示。在该光电通话系统中，光源是由弧光灯产生的，然后通过透镜将弧光灯的恒定光束投射到传声器（俗称话筒）的音膜上。当有声音时，音膜就会发生振动，因此通过音膜反射的光束会随着音膜振动而产生相应的光强度变化，这个过程就是光强调制。由于受到各类干扰因素的影响，该系统传输距离很短，并且实用价值很小，但是该系统直接证明了用光波作为载波传送信息是可行的。

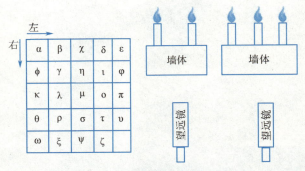

图1.2 Polybios发明的光传输系统

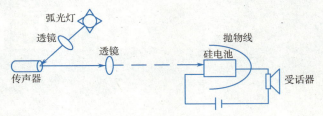

图1.3 贝尔光电通话系统

随后光通信的发展沉寂了几十年，直到20世纪60年代，美国科学家梅曼发明了红宝石激光器（见图1.4），因此激光技术得到了迅猛发展，随之出现了He-Ne气体激光器、CO_2激光器、半导体激光器等。这些优质光源的诞生，促使现代光通信的实现成为可能。

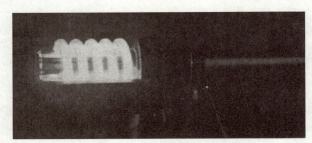

图1.4 梅曼发明的红宝石激光器

1.2 光传输介质的研究与进展

1854年，英国物理学家廷德尔在英国皇家学会中的一次演讲中指出：在盛满水的弯曲管道中，光线可以通过反射顺着管道向前传输。到了20世纪20年代，英国科学家贝尔德依据上述原理成功实现了在石英纤维中传输图像信息的实验。为此，科学家将目光集中到制作光纤的石英材料上。经过一段时间的研究，科学家发现石英光纤的损耗非常大，而且在当时并没有太好的方法减小损耗，因此关于此类的研究相对减少很多。到了1965年，美国科学家米勒报道了由金属空心管内一系列透镜构成的透镜光波导可避免大气传输的缺点，但因其结构太过复杂和对精度的要求太高，从而无法商用。直到1966年，高锟和霍克哈姆发表的一篇重要的论文指出：石英光纤的损耗之所以很高（达到 1 000 dB/km），并非由于石英光纤本身的特性，而是由于过去在制作石英光纤的过程中，没有将石英光纤中的杂质去除，而这些杂质就是导致损耗很高的直接原因，可以通过改进石英光纤的制造工艺来消除这些杂质，从而达到降低石英光纤损耗的目的，使利用石英光纤进行光信息传输成为可能。随后，美国康宁玻璃公司的马瑞尔、卡普隆和凯克三名科研人员通过改进石英光纤的制作工艺，成功制作了第一根可以实用的光纤，其损耗低至 20 dB/km，因此，石英光纤具备了与同轴电缆相当的竞争能力，为光纤的商用铺平了道路。此后，科学家通过不断地改进石英光纤的制造工艺，取得了一个接一个的突破。到了 1979 年，通过科学家的不懈努力，光纤的损耗从 20 dB/km 降到了 0.2 dB/km，该损耗值已接近理论极限。

自从 20 世纪 70 年代光纤损耗降到实用化水平以来，最先广泛使用的光纤是工作波长为 0.85 μm 的多模光纤，这种光纤被当时的 CCITT(现 ITU-T)列为 G.651 光纤。随着激光技术的发展，损耗更低和带宽更宽的 1.3 μm 波长的光纤得到了广泛的应用。80 年代初，工作波长为 1.31 μm 和色散为零的单模光纤开始商用，这种光纤被 CCITT 列为 G.652 单模光纤。90 年代初，由于波长为 1.55 μm 的商用化激光器的出现，随之 1.55 μm 的色散位移光纤开始广泛使用，此种光纤被 CCITT 列为 G.653 光纤，这种光纤主要用于海底光缆系统，它可以将单一波长传送几千千米。

随着光纤技术的不断发展，各种应用场合的光纤被发明和生产出来，如非零色散位移光纤、色散补偿光纤、色散斜率补偿光纤等。在现代光纤通信中，光纤主要分为多模光纤和单模光纤，在多模光纤中，纤芯的直径是 50 μm 和 62.5 μm 两种。而单模光纤纤芯的直径为 8~10 μm，常用的是 9/125 μm（9/125 μm 指光纤的纤芯直径为 9 μm，包层直径为 125 μm）的单模光纤，纤芯外面是包层，包层外面是一层薄的塑料外套，即涂覆层，如图 1.5 所示。

图 1.5　光纤结构示意图

1.3　光源的研究与进展

作为光通信必不可少的光源经历了漫长的发展过程，从烽火到灯泡的发明，经历了两千年时间。当灯泡作为光源时，它的调制速度非常有限，因此只能载运一路音频信号，因此用灯泡作为光通信的光源的应用前景非常有限。到了 20 世纪 60 年代之后，不同激光器的发明给光通信带来了巨大的希望，这是因为激光器的各方面特性非常适合作为光通信的光源。尤其是研制出了具有室温连续振荡工作的镓铝砷双异质结半导体激光器之后，加上使用寿命达到 10 万 h 以上的半导体激光器的商用，使得高速光通信成为现实。

光通信用激光器也经历了一个发展过程，主要脉络是：1960 年，美国科学家梅曼发明世界第一台激光器；1962 年，GaAs 半导体激光二极管问世；1977 年，美国贝尔实验室制作出了半导体激光器；1976 年，日本电报电话公司成功制作出了 1.3 μm 的铟镓砷磷激光器；1979 年，美国电报电话公司和日本电报电话公司成功研制了 1.5 μm 的连续振荡半导体激光器。

1976 年，美国亚特兰大将镓铝砷激光器作为光源，多模光纤作为传输介质，以 44.7 Mbit/s 的传输速率成功地将信息传输了 10 km，成功实现了世界第一个实用光通信系统的现场试验。随后其他发达国家也进行了类似的试验，并获得了光通信的相关实践经验。1988 年，美、日、英、法发起了第一条横跨大西洋的海底光缆光通信系统，全长共 6 400 km。现在光纤通信系统已遍布世界。

在现代光通信系统中，对光通信用的光源有一些基本的要求，只有满足了这些要求的光源才有资格成为光通信用的光源。具体要求如下：

(1) 光源的发光波长必须和光纤的低损耗波长 1.3 μm 和 1.5 μm 相一致。

(2) 光源的输出功率必须合适，入纤功率为数十微瓦到数毫瓦之间，这样才能满足不同通信距离的需要。

(3) 光源应具有非常强的耐用性，其使用寿命要在 10 万 h 以上，否则会因频繁更换光源而降低光通信系统的可靠性。

(4) 光源的谱线宽度要尽可能窄，这有利于减少光纤的材料色散，增大系统的传输容量。

(5) 光电转换效率要尽可能高，否则会因效率太低而导致器件发热严重，不仅增加损耗，还会缩短光源的使用寿命。

(6) 光源应便于调制，调制速率应能适应系统的要求。

(7) 光源应体积小，质量小，便于安装和使用。

目前，市场上使用的光源绝大部分都是半导体激光器（LD）和半导体发光二极管（LED）。由于 LD 价格昂贵，考虑到成本的因素，LED 成为光纤通信系统的主要光源。

1.4 光纤通信系统的发展

光纤通信系统出现于 20 世纪 60 年代，到现在已有将近 60 年的历史了，在这段发展过程中，光纤通信系统的发展经历了五代。

第一代光纤通信系统（1966—1976 年）：以 0.85 μm 的工作波长为主，传输介质以采用多模光纤为主，光源主要是 GaAs 半导体激光器，传输速率达 45 Mbit/s，最大中继间距达 10 km。到了 20 世纪 70 年代后期，人们发现 1.3 μm 附近的光波在光纤通信系统中的损耗要小于 1 dB/km，并且有非常小的色散，这样光波传输的距离就要大很多，因此，针对工作波长为 1.3 μm 的光纤通信系统的研发开始火热起来。

第二代光纤通信系统（1976—1986 年）：以 1.31 μm 的工作波长为主，传输介质以采用单模光纤为主，光源主要是铟镓砷磷激光器，色散小，传输速率达到 1.7 Gbit/s，最大中继间距超过 20 km。然而此时，人们通过理论研究发现光纤最小损耗可低至 0.5 dB/km，且光纤的最小损耗在 1.55 μm 附近，因此，针对工作波长为 1.55 μm 的光纤通信系统的研发开始火热起来。

第三代光纤通信系统（1986—1996 年）：以 1.55 μm 的工作波长为主，传输介质以采用单模光纤为主，光源主要是 InGaAsP 半导体激光器，光纤损耗最低可到 0.2 dB/km，传输速率达到 4 Gbit/s。在使用该系统时，由于 InGaAsP 半导体激光器是多纵模激光器，这样通信系统的使用就受到色散的限制。后来设计出了在 1.55 μm 附近具有最小色散的色散位移光纤（DSF），并且使用单纵模半导体激光器，成功地解决了这个问题，该种通信系统的无中继距离达到 90 km，并且通信系统数据传输速率达到 2.5 Gbit/s。随后，由于激光器的设计水平的提高，可使光接收机的数据传输速率达到 10 Gbit/s。

第四代光纤通信系统（1996—2003 年）：以引入光放大器为标志，特别是工作在 1.55 μm 附近的掺铒光纤放大器（EDFA）。同时还出现了波分复用（WDM）技术，这使光纤通信系统的传输容量得到了巨大的提高。

第五代光纤通信系统（2003 年至今）：进入 21 世纪以来，由于多种先进的调制技术、超强 FEC 纠错技术、电子色散补偿技术等一系列新技术的突破和成熟，以及有源和无源器件集成模块的大量问世，出现了以 40 Gbit/s 和 100 Gbit/s 为基础的波分复用系统的应用。

总而言之，光纤通信已成为所有通信系统中的最佳技术选择。光纤通信系统的发展经历了由多模到单模；由 0.85 μm 光源到 1.3 μm 和 1.55 μm 的光源；传输速率为几十兆比特每秒到太比特每秒量级；由长途干线推广到用户接入网；由单一类型信息传输到多业务传输的历程。

光通信自诞生到发展经历了两千多年的历史，目前，传输速率为几十吉比特每秒的系统已经实用化并得到了大量的应用，形成了遍布全世界的陆地与海底光纤网。光通信主要发展历程见表 1.1。

表 1.1 光通信主要发展历程

年 代	发 展
古代光通信	军用烽火台、信号灯、航标灯
1880 年	光电通话系统的发明，开启了光通信的序幕
20 世纪 60 年代	世界第一台红宝石激光器诞生；进行了透镜阵列传输光的实验；研制出 He-Ne 气体激光器、CO_2 激光器、半导体激光器；高锟就光纤传输的前景发表具有历史意义的论文
20 世纪 70 年代	成功研制损耗 20 dB/km 的石英光纤；研制成室温下连续振荡的镓铝砷激光器
20 世纪 80 年代	传输速率得到大幅提高；传输距离得到大幅增加；光纤通信在海底通信获得应用
20 世纪 90 年代	掺铒光纤放大器的应用迅速得到了普及，波分复用系统实用化
21 世纪以来	先进的调制技术、超强 FEC 纠错技术、电子色散补偿技术等一系列新技术的突破和成熟

未来，光纤通信的研究热点将是超大容量的波分复用光纤通信系统、超长距离光孤子通信系统、宽带光放大器等。

1.5 光纤通信的优点和应用

在早期通信中，使用的大多是微波通信，微波的波长范围一般在 0.001~0.1 m 之间，因此其对应的频率范围在 3~300 GHz 之间。而光纤通信系统使用的载波波长在 0.7~1.7 μm 之间，与此对应的频带宽度约为 200 THz。现在光纤通信系统使用的光源基本都处在 1.31~1.55 μm 之间，其对应的频带宽度约为 20 THz。由此可以看出，光纤通信用的近红外光波比微波的频带宽度高三个数量级以上。电磁波光谱图如图 1.6 所示。

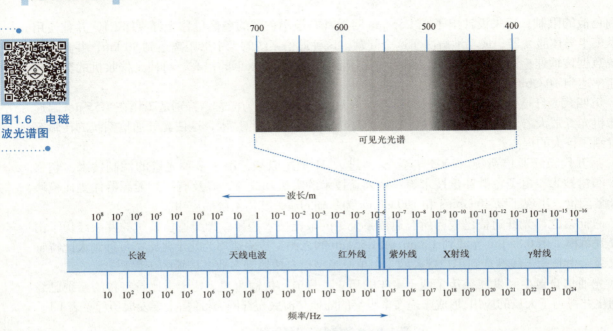

图 1.6　电磁波光谱图

光纤作为传输介质,不仅可以解决通信带宽问题,而且可以解决光传输损耗问题,因此光纤的应用前景非常理想。总体来讲,光纤作为光传输介质,它具有的优点如下：

(1) 传输频带宽,传输容量大。光纤能提供的带宽大于 100 GHz,目前单波长光纤通信系统的传输速率一般为 2.5 Gbit/s 和 10 Gbit/s,采用外调制技术时,传输速率可达到 40 Gbit/s。当采用波分复用(WDM)和时分复用(TDM)技术时,其传输容量更是得到了极大的提高。

(2) 光损耗小,中继距离长,误码率小。随着制作工艺的不断提高,石英光纤在 1.31 μm 处的光损耗接近 0.5 dB/km,在 1.55 μm 处的光损耗接近 0.2 dB/km,而且这样的损耗特性在几百吉赫的宽频带范围内基本不变。同轴电缆的损耗会随频率的改变而改变。例如,一种典型的传输电视信号的同轴电缆,50 MHz 对应的损耗为 20 dB/km,200 MHz 对应的损耗是 50 dB/km,500 MHz 对应的损耗是 100 dB/km。因此,传输容量大,误码率低,传输距离长,使光纤通信系统适合长途干线网,同时也适合接入网的使用。

(3) 质量小,体积小,寿命长,成本低。光纤具有质量小、体积小、寿命长、成本低等优点。这一点对于飞机、导弹等军事领域用处巨大,因为使用光纤可以大幅度减小它们的质量。一般光纤的预计使用寿命为 20~30 年,而传统的电缆的使用寿命为 12~15 年,主要原因是玻璃不会像金属那样容易腐蚀。而光纤制作使用的主要材料在地球上含量非常丰富,因此制作光纤的成本很低。

(4) 抗电磁干扰性能好,对温度、腐蚀性液体或气体的耐抗性强。光纤由电绝缘的石英材料制成,因此光纤通信系统不受各种电磁干扰,也不会受到闪电雷击的损坏,并且非常适用于强电磁干扰的高压电力周围,同时也适合在油田、煤矿等易燃易爆环境中使用。

(5) 光纤泄漏少,保密性好。随着社会的发展,人们对重要信息的保密性要求越来越高,而传统的有线通信和无线通信的保密性都不是很好。对于光纤来讲,光波在光纤中传输时,将会被限制在光纤内部,而不会泄漏出光纤外,即使在转弯处,弯曲半径较小时,漏出的光波也十分微弱,如果在光纤或光缆的表面涂上一层消光剂,光纤中的光就完全不能跑出光纤了,为此,要想从光纤外面窃取传输的信息就不可能存在了。另外,由于不会出现漏光现象,在包含多根光纤的电缆中出现串话现象就基本不存在了,同样也不会对其他设备造成干扰。

(6) 光纤制造材料丰富。制造同轴电缆和波导管的铜、铝、铅等金属材料在地球上的含量有限,而制造光纤的石英材料在地球上含量丰富,基本上是取之不尽的材料。大量使用石英光纤替代地球上稀缺的金属材料,这一点不仅体现在经济上,同时也是国家可持续发展的需要。

中国经过了几十年的光纤通信系统的研究与发展,已经基本通达了每个城市。在这几十年的发展过程中,造就出了具备非常强竞争力的国际性光纤通信系统的生产商和运营商。我国光纤通信具体发展轨迹见表1.2。

表 1.2 我国光纤通信具体发展轨迹

时间	发展
1974 年	开始了光纤通信的基础研究
20 世纪 70 年代末	光纤通信系统现场试验
20 世纪 80 年代	完成了武汉市话中继实用化工程,武汉—荆州多模光缆 34 Mbit/s 省内干线工程以及合肥—芜湖 140 Mbit/s 单模光缆一级干线工程等
20 世纪 90 年代初期	完成了"八纵八横"国家干线,这些干线主要是采用 PDH 140 Mbit/s 系统,开通 1 310 nm 窗口
20 世纪 90 年代末期	逐渐采用了 SDH 622 Mbit/s 和 2.5 Gbit/s 系统,开通 1 550 nm 窗口,传输速率开始从 622 Mbit/s 提升到 2.5 Gbit/s
2015 年	我国移动宽带用户占比超过 60%,光纤接入用户数突破 1 亿户

拓展阅读

1976 年,我国第一根光纤在武汉诞生,经过 40 多年的发展,国内的光纤光缆产业已形成了完整的产业链体系,包括光棒制造、光纤拉丝和光纤光缆制造为主要构成的主产业链,以及扩展外延形成的光纤光缆材料等各种分产业链,产业链随着光纤应用领域的扩展还在快速延伸。相关分析报告显示,自 2017 年起,每年我国光纤光缆需求量都占到全球份额的 50% 以上,从而真正确立了我国光纤光缆制造大国以及强国的地位。在党的二十大报告中强调,必须坚持科技是第一生产力、人才是第一资源、创新是第一动力。因此,我们要深入实施科教兴国战略,守正创新,培养出一批通信类高素质创新人才,实现我国光纤通信产业新的辉煌。

本章小结

本章简要介绍了光通信的发展历史,简述了光传输介质和光源的研究进展。20 世纪到 21 世纪初,光纤通信系统的发展经历了五个时代,进入 21 世纪以来,由于多种先进的调制技术、超强 FEC 纠错技术、电子色散补偿技术、波分复用技术等一系列新技术的突破和成熟,以及有源和无源器件集成模块的大量问世,出现了以 40 Gbit/s 和 100 Gbit/s 为基础的 WDM 系统的应用。我国在 20 世纪 90 年代初期开始了光纤通信系统的大量建设,光缆逐渐取代电缆,并完成了"八纵八横"国家干线建设。

思考与练习

1. 古代都有哪些利用光传递信息的例子?
2. 用光纤进行通信是由谁最早提出的?
3. 列举光纤通信系统相对电缆通信系统的优点。
4. 简述光源、光传输介质的发展历程。
5. 简述我国光纤通信系统的建设现状。

第 2 章

光纤与光缆

学习目标

（1）掌握光纤的结构和分类。
（2）掌握光纤传导光的基本原理。
（3）了解单模光纤和多模光纤的各自特点。
（4）掌握光缆的种类和结构。
（5）了解光缆的型号和命名方式。

2.1 光纤发展概述

　　早期，光通信是穿过空气来传输的，但空气对光传输的干扰非常大。为了避免空气对光传输的干扰，科学家发明了透镜光波导技术，利用能够反射光信号的管子进行光传输，并在一定距离上设置聚焦透镜，其所起的作用是汇聚散射光和诱导光折射，但该种光传输方式受振动和温度的影响非常严重，从而无法商用。但这种思想启发了后人，从而促使科学家利用这种思想成功研制出了光导纤维。1966 年，高锟用实验证明了利用玻璃可以制作光导纤维，并指出通过改进制作工艺，可以使该种光导纤维的光损耗减小到很小的程度。1970 年，美国贝尔实验室、美国康宁玻璃公司和英国电信研究所合作成功研制出了损耗为 20 dB/km 的光导纤维。随后，各发达国家纷纷开展光纤制作工艺的研究，分别研制出了多组分玻璃光纤、液芯光纤、塑料光纤等光纤，其中利用介质全反射原理导光的石英光纤被广泛采用。

　　在现代光纤通信中，光纤的衰减是制约光纤发展的最重要因素，各国科学家对此展开了大量研究。1974 年，科学家研制出了衰减为 2 dB/km 的低损耗光纤。1976 年，科学家研究发现，当降低玻璃内的 OH^- 离子时，可以消除 1.3~1.55 μm 之间的衰减波峰，如图 2.1 所示。1979 年，1.55 μm 波长光纤衰减达到 0.2 dB/km，接近理论极限值。随后，科学家又发现当光纤长期与潮气和水接触，会致使部分水气渗入光纤内，造成光纤衰减幅度增大和本身物理强度降低，为了解决这个问题，科学家提出将油膏注入光纤套管中可以隔绝水气，从而制备出防潮的光纤，以克服此类问题。

  光纤通信系统的通信容量也是经过一段发展过程才得到非常大的提升。早期使用的是多模（Multi-Mode，MM）光纤，但是光在多模光纤中传输时，由于各模式间存在光程差，从而导致输出的光信号带宽较窄。到了 1976 年，科学家研制出了渐变型（又称自聚焦型）光纤，此时光纤的传输带宽达到 kHz 的数量级。到了 20 世纪 80 年代，科学家研制出了单模（Single-Mode，SM）光纤，其传输带宽增大到 10 kHz，这使得大容量光通信成为可能。随后，科学家研制出了波长为 1.55 μm 的零色散光纤，这使得长距离超大容量光纤传输得到商用。

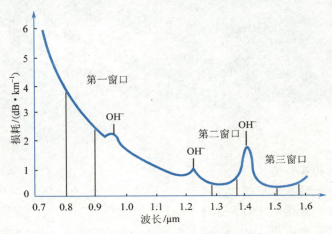

图 2.1 光纤 OH⁻ 离子造成的衰减峰值

  光纤的发展离不开光源的发展。早期，使用的是输出波长为 0.85 μm 的注入式镓铝砷激光器作为光源，该类激光器使用寿命较短。后来又相继研制出了可连续运行的镓铝砷双异质结注入式激光器、GaAlAs 发光二极管（LED）等寿命长、价格低、谱线宽、速率低和功率小的商用化激光器。随之，工作波长为 1.3 μm 和 1.55 μm 的激光器被研制出来并得到大范围使用。

2.2 光纤分类和结构

  在实际使用中，会根据不同的环境使用不同的光纤，因此现在光纤的种类比较多。同时，不同参数的光纤其结构也会有所不同。下面将从光纤分类和结构两方面来介绍各种光纤。

2.2.1 光纤分类

  如果按材料的不同来划分光纤的种类，可将其分为以下几类：
(1) 石英光纤：石英玻璃（SiO_2）。
(2) 多种组分玻璃光纤。
(3) 液芯光纤：细管内采用传光液体。

（4）塑料光纤：以塑料为材料的光纤。
（5）高强度光纤：以石英为纤芯和包层，外涂炭素材料。

如果按折射率分布的不同来划分光纤的种类，可将其分为以下几类：
（1）突变型光纤。
（2）渐变型光纤。
（3）W 型光纤。

如果按光纤内部能传输的电磁场总模数（可激励的总模数）来划分光纤的种类，可将其分为以下几类：
（1）单模光纤。
（2）多模光纤。

如果按工作波长的不同来划分光纤的种类，可将其分为以下几类：
（1）1 μm 以下的短波长光纤（0.85 μm）。
（2）1 μm 以上的长波长光纤（第一长波长 1.30 μm，第二长波长 1.55 μm 和第三长波长 1.62 μm）。

当今用于通信的光纤，一般为石英光纤，外径为 125 μm，芯径为 6~10 μm（单模光纤），传输带宽极宽，通信容量巨大，材料纯度达到 99.999 999%，折射率分布十分精确。只有这样的光纤的传输带宽才能达到 100 MHz·km 以上，实现大容量通信。

光纤传输损耗一般以康宁光纤为参考标准：
0.85 μm 光纤传输损耗：0.5 dB/km；
1.30 μm 光纤传输损耗：0.38 dB/km；
1.31 μm 光纤传输损耗：0.35 dB/km；
1.55 μm 光纤传输损耗：0.25 dB/km；
1.625 μm 光纤传输损耗：0.25 dB/km。

2.2.2 光纤结构

光纤结构的不同主要体现在折射率的分布不同上。按照光纤横截面上径向折射率的分布特点，可以把光纤分为阶跃折射率光纤和渐变折射率光纤两大类。

1. 阶跃折射率光纤

图 2.2 所示为阶跃折射率光纤，其纤芯的折射率为 n_2，包层的折射率为 n_1，其折射率分布的数学表达式为

$$n(r) = \begin{cases} n_2 & (r \leqslant a) \\ n_1 & (r > a) \end{cases} \tag{2.1}$$

式中，r 为光纤的半径；a 为纤芯的半径。

光线以光纤的轴心线平行入射，则直线向前传播。若光线以与光纤端面成 θ 角的入射角度进入光纤，则在包层产生包层界面入射角 φ。因为 $n_2 > n_1$，所以包层界面入射角的临界角 φ_M 与临界端面入射角 θ_a 的关系为：

当 $\theta > \theta_a$ 时，$\varphi < \varphi_M$，光线有一部分折射到包层；

当 $\theta \leqslant \theta_a$ 时，$\varphi \geqslant \varphi_M$，光线在纤芯和包层的界面不断全反射，在允许的弯曲程度内，只要光纤是圆柱体，光就能在光纤中转弯，产生亿万次以上的全反射，不断向前传输。

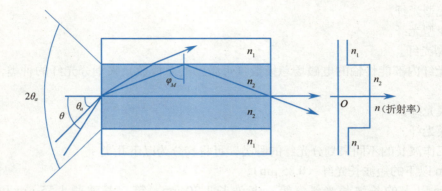

图 2.2　光在阶跃折射率光纤中的传播

2. 渐变折射率光纤

图 2.3 所示为渐变折射率光纤，其折射率分布从纤芯向外逐渐变小，其数学表达式为

$$n(r)=\begin{cases} n_2\left[1-2\Delta\left(\dfrac{r}{a}\right)^{\alpha}\right]^{\frac{1}{2}} & (r\leqslant a) \\ n_1=n_2(1-2\Delta)^{\frac{1}{2}} & (r>a) \end{cases} \quad (2.2)$$

式中，$\Delta=(n_2-n_1)/n_2$，称为相对折射率差。

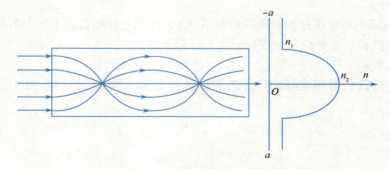

图 2.3　光在渐变折射率光纤中的传播

式（2.2）中，当 $\alpha=2$ 时，渐变折射率光纤的折射率从轴心沿半径方向以二次方律抛物线形状连续下降，轴心线上折射率最大，边缘折射率最小，因此，光在纤芯传播时，速度因折射率不同而不同。如图 2.3 所示，平行于轴心线入射的光，一般形成近似于正弦曲线的传播途径，各平行光线将同时到达轴心线并交汇于一点。另外，渐变折射率光纤还具有没有全反射损耗的优势。

要制作出严格的折射率分布为二次方律抛物线的渐变型光纤很难，在实际生产中，通常会制作出近似二次方律抛物线的渐变折射率光纤，其折射率分布为梯度型，称为梯度型光纤，其折射率分布如图 2.4 所示。

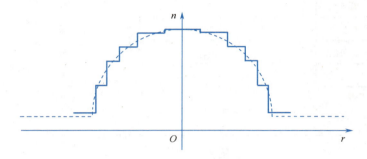

图 2.4 梯度型光纤折射率分布

2.3 光纤如何对光进行传导

在理解光纤如何对光进行传导之前，需要对光波有一个基本认识，并寻找到合适的方法分析光纤传导光波的原理。众所周知，物理学家爱因斯坦提出光波具有波粒二象性，并得到了实验证实，为此在分析光波特性时有两种基本方法，即基于光波的粒子性的几何分析法和基于光波的波动性的波动分析法。本书将以几何分析法来分析光纤是如何传导光的。

视 频

光纤如何对光进行传导

2.3.1 光波

光纤通信用光波与无线通信用的无线电磁波一样，也是一种电波。但光纤通信用光波与无线电磁波相比波长要短很多，换句话说，其频率更高。无线电磁波主要用在电视、移动通信、广播电台等领域，而光纤通信用光波主要用于传输大容量、高速度、数字化的综合业务信息，传输媒介为光纤。

如图 2.5 所示，人眼可见光波的波长大致在 0.39~0.76 μm 之间，包括红、橙、黄、绿、蓝、靛、紫等颜色，这些不同颜色的光混合在一起就变成白光。波长大于 0.76 μm 的光波称为不可见的红外线，在 0.76~15 μm 之间的光波称为近红外线，在 15~25 μm 之间的光波称为中红外线，在 25~300 μm 之间的光波称为远红外线，波长小于 0.39 μm 的光波称为不可见的紫外线。紫外线的波长范围在 0.006~0.39 μm 之间，紫外线、可见光和红外线统称光波。目前光纤通信的低损耗传输窗口在 0.6~1.6 μm 的波段范围，属于可见红外光与不可见近红外光波段。

1. 光波速度

光波在真空中的传输速度为 $c \approx 3 \times 10^5$ km/s，并且光波在均匀介质中是沿直线传播的，其传播速度与介质的折射率成反比，即

$$v = \frac{c}{n} \tag{2.3}$$

式中，n 为介质光折射率；c 为真空中的光速。

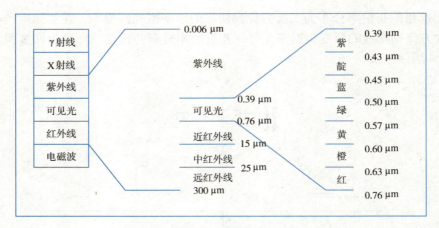

图 2.5 光波波谱

以真空的光折射率为 1，其他介质的折射率都大于 1，因此光波的传输速度比真空中小。若假设空气的折射率约为 1，而石英光纤的折射率大致为 1.458，则可计算出光波在光纤中的传播速度约为 $v = 2 \times 10^5 \text{km/s}$。另外，光波的波长（$\lambda$）、频率（$f$）和传输速度（$v$）之间的关系为

$$c = f\lambda \quad \text{或} \quad v = \frac{f\lambda}{n} \tag{2.4}$$

2. 折射与反射

光波在同一均匀介质中是沿直线传播的，当遇到折射率不同的介质时，会发生折射和反射现象。光的折射与反射原理如图 2.6 所示。

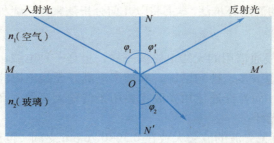

图 2.6 光的折射与反射

如图 2.6 所示，空气折射率为 n_1，玻璃折射率为 n_2，且 $n_1 < n_2$，假设空气与玻璃的分界面为 MM'，分界面的法线设为 NN'。当入射光入射到 O 点时，会发生反射与折射现象，即一部分光反射回空气中，一部分光折射入玻璃中。

由反射定律可得

$$\angle \varphi_1' = \angle \varphi_1 \tag{2.5}$$

由折射定律可得

$$\frac{\sin \varphi_1}{\sin \varphi_2} = \frac{n_2}{n_1} \tag{2.6}$$

假设光波在空气中的传输速度为 v_1，在玻璃中的传输速度为 v_2，则根据式（2.3）可得

第 2 章 光纤与光缆

$$\frac{\sin\varphi_1}{\sin\varphi_2} = \frac{v_1}{v_2} \tag{2.7}$$

由式（2.6）和式（2.7）可推导出

$$\frac{v_1}{v_2} = \frac{n_2}{n_1} \tag{2.8}$$

在几何光学里，对于两种不同光传输介质来讲，折射率较大的传输介质称为光密介质，折射率较小的传输介质称为光疏介质。

2.3.2 全反射

在几何光学里，除了折射和反射以外，还有一个重要的概念，即全反射。上小节讲的是光从光疏介质入射到光密介质，折射角小于入射角。当光从光密介质入射到光疏介质时，折射角大于入射角，并且折射角会随着入射角增大而增大，当入射角达到临界角 φ_0 时，此时折射角为 $\angle\varphi_2 = 90°$，如图 2.7 所示。因此，当入射角大于等于临界角 φ_0 时，折射光能量就接近于零，反射光能量接近于入射光能量，且反射角与入射角相等。

如图 2.7 所示，这种情况下有

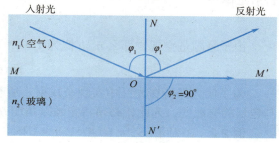

图 2.7 光的全反射

$$\frac{\sin\varphi_0}{\sin 90°} = \frac{n_2}{n_1} \tag{2.9}$$

例 2.1　①假设某光纤的纤芯折射率为 $n_1 = 1.475$，包层的折射率 $n_2 = 1.455$，那么为了保证光波保持在纤芯中，应满足什么条件？

②光纤有玻璃材质的，也有塑料的，对于塑料光纤，其中 $n_1 = 1.495$，$n_2 = 1.402$，给出满足全反射的条件。

解　①应满足的条件就是全反射。为了实现全反射，至少要使入射光线以临界入射角入射到纤芯包层边界，这样才可以保证发生全反射。可以使用式（2.6）来计算出结果。由于临界入射角在 $\varphi_2 = 90°$ 时达到，所以可得

$$\sin\varphi_1 = n_2 / n_1 \tag{2.10}$$

因此

$$\varphi_1 = \arcsin(n_2 / n_1) = \arcsin 0.986\,4 = 80.55°$$

②对塑料光纤重复以上同样的计算，可得

$$\varphi_1 = \arcsin(n_2 / n_1) = \arcsin 0.937\,8 = 69.68°$$

由上例可知，要想实现全反射，必须满足纤芯的折射率（n_1）比包层的折射率（n_2）大的基本条件。

2.3.3 数值孔径简介

1. 接收角度

由于光源发射的光需经过一定的缝隙才可以耦合到光纤，此时可以近似理解为光波从空气介质入射到光纤介质，所以必须遵从折射定律，具体情况如图 2.8 所示。

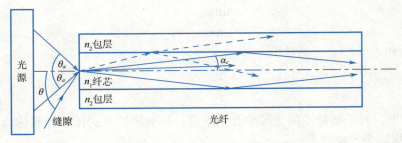

图 2.8　将光入射到光纤中

如图 2.8 所示，在光源与光纤的接口处角度为 θ_a 的光是入射光，角度为 α_c 的是折射光，根据折射定律得出

$$n_a \sin\theta_a = n_1 \sin\alpha_c$$

由于缝隙是空气，那么 n_a 近似为 1（n_a=1.000 3），因此可得

$$\sin\theta_a = n_1 \sin\alpha_c$$

为了使光保持在光纤中实现全反射，所有的光线必须以小于等于临界角 θ_a 的角度入射到芯层与包层的交汇处。为此，必须将光源以角度 θ_a 或更小的角度从光纤外部耦合到光纤中去。

例 2.2　①对于一个 n_1=1.475，n_2=1.455 的光纤，其接收角大小是多少？
②对于塑料光纤（n_1=1.495，n_2=1.402），其接收角大小是多少？

解　①根据折射定律，$n_a \sin\theta_a = n_1 \sin\alpha_c$，对于空气有 $n_a \approx 1$，由例 2.1 可计算出 $\alpha_c = 9.45°$，所以 $\sin\theta_a = 1.48\sin 9.45° = 0.243$，因此接收角的一半 $\theta_a = \arcsin 0.243 = 14.064°$，所以接收角 $2\theta_a = 28.128°$。

② $\theta_a = \arcsin(1.495\sin 20.32°) = \arcsin 0.519\,2 = 31.27°$，所以，接收角为 $2\theta_a = 62.54°$。

总而言之，为了光波能够在纤芯中很好地传播，需要光源能以小于等于临界角的角度耦合进光纤。物理上讲，光纤系统中有两个必须相互连接的部件：光源和光纤。在光纤通信中有一个物理量叫数值孔径（Numerical Aperture，NA），它是将传播角、接收角、折射率等因素结合在一起描述的物理量。

2. 数值孔径

在光纤通信系统中，数值孔径可表示为

$$NA = \sin\theta_a \tag{2.11}$$

这个定义强调了数值孔径的含义，但是为了计算其值，最好使用这个表达式的另一种形式，其推导如下：

因为 $NA = \sin\theta_a$ 且 $\sin\theta_a = n_1 \sin\alpha_c$，而 $\sin\alpha_c = \sqrt{1-(n_2/n_1)^2}$，所以

$$NA = n_1 \sin\alpha_c = n_1\sqrt{1-(n_2/n_1)^2} = \sqrt{n_1^2 - n_2^2}$$

这就得出

$$NA = \sqrt{n_1^2 - n_2^2} \tag{2.12}$$

2.4 单模光纤和多模光纤

光纤的种类很多，分类方法也是各种各样的。按光在光纤中的传输模式可分为多模光纤和单模光纤。早期使用较多的是多模光纤，由于其各方面的缺陷，在使用一段时期后就被单模光纤取代了。早期的单模光纤传输的波长是 1.3 μm，后来发展出了可传输 1.55 μm 的单模光纤，现在已发展出了多波长同时传输的单模光纤。光纤传输波长演化过程如图 2.9 所示。

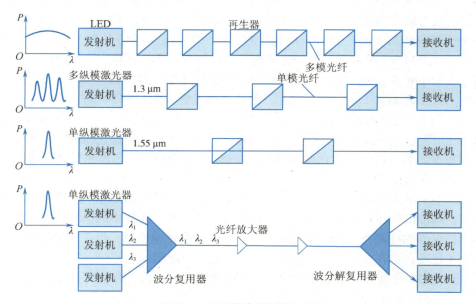

图 2.9 光纤传输波长演化过程

1. 多模光纤

多模光纤一般纤芯较粗（有 50 μm 或 62.5 μm 的），包层外直径为 125 μm，可同时传输多种模式的光。在光纤中传输时，不同模式之间的色散很大，这就限制了数字信号的传输频率宽度；而且其传输损耗会随着距离的增长而变得越来越严重，这就限制了多模光纤的使用范围和前景。多模传输的几何光学模型如图 2.10 所示。

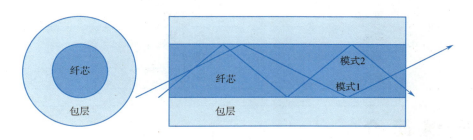

图 2.10 多模传输的几何光学模型

如图 2.10 所示，在此模型中，光线在纤芯中的纤芯和包层边界上来回反射，纤芯中包含有多束光线，每束光线可能经过不同的路径通过光纤，这些不同的路径的每一条都对应一种传播模式，且不同的路径的长度是不同的。因此，不同模式到达光纤末端的时间略有不同，这就导致了脉冲离散。这种离散一般称为色散，由不同模式的不同速度产生的特定的色散称为模间色散。通常，早期的多模光纤系统工作在 32~140 Mbit/s 范围，并且每 10 km 放置一个再生器。

2. 单模光纤

单模光纤一般纤芯较细（芯径一般为 9 μm 或 10 μm），包层外直径为 125 μm，只能传输主模的光。这样完全避免了模式色散，使得单模光纤的传输频带很宽，因而适用于大容量和长距离的数据信号传输。但单模光纤存在另外两种色散，分别是材料色散和波导色散，这样单模光纤对光源的谱宽和稳定性有较高的要求，即谱宽要窄和稳定性要好。后来人们发现在 1.31 μm 波长处不仅是光纤的一个低损耗窗口，而且此处单模光纤的材料色散为正，波导色散为负，且它们的绝对值正好相等，因此在 1.31 μm 波长处，单模光纤的总色散和等于零。这样，光纤通信的一个很理想的工作窗口就在 1.31 μm 波长处，也是现在光纤通信系统的主要工作波段。1.31 μm 常规单模光纤的主要参数是由 ITU-T 在 G.652 建议中确定的，因此这种光纤又称 G.652 光纤。

后来人们又制造出了工作波长为 1.55 μm 的单模光纤，且其损耗达到了理论极限值 0.20 dB/km。相对于 1.31 μm 来说，这一波段具有更低的传输损耗，从而使得再生器之间的跨距更长。此时期另一传输损伤即色度色散（通常简称色散），就增加传输比特率而言，色度色散开始成为一种限制因素。光信号或脉冲的能量具有一个有限带宽，即使在单模光纤内，脉冲的不同频率分量也是以不同速度传播的，这是由玻璃的基本物理性质决定的，这种效应在输出端导致了脉冲离散，就如同模间色散一样。脉冲的频谱越宽，由色散引起的离散就越严重。光纤中的色散取决于信号的波长。在实际应用中，标准的硅基光纤在 1.31 μm 波段基本上没有色度色散，但在 1.55 μm 波段却有明显的色散。因此，色度色散在早期的 1.31 μm 系统中不是一个问题。

1.55 μm 波段的高色度色散刺激了色散位移光纤的发展，色散位移光纤是经过精心设计的零色散值的光纤（在 1.55 μm 波段处），因此不必担心在此波段的色度色散问题。

随着光纤制作工艺、光源等技术的提高，能够传输的波长范围越来越广。表 2.1 表明了单模光纤中可用的不同传输波段。

表 2.1 单模光纤中可用的不同传输波段

波 段	描 述	波长范围 /nm
O 波段	原有	1 260~1 360
E 波段	扩展	1 360~1 460
S 波段	短波长	1 460~1 530
C 波段	常规	1 530~1 565
L 波段	长波长	1 565~1 625
U 波段	超长波长	1 625~1 675

2.5 光缆简介

在实际工程应用中，我们无法直接使用光纤，而要将光纤制作成光缆来使用。具体原因是光

第 2 章 光纤与光缆

纤的抗拉强度较弱,且无法经受实际工程应用中的弯曲、扭曲和侧压力的作用。光缆的制作过程与通信用的铜缆相类似,需要使用传统的胶合、套塑、金属带铠装等成缆工艺,并在缆芯中加装高强度材料,制成满足不同使用需求的光缆。

光缆性能的优劣对光纤的性能有很大影响,因此在制缆时要按照ITU-T规定的技术指标来制作。例如,为了避免由于膨胀系数差异导致的光纤微弯现象,在实际生产中可制作成松套光纤结构。

2.5.1 光缆的种类和结构

根据光缆生产的实际情况和使用条件的不同,光缆品种主要分为层绞式光缆、骨架式光缆、束管式光缆、带状光缆等。

1. 层绞式光缆

层绞式光缆是早期光通信常用的光缆,这种结构的光缆在全世界应用非常广泛。该种光缆通常由6~12根光纤组合而成,并且其结构会根据不同的敷设要求而有所不同,通常在市话网中使用管道的敷设方式,在长途干线上使用直埋的敷设方式,在农村一般使用架空的敷设方式。图2.11所示是一款含有六芯的松套层绞式光缆,中间为实心钢丝和纤维增强塑料(FRP,无金属光缆),松套光纤扭绞在中心增强件周围,用包带固定,外面增加皱纹钢(铠装甲),外护套采用PVC或AL-PE粘接护层。光纤在塑料套管中有一定的余长,使光缆在被拉伸时有活动的余地,因此,光缆长度不等于光纤的长度,一般采用光缆系数来描述两者的比例。

2. 骨架式光缆

骨架式光缆是将光纤放在独立的塑料套管或骨架槽内,用低密度聚乙烯制作骨架,加强芯采用钢丝或增强型塑料,如图2.12所示。骨架式光缆由四个基本骨架构成。

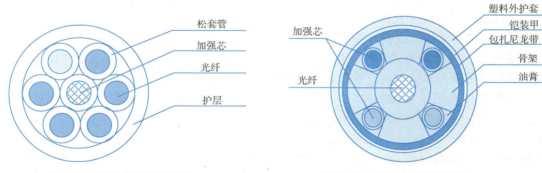

图 2.11 层绞式光缆示意图　　　图 2.12 骨架式光缆示意图

3. 束管式光缆

对光纤的保护来说,束管式结构光缆最合理,利用放置在护层中的单股钢丝作为加强芯,光缆强度好,尤其耐侧压,在束管中光纤的数量灵活,如图2.13所示。

4. 带状光缆

为了能够容纳更多光纤,人们制作出了带状光缆,如图2.14所示。美国的贝尔公司曾制造出144芯的带状光缆,且每12根带状单元叠成一个矩形,并以一定的节距扭绞成缆,使光缆具有较好的弯曲性能。

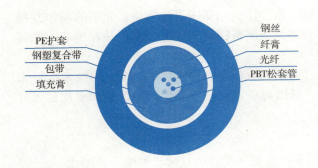
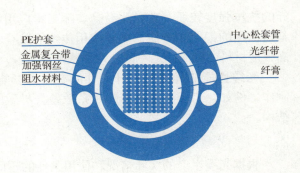

图 2.13　束管式光缆示意图　　　　　图 2.14　带状光缆示意图

2.5.2　光缆线路工程技术

在整个光缆通信系统中，可将系统分为两个部分，分别为光缆线路部分和传输设备部分。在光缆线路的工程施工中，要按照工业和信息化部的规范和建设单位的设计规程来建设符合设计指标的传输线路。而光缆线路工程中主要包括光缆敷设、光纤的连接、施工测量、维护和抢修等技术。

1. 光缆敷设

光缆的敷设分为管道、架空和直埋三种方式。

（1）管道：该种敷设方式常用在城市中。敷设位置一般是街道上，一般在街道转弯处设立人孔，每段光缆的间距一般为 1~2 km，且在接续的人孔里预留 8~10 m 的光缆长度，并挂于人孔壁上。

（2）架空：该种敷设方式常用在省二级干线上。在电线杆上布放钢丝吊线，将光缆挂在钢丝吊线上，电线杆间距一般设置在 100 m 左右，在电杆间安装 5~10 个挂钩来托挂光缆，接续处预留一定的光缆长度防止光缆长度的伸缩弯。

（3）直埋：该种敷设方式常用在国家一级干线（部级干线）和二级干线（省一级干线）上。光缆的中继距离根据实际情况可设置在几十千米到几百千米内，缆沟的深度一般在 1.2 m 左右，光缆段进行光纤接续后用接头盒密封，并且要保证满足光缆对地绝缘、防水、防蚁等要求，一般在光缆直埋的路面上每隔 50 m 设置一个标石，在接续处有绝缘监测点。

2. 光纤的连接

光缆与机房的连接过程是：从机房外的电杆或人孔布放进入机房，经机房的光缆终端盒或分配盒，与一个跳线进行对接，光缆预留长度一般为 15~20 m，光纤在收容盘内预留 80 cm。

在机房外，光缆采用熔接的方式连接：准备好接头盒→打开光缆（每段 80 cm）→安装到接头盒→固定加强芯→除去松套管、防水油膏→准备光纤和热缩管→进行熔接→热缩→固定到收容盘→密封接头盒→安放接头盒。

3. 施工测量

在施工过程中，对于接续点的损耗有一定工程要求，为了保证接续点的损耗符合工程的要求，一般要使用光时域反射测试仪（OTDR）来测试，若符合单个熔接点的衰耗要求，则可以密封接头盒。当然，利用光源和光功率计能测试全程光衰耗，单 OTDR 可监测每一个事件点光衰耗。

第 2 章　光纤与光缆

4. 维护和抢修

要按规定的时间间隔对光缆进行常规巡检，最好在出现故障前发现问题。若光缆出现故障，必须实施快速抢修。维护所用的工具主要是 OTDR，还可采用网络的告警监测系统。

2.5.3　光缆型号及命名

由于光缆的使用环境多样且复杂，因此光缆的产品型号和规格种类繁多，为此制定了光缆的一套型号命名方法。光缆型号由它的型式代号和规格代号构成，中间用一短横线分开。

1. 光缆型式

如图 2.15 所示，光缆的型式由外护层、护层、派生（形状、特性等）、加强构件和分类五部分组成，其具体意义见表 2.2。

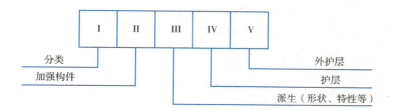

图 2.15　光缆型式的组成部分

表 2.2　光缆的型式代号及其意义

Ⅰ：分类代号及其意义	GY——通信用室（野）外光缆	GR——通信用软光缆
	GJ——通信用室（局）内光缆	GS——通信用设备内光缆
	GH——通信用海底光缆	GT——通信用特殊光缆
Ⅱ：加强构件代号及其意义	无符号——金属加强构件	F——非金属加强构件
	G——金属重型加强构件	H——非金属重型加强构件
Ⅲ：派生特征代号及其意义	D——光纤带状结构	G——骨架槽结构
	B——扁平式结构	Z——自承式结构
	T——填充式结构	
Ⅳ：护层代号及其意义	Y——聚乙烯护层	V——聚氯乙烯护层
	U——聚氨酯护层	A——铝—聚乙烯黏结护层
	L——铝护套	G——钢护套
	Q——铅护套	S——钢—铝—聚乙烯综合护套

	代号	铠装层（方式）	代号	外护层（材料）
Ⅴ：外护层的代号及其意义（外护层是指铠装层及其铠装外边的外护层）	0	无	0	无
	1	—	1	纤维层
	2	双钢带	2	聚氯乙烯套
	3	细圆钢丝	3	聚乙烯套
	4	粗圆钢丝		—

2. 光缆规格

光缆规格由五部分七项内容组成，如图 2.16 所示，其具体意义见表 2.3。

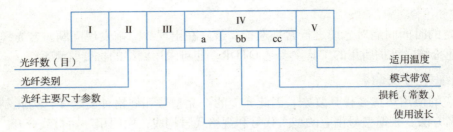

图 2.16　光缆的规格组成部分

表 2.3　光缆的规格代号及其意义

Ⅰ：光纤数（目）		用 1，2，…表示光缆内光纤的实际数目
Ⅱ：光纤类别的代号及其意义	J	二氧化硅系多模渐变型光纤
	T	二氧化硅系多模突变型光纤
	Z	二氧化硅系多模准突变型光纤
	D	二氧化硅系单模光纤
	X	二氧化硅纤芯塑料包层光纤
	S	塑料光纤
Ⅲ：光纤主要尺寸参数		用阿拉伯数（含小数点数）及以 μm 为单位表示多模光纤的芯径及包层直径、单模光纤的模场直径及包层直径
Ⅳ：带宽、损耗、波长表示	a	表示使用波长的代号，其数字代号规定为：1—波长在 0.85 μm 区域；2—波长在 1.31 μm 区域；3—波长在 1.55 μm 区域。注意：同一光缆适用于两种及以上波长，并具有不同传输特性时，应同时列出各波长上的规格代号，并用"/"分隔
	bb	表示损耗常数的代号。两位数字依次为光缆中光纤损耗常数值（dB/km）的个位和十位数字
	cc	表示模式带宽的代号。两位数字依次为光缆中光纤模式带宽分类数值（MHz·km）的千位和百位数字。单模光纤无此项
Ⅴ：适用温度代号及其意义	A	适用于 −40~40 ℃
	B	适用于 −30~50 ℃
	C	适用于 −20~60 ℃
	D	适用于 −5~60 ℃

2.5.4　光缆网简介

目前，本地传输光缆网常用光缆为松套管、金属加强型光缆，结构一般为中心束管式和层绞式。光缆结构的选择通常取决于光缆芯数，当光缆芯数为 4~12 芯时，通常采用中心束管式结构；光缆芯数为 12~96 芯时，通常采用层绞式结构。局内架间跳接用光缆常采用软线式光缆。随着城域网的兴起，适用于大芯数光缆的带状光缆和骨架式光缆逐渐得到广泛的应用。下面从光缆质量、承载能力、光缆架构、光缆安全性方面进行简要介绍。

1. 光缆质量

光缆网经过多年的建设，大部分架空光缆和直埋光缆都面临自然退网，早期光缆机械性能、传输性能劣化，由于光缆质量的劣化，导致不能正常承载业务，因此光缆网中的部分光缆面临新建、更替的局面。

2. 光缆承载能力

随着光缆网上承载的业务日渐繁多，局部段落纤芯适用殆尽，难以满足后期扩容需求。光缆段落存在忙闲不均的使用状况，由于业务均是端到端开通，因此部分纤芯紧张的段落会影响整体业务的开通。

3. 光缆架构

光缆网作为整个通信网络的基础网络，光缆的架构要考虑其上承载所有业务架构的匹配度，且光缆的架构又受地形、陆上交通、河流、高山等客观条件的限制，所以，光缆网搭建合理、安全、可扩展的架构对于整个网络的高效、安全都十分必要，但受各种因素所限，光缆架构也不可避免地存在一些瑕疵，需要与时俱进，不断进行优化。

4. 光缆安全性

光缆安全性主要体现在以下几个方面。

（1）路由的安全性。各地市政施工建设频繁、区域广、力度大，导致光缆迁改频繁、网络稳定性差、维护风险和压力大，路由条件制约了光缆的规划新建。另外，由于地理条件和气候、自然灾害的影响，部分光缆的路由安全性得不到保障。

（2）重要节点间缺乏直达路由或只有一条路由。为了加强重要节点之间连接的安全性，需要在重要节点之间建立直达路由，并具备至少两条不同的路由。

（3）重要节点、机房、局所光缆进出局路由未隔离。

（4）光缆成环率低，形成长链，安全性差。

（5）光缆使用时混缆使用，如部分段落汇聚光缆和接入光缆混缆使用，层次不清，接入层割接会影响中继层的安全性。

本 章 小 结

本章重点介绍了光纤的结构和分类以及光纤的发展简史，简述了光纤传输光信号的基本原理，解释了全反射和数值孔径的概念，对比分析了单模光纤和多模光纤的各自特点，解释了四种类型的光缆结构，并详细介绍了光缆的型号及命名方式。

思考与练习

1. 普通光纤分为几层？分别都是哪些层？分别起什么作用？
2. 按照光纤横截面上径向折射率的分布特点，可将光纤分为哪两大类？
3. 简要解释光纤的导光原理。
4. 单模光纤和多模光纤各有什么特点？它们的区别是什么？
5. 光缆主要分为哪几类？
6. 解释光纤与光缆的关系。

第 3 章

光纤通信器件

学习目标

（1）掌握有源器件与无源器件的区别。
（2）掌握光源和光发射机的工作原理。
（3）掌握光检测器和光接收机的工作原理。
（4）了解光放大器的工作原理。
（5）了解耦合器、连接器、隔离器、环形器、滤波器、衰减器、光开关和复用器的工作原理。

3.1 有源器件

光有源器件是光纤通信系统中将电信号转换成光信号或者将光信号转换成电信号的关键器件，主要有光源、光发射机、光检测器、光接收机和光放大器等。

3.1.1 光源和光发射机

在光纤通信系统中，光源是产生光信号的有源光器件，光发射机是将电信号转变为光信号的有源光器件。

1. 光源

在光纤通信系统中，目前使用的光源大多是激光，其主要原因是激光能够满足光纤通信的诸多高品质要求，如电光转换效率高、驱动功率低、使用寿命长、运转稳定性高、单色性好、方向性好等。激光诞生于 1960 年，但是激光的历史却已有 100 多年。早在 1893 年，一位名叫布卢什的物理教师就已经指出，两面靠近的平行镜之间反射的黄钠光线随着两面镜子之间距离的变化而变化，他虽然不能解释这一点，但这一重要的现象为未来发明激光提供了一定的基础。到了 1917 年，科学家爱因斯坦提出了"受激辐射"的概念，奠

视频
光源

定了发明激光的理论基础。激光，英文叫 LASER，是 Light Amplification by Stimulated Emission of Radiation 的缩写，意思是"受激辐射的辐射光放大"。激光的英文全称已完全表达了制造激光的主要过程。1964 年，我国著名科学家钱学森建议将"受激辐射的辐射光放大"改称为"激光"。

光与物质的共振相互作用，特别是这种相互作用中的受激辐射过程是激光器的物理基础。爱因斯坦认为光和物质原子的相互作用过程包含原子的自发辐射跃迁、受激辐射跃迁和受激吸收跃迁三种过程。为了简化问题，我们只考虑原子的两个电子能级 E_1 和 E_2，如图 3.1 所示，处于两个能级的电子数密度分别为 n_1 和 n_2，有 $E_2 - E_1 = h\nu$，其中 h 为普朗克常量，ν 为频率。

（1）自发辐射。处于高能级 E_2 的一个电子自发地向低能级 E_1 跃迁，并发射一个能量为 $h\nu$ 的光子，如图 3.2 所示，这种过程称为自发跃迁过程。

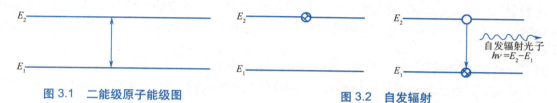

图 3.1 二能级原子能级图　　　　图 3.2 自发辐射

（2）受激辐射。处于高能级 E_2 的电子在满足 $\nu = (E_2 - E_1)/h$ 的辐射场作用下，跃迁至低能级 E_1 并辐射出一个能量为 $h\nu$ 且与入射光子全同光子，受激辐射跃迁发出的光波称为受激辐射，如图 3.3 所示。

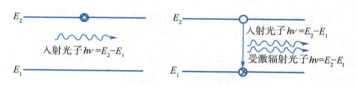

图 3.3 原子受激辐射

（3）受激吸收。受激辐射的反过程就是受激吸收。处于低能级 E_1 的一个电子，在频率为 ν 的辐射场作用下吸收一个能量为 $h\nu$ 的光子，并跃迁至高能级 E_2，这种过程称为受激吸收，如图 3.4 所示。

图 3.4 原子受激吸收

受激辐射产生的光子流具有极好的相关性，而自发辐射的光子流基本没有相关性。普通光源是非相干光源，所以普通光源的方向性很差，且波长范围很宽。为了能得到相关性极高的光子束，必须使受激辐射占绝对的优势，并能够持续产生受激辐射现象，为此需要一对光谐振腔镜，其作用是使某个需要获得的光信号在谐振腔镜里来回反射，从而使受激辐射持续产生。除光谐振腔镜之外，还需要两个条件：激励能源（把腔镜内介质的粒子不断地由低能级抽运到高能级去）和增益介质（能在外界激励能源的作用下形成粒子数密度反转分布状态）。当这些条件满足后，相关性极高且持续的光子束即激光就产生了。

总而言之，产生激光的基本条件是：①谐振腔内有在外界激励能源的作用下形成粒子数密度反转分布状态的增益介质；②必须实现粒子数反转（方法是利用外界激励能源把大量粒子激励到高能级）；③要使受激发射光强超过自发发射，必须提高光子简并度 $\bar{n}$（方法：利用光学谐振腔造成强辐射场，以提高腔内光场的相干性）。

激光器的主要组成：一个激光器应包含泵浦源，使激光物质成为激活物质；光放大器，对弱光信号进行放大；光学谐振腔，模式选择和提供轴向光波模的反馈。

2. 光发射机

光发射机中核心的器件是光源，它的作用是产生作为光载波的光信号，作为信号传输的载体携带信号在光纤中传送。为了能够在光纤中很好地传输，对光源提出了一些要求，主要有以下几点：

（1）光源的体积要小，并且与光纤之间的耦合效率要高。

（2）发射的光波波长应满足设计要求，一般位于光纤的低损耗窗口，$1.31\ \mu m$ 和 $1.55\ \mu m$ 波段。

（3）可以进行光强度调制。

（4）光源的运行稳定性要高和寿命要长，尤其要求具有较高的功率稳定性、波长稳定性和光谱稳定性。

（5）发射的光功率足够高，以便可以传输较远的距离。

能够满足以上要求的光源一般为半导体二极管激光器，而目前最常用的半导体发光器件是 LED 和 LD。LED 多用于短距离、低容量或模拟系统，其成本低、可靠性高；LD 多用于长距离、高速率的系统。它们都有自己的优缺点和特性，在选用时应根据需要综合考虑来决定。

在光纤通信系统中，传输信息的载体是光，而光是由 LED 和 LD 产生的，因此光发射机主要有光调制电路和光驱动电路组成，如图 3.5 所示。

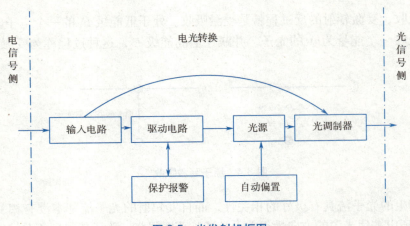

图 3.5 光发射机框图

在光纤通信系统中，输入电路的作用是将输入的 PCM 脉冲信号变换成 NRZ/RZ 码后，再通过光驱动电路调制光源，这种调制方式称为直接调制；或送到光调制器调制光源输出的连续光波，这种调制方式称为外调制。对于直接调制，驱动电路需给光源加直流偏置；而外调制方式中光源的驱动为恒定电流，以保证光源输出连续光波。自动偏置是为了稳定输出的平均光功率。此外，光发射机中还有报警电路，用以检测和报警光源的工作状态。

3.1.2 光检测器和光接收机

光信号在经过长距离传输后，其信号幅度会下降很多，同时其脉宽也会变宽。因此，当光接收机接收传输过来的光信号时，必须对微弱的光信号进行放大、整形、再生处理。光接收机中的核心器件是光检测器，对光检测器的要求是灵敏度高、响应快、噪声小、成本低和可靠性高，并且要求它的光敏面应与光纤芯径匹配。

1. 光检测器

光检测器能检测出入射在其光敏面上的光功率强弱，并完成由光信号向电信号的转换。在光纤通信系统中，对光检测器的基本要求有：在系统的工作波长上具有足够高的响应度；具有足够快的响应速度，能够适用于高速或宽带通信系统的要求；具有尽量小的噪声，以降低通信器件本身对光信号的影响；具有良好的线性关系，以保证信号转换过程中的不失真；具有较小的体积；具有较长的工作寿命。

目前光纤通信中最常用的光检测器是光敏二极管（PIN）和雪崩光敏二极管（APD），以及高速接收机用到的单向载流子光检测器（UTC-PD）、波导光检测器（WC-PD）和行波光检测器（TW-PD）。本节主要介绍 PIN 和 APD 的工作原理。

（1）PIN。PIN 实际上类似于一个加了反向偏压的 PN 结，光敏二极管在反向偏压的作用下形成一个较厚的耗尽区，当光照射到光敏二极管的光敏面上时，会在整个耗尽区（高场区）及耗尽区附近产生受激跃迁现象，从而产生电子—空穴对，电子—空穴对在外部电场作用下定向移动产生电流，如图 3.6 所示。

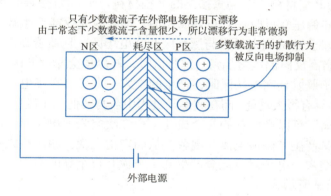

图 3.6 耗尽区形成

PIN 光敏二极管是在掺杂浓度很高的 P 型和 N 型半导体之间加一层轻掺杂的 N 型材料，称为 I（本征）层。由于是轻掺杂，电子浓度很低，加反向偏置电压后形成一个很宽的耗尽层，如图 3.7 所示。此时，若有光子照射到光敏面上，则会产生受激跃迁现象，电子会跃迁到自由能级上，在外部电场的作用下产生电流，电流的大小与光强成正比关系。因此，光接收机可根据电流的强弱来判定光信号内容。

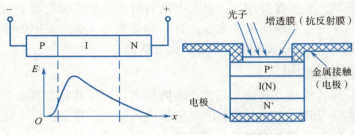

图 3.7 PIN 光敏二极管

(2) APD。APD 的工作原理是:光生载流子(电子—空穴对)在 APD 内部高电场作用下高速运动,在运动过程中通过碰撞电离效应,产生数量是首次电子—空穴对几十倍的二次、三次新电子—空穴对,从而形成很大的光信号电流。APD 的构造和场强分布如图 3.8 所示。

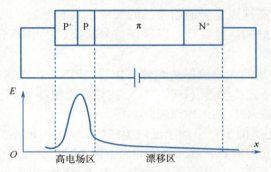

图 3.8 APD 的构造和场强分布

在图 3.8 中,P 为 P 型材料,P^+ 为重掺杂的 P 型材料,N^+ 为重掺杂的 N 型材料,π 为近似本征型的材料。当外反向偏压较低时,它与 PIN 相似,即入射光仅能产生较小的光电流。当外加高反向偏压时,APD 内部会形成高电场区与漂移区两个电场区,且随着高反向偏压的增大,其耗尽层的宽度逐渐变宽,当高反向偏压增加到一定数值时,耗尽层会穿过 P 区与 π 区,从而形成高电场区与漂移区。当光子照射到高电场区时,产生的空穴—电子对在高电场作用下高速运动,此时载流子速度非常快,且具有很大动能,而在其运动过程中会与其他电子碰撞,从而产生"碰撞电离"现象,通过"碰撞电离"可以产生新的几个或几十个二次空穴—电子对。同样,二次空穴—电子对在高电场作用下,又产生"碰撞电离"现象,从而产生三次、四次空穴—电子对。这样,由入射光产生的一个首次空穴—电子对可能会产生几十个或几百个新的空穴—电子对,该种效应称为"倍增"效应,如图 3.9 所示。

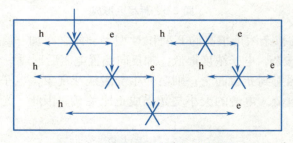

图 3.9 高电场中电离"倍增"效应

第 3 章 光纤通信器件

在图 3.9 中，h 代表空穴，e 代表电子。在漂移区，虽不具有像高电场区那样的高电场，但对于维持一定的载流子速度来讲，该电场是足够的。于是，由入射光产生的首次空穴—电子对以及在内部高电场区通过"碰撞电离"产生的二次、三次空穴—电子对，通过漂移区而形成光电流。APD 的"倍增"效应，能使在同样大小光的作用下产生比 PIN 大几十倍甚至几百倍的光电流，相当于起了一种光放大作用，因此能大大提高光接收机的灵敏度。

2. 光接收机

光发送机输出的光信号在光纤中传输时不仅幅度会受到衰减，而且脉冲的波形会被展宽。光接收机的任务是以最小的附加噪声及失真恢复出由光纤传输和光载波所携带的信息，因此光接收机的输出特性综合反映了整个光纤通信系统的性能。

接收机的设计很大程度上取决于发射端使用的调制方式，特别是与传输信号的种类相关，而传输信号的种类主要是模拟信号和数字信号。因此，光接收机主要分模拟光接收机和数字光接收机两种形式，其框图如图 3.10 所示。这两种模式的光接收机均由反向偏压下的光检测器、前置放大器及其他信号处理电路组成。与模拟光接收机相比，数字光接收机更复杂，在主放大器后还有均衡滤波、定时提取、判决再生、峰值检波和 AGC 放大电路。

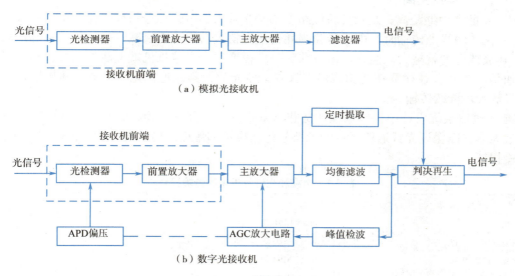

图 3.10 光接收机框图

光检测器是光接收机的第一个关键部件，通常采用 PIN 或 APD，其作用是把接收到的光信号转化成电信号。PIN 比较简单，只需 10～20 V 的偏压即可工作，且不需偏压控制，但它没有增益，因此使用 PIN 的接收机的灵敏度不如使用 APD 的。APD 具有 10～200 倍的内部电流增益，可提高光接收机的灵敏度。但使用 APD 比较复杂，需要几十伏到 200 V 的偏压，并且温度变化会较严重地影响 APD 的增益特性，所以，通常需对 APD 的偏压进行控制或采用温度补偿措施，以保持其增益不变。

在光检测器之后就是低噪声前置放大器，其作用是放大光敏二极管产生的微弱电信号，以供主放大器进一步放大和处理。但前置放大器在将信号进行放大的同时，也会引入放大器本身电阻的热噪声和晶体管的散弹噪声。另外，后面的主放大器在放大前置放大器的输出信号时，也会将前置放大器产生的噪声一起放大。前置放大器的性能优劣对接收机的灵敏度有十分重要的影响。

因此，前置放大器必须是低噪声、宽频带放大器。

在前置放大器之后是主放大器，它主要用来提供高的增益，将前置放大器的输出信号放大到适合于判决电路所需的电平。前置放大器的输出信号电压一般为毫伏量级，而主放大器的输出信号一般为伏量级。

均衡器的作用是对主放大器输出的失真的数字脉冲信号进行整形，使之成为最有利于判决、码间干扰最小的升余弦波形。均衡器的输出信号通常分为两路，一路经峰值检波电路变换成与输入信号的峰值成比例的直流信号，送入自动增益控制电路，用以控制主放大器的增益；另一路送入判决再生电路，将均衡器输出的升余弦信号恢复为 0 或 1 的数字信号。

定时提取电路用来恢复采样所需的时钟。

3.1.3 光放大器

当光信号在光纤中传输一定距离后，其功率必然衰减，在光信号功率衰减到一定程度时，需要将光信号进行放大，这样就可以保证光信号传输更远的距离。放大光信号的器件称为光放大器，下面将对其作一个简单介绍。

1. 中继距离

所谓中继距离，是指传输线路上不加光放大器时光信号所能传输的最大距离。当光信号在传输线上传输时，由于传输损耗会使光信号功率不断衰减，光信号传输的距离越长，其衰减程度就越大，当光信号衰减到一定程度后，光接收机就无法准确接收到光信号。为了延长通信的距离，往往要在传输线路上放置一些光放大器，也称光中继器，其作用是将衰减了的光信号放大后继续传输。

在光纤通信系统设计中，传输损耗是非常重要的一个因素，为此，必须在合适的位置放置合适的光放大器，以保证光纤通信系统的光信号传输质量和传输距离。表 3.1 列出了电缆和光纤每千米的传输损耗。

表 3.1 电缆和光纤每千米的传输损耗

线 路 类 型	损耗 /(dB/km)
对称电缆	2.06（<1 kHz 时）
细同轴电缆（f1.2 / 4.4）	5.24（1 MHz 时），28.70（50 MHz 时）
粗同轴电缆（f2.2 / 9.4）	2.42（1 MHz 时），18.77（60 MHz 时）
850 nm 波长多模光纤	≤ 5
1 510 nm 波长多模光纤	< 1
1 510 nm 波长单模光纤	0.56
1 550 nm 波长单模光纤	0.2

由表 3.1 可见，光纤的传输损耗较之电缆要小很多，所以它能实现长距离中继。尤其在 1 550 nm 波长处，光纤的损耗可低至 0.2 dB/km，对降低通信成本，提高通信的可靠性及稳定性具有重大的意义。

2. 光放大器

当光信号沿光纤传输一定距离后，其功率会因光纤的衰减特性而减弱，这就限制了光信号的传输距离。在实际应用中，多模光纤的无中继距离约为 20 km，单模光纤无中继距离不到 80 km。

因此，为了使光信号传输的距离更大，必须在光信号传输一定距离后对其进行放大，从而获得更远距离的传输。

在光纤通信系统商用初期，使用的光放大器也称再生中继器，它在放大光信号时，必须要经过光—电—光的转换过程，也即先进行光电转换，再放大、整形和定时电信号，然后将电信号转换为光信号，这种中继器适用于中等速率和单波长的传输系统。随着对光纤通信系统的带宽和传输速率要求越来越高，这种光—电—光的转换方式已无法满足市场需求；而且光纤通信系统中，当有许多光发送器以不同比特率和不同格式将光发送到许多接收器时，无法使用传统光放大器来实现。为此，新一代的光放大器陆续被研发出来。光放大器的作用示意图如图3.11所示。

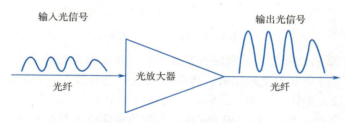

图 3.11　光放大器的作用示意图

与传统光放大器比较，新一代光放大器必须满足以下要求：

（1）可以对任何比特率和格式的信号都加以放大，这种属性称为光放大器对任何比特率和信号格式都是透明的。

（2）在一定波长范围内同时对若干光信号进行放大。

新一代光放大器是基于受激辐射机理来实现入射光功率放大的，它的工作原理如图3.12所示。

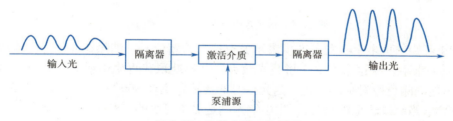

图 3.12　光放大器工作原理

在图3.12中，隔离器的作用是防止部分光信号被反射回原来的传输线路，从而对光信号造成干扰；激活介质就是在光纤中掺杂一种稀土元素，该种稀土元素能够很好地吸收泵浦源提供的能量，使大量电子跃迁到自由能级上，并产生粒子数反转，当输入光信号在该掺杂的光纤中传输时，会发生大量的受激辐射现象，从而使光信号得到放大；泵浦源是具有一定波长的光能量源，且该能量源能被激活介质大量吸收。

目前使用最多的光放大器主要是掺铒光纤放大器（EDFA），其泵浦光源的波长有1 480 nm和980 nm两种，光纤的掺杂元素为铒。图3.13所示展示了EDFA中掺铒光纤长度、泵浦光强度与信号光强度之间的关系。

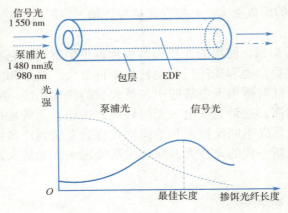

图 3.13 掺铒光纤放大器

由图 3.13 可知，泵浦光能量入射到掺铒光纤中后，将被掺铒光纤大量吸收，并产生粒子数反转，这样当光信号经过时会发生受激辐射，也即对光信号进行放大。当光信号沿掺铒光纤传输到某一点时，可以得到最大光信号输出。通常，为了能得到合适的放大光信号，一般将掺铒光纤的长度设置在 20~40 m 之间，并且将 1 480 nm 泵浦光的功率调整为毫瓦量级。

需要指出的是，再生中继器与光放大器的作用是不同的，其区别可由图 3.14 来说明。

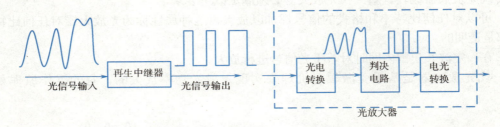

图 3.14 再生中继器与光放大器的区别

由图 3.14 可知，再生中继器可产生表示原有信息的新信号，消除脉冲信号传输后的展宽，将脉冲调整到原来水平，从这个意义上讲，光放大器并不能取代再生中继器。光放大器存在着噪声积累，而且不能消除色散对脉冲展宽，当光信号的传输距离在 800 km 之内时，可采用光放大器来补偿信号的衰减，当超过这个距离时，再生中继器则是必不可少的。对光纤放大器的要求是高增益，低噪声，高的输出光功率，低的非线性失真。

3.2 无源器件

在光纤通信系统中包含了很多无源器件，即无须提供能源就可运行的光通信器件，主要有耦合器、连接器、隔离器、环形器、滤波器、衰减器、光开关、复用器等。

3.2.1 耦合器

1. 耦合器的物理结构

光纤耦合器是把一个或多个光输入分配给一个或多个光输出，是一种实现光信号分路/合路的无源功能器件。光纤耦合器的耦合机理是基于光纤消逝场的模式理论。多模光纤与单模光纤均可做成耦合器,其物理结构主要有两种:拼接式和熔融拉锥式。

(1)拼接式。将光纤埋入玻璃块中的弧形槽中,在光纤侧面进行研磨抛光,然后将经研磨的两根光纤拼接在一起,靠透过纤芯—包层界面的消逝场产生耦合,其原理如图 3.15 所示。

(2)熔融拉锥式。将两根或多根光纤扭绞在一起,经过对耦合部分加热熔融并拉伸而形成双锥形耦合区,其原理如图 3.16 所示。

图 3.15　拼接式耦合器原理图　　　　图 3.16　熔融拉锥式耦合器原理图

耦合器的结构形式有很多种,如分路器、合路器、分波器、合波器、耦合器等,如图 3.17 所示。

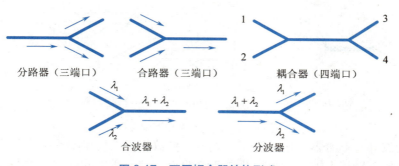

图 3.17　不同耦合器结构形式

2. 耦合器的主要技术参数

光纤耦合器的主要技术参数为插入损耗、附加损耗、分光比与隔离度或串扰,下面以四端口耦合器结构为例简单介绍这些参数。

(1)插入损耗 L_i。插入损耗指通过耦合器的一个光通道所引入的功率损耗。通常以一特定端口(3 或 4)的输出功率 P_o 与一输入端口(1 或 2)的输入功率 P_i 之比的对数 L_i 来表示,即

$$L_i = 10 \lg (P_o/P_i) \tag{3.1}$$

(2)附加损耗 L_e。附加损耗指一输入端口的输入功率 P_i 与各输出端口功率和的比值的对数。对于 2×24 端口光纤耦合器,L_e 可表示为

$$L_e = 10 \lg[P_i/(P_3+P_4)] \tag{3.2}$$

(3)分光比 S_R。分光比(或称耦合比)指一输出端口光功率与各端口总输出功率之比,如式(3.3)所示:

$$S_R = 100\% \times P_o/(P_4+P_3) \tag{3.3}$$

(4)串扰 L_c。串扰是指由 1 端口输入功率 P_i 泄漏到 2 端口的功率 P_2 比值的对数,而其比值倒

数的对数称为隔离度或方向性，串扰为正，方向性为负，串扰 L_c 可表示为
$$L_c = 10 \lg P_2/P_i \tag{3.4}$$

3. 常用耦合器的类型

下面简要介绍几种常用耦合器的类型：

（1）熔拉双锥星形耦合器。星形耦合器是一种 $N \times N$ 耦合器，其功能是将 N 个输入光纤的功率混合叠加在一起，再均匀分配给 N 根输出光纤，该种耦合器可用作多端功率分路器或功率组合器。星形耦合器可以由几个 2×2 耦合器组合而成，这种组合星形耦合器的缺点是元件多、体积大。而熔拉双锥星形耦合器是一种体积紧凑、单体的星形耦合器，这种耦合器的制作方法是将多根光纤部分熔化在一起，且将熔化在一起的部分进行拉伸，从而减小熔化部分的光纤直径，形成双锥形结构。熔拉双锥技术比较适合制作多模光纤星形耦合器，但制作单模光纤星形耦合器的难度比较大，为此，制作单模光纤星形耦合器的方法是组合多个 2×2 单模光纤耦合器。图 3.18 所示为熔拉双锥星形耦合器。

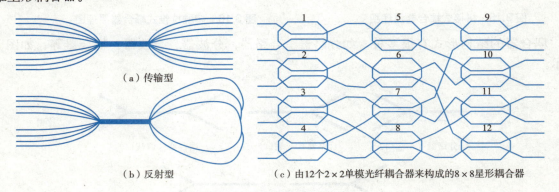

图 3.18 熔拉双锥星形耦合器

（2）集成光波导型耦合器。通过沉积、光刻、扩散等工艺技术实现的光耦合器为集成光波导型耦合器。沉积是在衬底上镀膜，光刻是在所镀的膜上刻出所需的形态，扩散使光刻形成的膜层形态在衬底内形成光波导。图 3.19 所示为最简单的 Y 型（1×2）集成光波导型耦合器的基本结构。

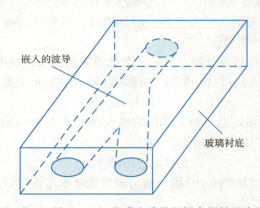

图 3.19 Y 型（1×2）集成光波导型耦合器的基本结构

（3）激光可变输出耦合器。两块斜面靠得很近的等腰直角棱镜，激光束通过棱镜射到斜面时，若激光束在斜面上的入射角大于临界角，两块等腰直角棱镜相邻斜面之间的空气间隙内将有一个

隐失波场，由于该波场具有耦合作用，故而光波可以从一块棱镜透射到另一块棱镜。激光的透射量大小与两斜面间空气间隙的间隔大小有关，人们可以利用这一特性制作出激光可变输出耦合器。图 3.20 所示为激光可变输出耦合器原理图。

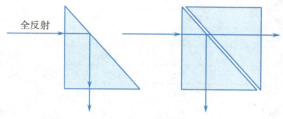

图 3.20　激光可变输出耦合器原理图

3.2.2　连接器

光纤连接器是光纤与光纤之间进行可拆卸连接的元器件，又称"活接头"，它是把光纤的两个端面精密对接起来，以使发射光纤输出的光能量能最大限度地耦合到接收光纤中。光纤连接器是光系统中使用量最大的光无源器件，广泛应用于光通信、局域网、光纤到户、高质量视频传输、光纤传感、测试仪器仪表等领域。

1. 光纤连接器的种类

现在已经广泛应用的光纤连接器种类众多，结构各异。但细究起来，各种类型的光纤连接器的基本结构却是一致的，即绝大多数光纤连接器由两个插针和一个耦合管三个部分组成，如图 3.21 所示。

图 3.21　光纤连接器的一般结构

由两个插针和一个耦合管三个部分组成的连接器有 FC（Ferrule Connector）型、SC（Square/Subscriber Connector）型和 ST（Spring Tension）型，具体情况如下所述。

（1）FC 型光纤连接器。其外部加强方式是采用金属套，紧固方式为螺钉扣。此类连接器结构简单，操作方便，制作容易，但光纤端面对微尘较为敏感，且容易产生菲涅尔反射，提高回波损耗性能较为困难。后来，对该类型连接器做了改进，采用对接端面呈球面的插针，而外部结构没有改变，使得插入损耗和回波损耗性能有了较大幅度的提高。

（2）SC 型光纤连接器。其外壳呈矩形，所采用的插针与耦合套筒的结构尺寸与 FC 型完全相同。其中插针的端面多采用 PC（凸球面）或 APC（斜面）型；紧固方式是采用插拔销闩式，不需旋转。此类连接器价格低廉，插拔操作方便，介入损耗波动小，抗压强度较高，安装密度高。

（3）ST 型光纤连接器。ST 型为圆形卡口式结构，接头插入法兰盘压紧后，旋转一个角度便可使插头固定牢固，并对光纤端面施加一定的压紧力。

通常采用的光纤活动连接器有 FC/PC、FC/APC、SC/PC、SC/APC 和 ST/PC 型，它们的特点见表 3.2。

表 3.2　各种单模光纤活动连接器的结构特点和性能指标

结构和特性		FC/PC	FC/APC	SC/PC	SC/APC	ST/PC
结构特点	端面形状	凸球面	8°斜面	凸球面	8°斜面	凸球面
	连接方式	螺纹	螺纹	轴向插拔	轴向插拔	卡口
	连接器形状	圆形	圆形	矩形	矩形	圆形
性能指标	平均插入损耗 /dB	≤ 0.2	≤ 0.3	≤ 0.3	≤ 0.3	≤ 0.2
	最大插入损耗 /dB	0.3	0.5	0.5	0.5	0.3
	重复性 /dB	≤ ±0.1	≤ ±0.1	≤ ±0.1	≤ ±0.1	≤ ±0.1
	互换性 /dB	≤ ±0.1	≤ ±0.1	≤ ±0.1	≤ ±0.1	≤ ±0.1
	回波损耗 /dB	≥ 40	≥ 60	≥ 40	≥ 60	≥ 40
	插拔次数	≥ 1 000	≥ 1 000	≥ 1 000	≥ 1 000	≥ 1 000
	使用温度范围 /℃	-40 ~ 80	-40 ~ 80	-40 ~ 80	-40 ~ 80	-40 ~ 80

2. 光纤连接器的基本性能要求

光纤连接器的基本性能要求主要体现在光学性能、互换性、重复性、机械性能、环境性能等方面。

（1）光学性能：光纤连接器的光学性能要求包括插入损耗、回波损耗、光学不连续、串音、环境光敏感性、带宽（仅指多模）等，其中插入损耗和回波损耗是两个最基本的参数。

（2）互换性、重复性：光纤连接器是通用的无源元器件，对于同一类型的光纤连接器，一般都可以任意组合使用、并可以重复多次使用，由此而导入的附加损耗一般小于 0.2 dB。

（3）机械性能：光纤连接器的机械性能包括轴向保持强度、端接保持力、连接和分离力（力矩）、撞击、扭转、光缆保持力、抗挤压、外部弯曲力矩、振动、冲击、静态负荷等，对于各种光纤连接器使用情况的不同，要求的重点不同。机械耐久性是指光纤连接器正常使用情况下的插拔次数，目前使用的光纤连接器一般都可以插拔 1 000 次以上。

（4）环境性能：环境性能主要有高温、温度冲击、潮湿、砂尘、臭氧暴露、腐蚀（盐雾）、易燃性等。

3. 光纤连接器的主要损耗

光纤连接器的主要损耗有固有损耗和外部损耗，具体机理如图 3.22 所示。

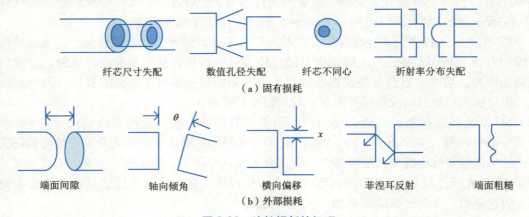

图 3.22　连接损耗的机理

（1）光纤公差引起的固有损耗：由于光纤在制作过程中会有纤芯尺寸、数值孔径、同心度、折射率分布等参数的误差，从而导致了光纤的固有损耗。

（2）在加工过程中引起的外部损耗：由于在光纤连接器的装配过程中存在光纤端面间隙、光纤轴向倾角、端面加工不平整等因素，这就导致了光纤的外部损耗。

3.2.3 隔离器

光隔离器主要利用磁光晶体的法拉第效应。法拉第效应是法拉第在 1845 年首先观察到的，其原理是不具有旋光性的材料在磁场作用下使通过该物质的光的偏振方向发生旋转，也称磁致旋光效应。沿磁场方向传输的偏振光，其偏振方向旋转角度 θ 和磁场强度 H 与材料长度 L 的乘积成比例为

视频
光隔离器

$$\theta = \rho H L \tag{3.5}$$

式中，ρ 是材料的维尔德常数，表示单位磁场强度使光偏振面旋转的角度；H 是沿入射光方向的磁场强度，单位为 A/m；L 是光和磁场相互作用长度，单位为 m。

在图 3.23 中，起偏器由双折射材料方解石构成，它的作用是将非线偏振光变成线偏振光，因为它只让与自己偏振方向相同的非偏振光分量通过；法拉第介质可由掺杂的光纤材料构成。当光源经过起偏器后变成垂直偏振的线偏振光，在通过法拉第介质后偏振方向旋转了 θ，当被反射回来再次通过法拉第介质后，其偏振角度将为 2θ。

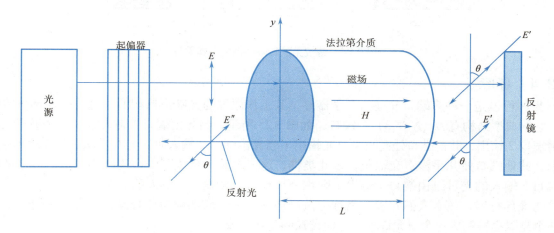

图 3.23 法拉第磁光效应

下面举一个例子来具体解释法拉第旋转隔离器的工作原理，如图 3.24 所示，对于正向入射的非偏振光，通过起偏器 P 后成为线偏振光，法拉第旋磁介质与外磁场一起使偏振光的偏振方向右旋 45°，并恰好使其低损耗通过与起偏器成 45° 放置的检偏器 A。对于反射回来的光，在又一次经过法拉第旋磁介质时，其偏转方向再向右旋转 45°，从而使反向光的偏振方向与起偏器方向正交，完全阻断了反射光的传输。

法拉第磁介质在 1 ~ 2 μm 波长范围内通常采用光损耗低的钇铁石榴石（YIG）单晶。而新型尾纤输入/输出的光隔离器有相当好的性能，最低插入损耗约 0.5 dB，隔离度达 35 ~ 60 dB，最高可达 70 dB。光隔离器种类繁多，包括在线式光隔离器、自由空间光隔离器等。1 310 mm/1 480 mm/

1 550 nm 偏振无关光隔离器内部设计针对单模光纤中两种正交的偏振态分别处理的工艺，保证整个器件的偏振无关特性。单级器件具有较低的插入损耗，双级器件有极高的光隔离度，适合于不同的应用场合，主要应用于光纤放大器、光纤激光器、光纤 CATV 网及卫星通信等。光隔离器一般以波长来区分，800~1 300 nm 的较多，也有一些特殊波长。

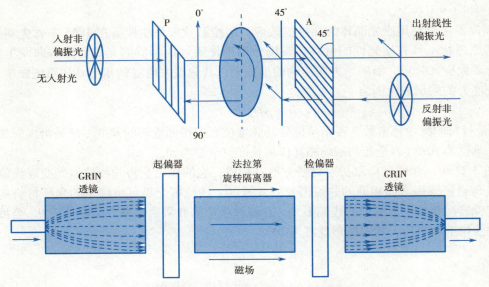

图 3.24　法拉第旋转隔离器的工作原理

3.2.4　环形器

光环行器是一种多端口非互易光学器件，其工作原理与光隔离器相似，也是一种单向传输器件，它的典型结构有 N（$N \geq 3$）个端口，如图 3.25 所示。当光由端口 1 输入时，光几乎毫无损失地由端口 2 输出，其他端口处几乎没有光输出；当光由端口 2 输入时，光几乎毫无损失地由端口 3 输出，其他端口处几乎没有光输出，依此类推。这三个端口形成了一个连续的通道。严格地讲，若端口 3 输入的光可以由端口 1 输出，则称为环行器，若端口 3 输入的光不可以由端口 1 输出，则称为准环行器，通常人们并不在名称上做严格区分，一般都称为环行器。在实际应用中，可以用多个光隔离器构成一个只允许单一方向传输的光环行器。

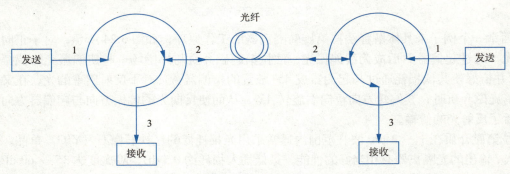

图 3.25　光环行器

3.2.5 滤波器

我们都知道光耦合器或者光复用器是把不同波长的光复用到一根光纤中的，不同的波长承载着不同的信息。那么在接收端，怎样才能从光纤中分离出所需的波长呢？这就要用到光滤波器。光滤波器是用来进行波长选择的器件，它可以从众多的波长中挑选出所需的波长，而除此波长以外的光将会被拒绝通过。它可以用于波长选择、光放大器的噪声滤除、增益均衡、光复用/解复用等场合。在实际应用中，用到最多的是法布里—珀罗（Fabry-Perot，F-P）滤波器。

要解释 F-P 滤波器的工作原理，首先要了解 F-P 干涉仪的工作原理。F-P 干涉仪由两块相互平行的平面镜组成，如图 3.26 所示，其中一块平面镜固定，另一块可以相对于固定平面镜移动，从而改变两面镜子的间距。当入射光经过由该两面镜子构成的谐振腔并反射一次后，再次聚焦在输出镜面上，就会发生干涉现象。可以利用这个原理来选择不同波长的光通过该干涉仪。

在实际应用中，上述结构的干涉仪构成的滤波器体积大，使用起来不方便。为此，人们发明了光纤 F-P 滤波器，如图 3.27 所示，其中两根光纤的端面就是两面镜子。其工作原理是将光纤固定在压电陶瓷上，再将外电压加载到陶瓷上，电压的不同将致使陶瓷产生电致伸缩作用，这样就可以改变光纤端面构成的谐振腔的腔长，从而可以从复用信道中提取所需要的信道。该种结构的滤波器可以做得非常小，因而其应用面更广泛。

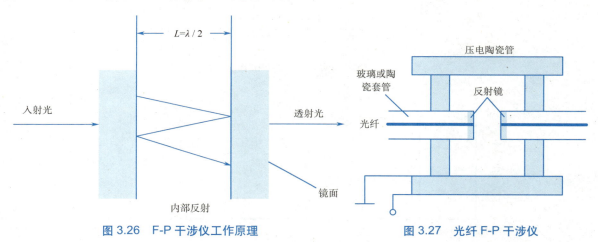

图 3.26　F-P 干涉仪工作原理　　　　图 3.27　光纤 F-P 干涉仪

对于无源 F-P 滤波器，因为滤波器只能允许满足谐振腔单纵模传输的相位条件的频率信号通过，所以传输特性与波长有关。如图 3.28（a）所示，它具有多个谐振峰，每两个谐振峰间的频率间距为

$$\Delta f_L = \frac{c}{2nL} \tag{3.6}$$

式中，L 是谐振腔长度；n 是构成 F-P 滤波器的材料折射率；Δf_L 是滤波器的自由光谱区 FSR。假设滤波器设计成只允许复用信道中的一个信道通过，如图 3.28（c）所示，当 $f_i = f_1$ 时，f_i 才可以被允许通过，而其他信道被抑制住了，无法通过。

F-P 滤波器有很多优点，它的调谐范围宽，通带可以做得很窄，可以做到与偏振无关，同时还可以集成在系统内，从而减小耦合损耗。它的不足之处是调谐速度较慢。

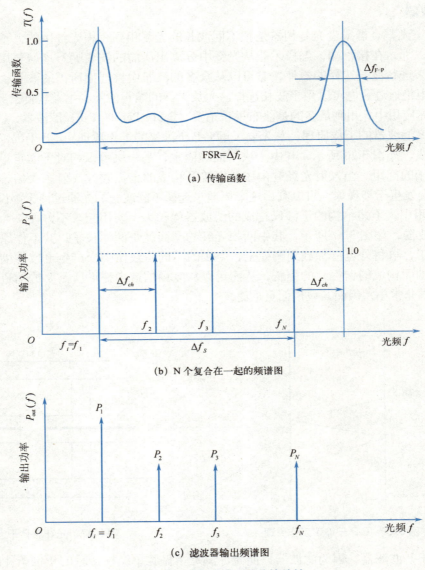

图 3.28 F-P 滤波器的传输特性

3.2.6 衰减器

光衰减器是用来稳定地、准确地减小信号光功率的无源光器件。光衰减器主要用于调整中继段的线路衰减、测量光系统的灵敏度、校正光功率计等方面。

光衰减器分固定衰减器和可变衰减器两种。

(1) 固定衰减器，其造成的功率衰减值是固定不变的，一般用于调节传输线路中某一区间的损耗，如图 3.29 所示。

(2) 可变衰减器，其造成的功率衰减值可在一定范围内调节，如图 3.30 所示。可变衰减器又分为连续可变和分挡可变两种。

第 3 章 光纤通信器件

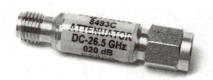

图 3.29 固定衰减器

图 3.30 可变衰减器

3.2.7 光开关

光开关的功能是转换光路，实现光信号的交换，而且光开关是光纤通信中光交换系统的基本元件，广泛应用于光路监控系统和光纤传感系统。光纤通信器件包括光传输器件和光交换器件两大类。近些年，光传输器件取得了非常大的进步，光传输由 O-E-O（光—电—光）转变成 O-O-O，使光纤通信向全光化迈进了一大步。但是光交换器件（包括光交叉连接器、光分插复用器及基础器件光开关）基本上还是光电混合的。光开关已有一定的产品问世，但还不太成熟，有待进一步完善。

光开关在光通信中的作用有三类：其一是将某一光纤通道的光信号切断或开通；其二是将某波长光信号由一光纤通道转换到另一光纤通道；其三是在同一光纤通道中将一种波长的光信号转换为另一波长的光信号（波长转换器）。

光开关的特性参数主要有插入损耗、回波损耗、隔离度、串扰、工作波长、消光比、开关时间等。有些参数与其他器件的定义相同，有些参数则是光开关特有的。

目前光开关主要分为机械光开关和电子光开关。

1. 机械光开关

图 3.31（a）所示为 $1 \times N$ 移动光纤式光开关，它是由磁铁驱动活动臂移动，切换到不同的固定臂光纤；图 3.31（b）所示为 1×2 移动反射镜式光开关。

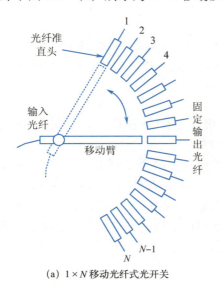

(a) $1 \times N$ 移动光纤式光开关　　　　　(b) 1×2 移动反射镜式光开关

图 3.31 机械光开关

微机电系统（Micro-Electro-Mechanical Systems，MEMS）构成的微机电光开关已成为 DWDM（密集型光波分复用）网中大容量光交换技术的主流。它是一种在半导体衬底材料上，用传统的半导体工艺制造出可以前倾后仰、上下移动或旋转的微反射镜阵列，在驱动力的作用下，对输入光信号可切换到不同输出光纤的微机电系统。反射镜的尺寸通常为 140 μm×150 μm，可以利用热力效应、磁力效应和静电效应产生驱动力。该种 MEMS 的特点是体积小、消光比大、对偏振不敏感、成本低、插入损耗小（＜1 dB），其开关速度大约为 5 ms。图 3.32 所示为可升降微反射镜式 MEMS 光开关。当悬臂放下时，入射的光就会被反射回去，此时开关处于交叉连接阶段；当悬臂升上时，入射的光就会直通过去，此时开关处于平行连接阶段。

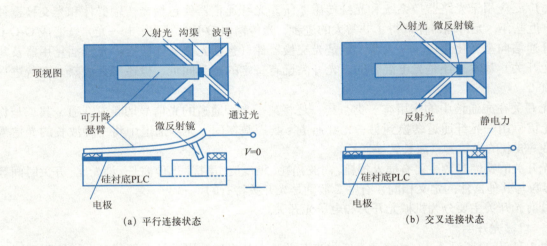

图 3.32　可升降微反射镜式 MEMS 光开关

目前，贝尔实验室开发的 MEMS 技术已实现了 256×256 的光交叉连接能力（交换能力 10 万亿 bit/s），它是世界上第一个 10G 全光交叉连接系统，可以运行在任何光层速率，包括 40 Gbit/s 以及更高的速率。

2. **电子光开关**

电子光开关的优点是开关时间短（毫秒到亚毫秒量级），而且体积非常小，易于大规模集成；其缺点是插入损耗、隔离度、消光比和偏振敏感性指标比较差。

利用电光效应原理也可以构成波导光开关。例如，可以由两个 Y 形 LiNbO$_3$ 波导构成马赫—曾德尔 1×1 光开关，在理想的情况下，输入光功率在 C 点平均分配到 A、B 两个分支，在经过 A、B 两个分支后汇聚于 D 点，此时输出幅度与两个分支光通道的相位差有关。当相位差 $\varphi=0$ 时，D 点获得最大输出功率；当 $\varphi=\pi/2$ 时，两个分支中的光场相互抵消，此时输出功率最小。而在此系统中，相位差的改变由外加电场控制。具体原理如图 3.33 所示。

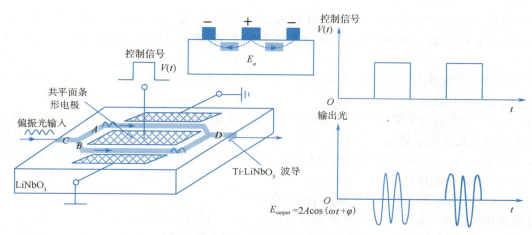

图 3.33 马赫 - 曾德尔 1×1 电子光开关

3.2.8 复用器

自从 20 世纪七八十年代以来，光纤通信越来越重要，现在它已成为现代通信网的主要组成部分，主要承载着通信网的传输任务。随着社会的发展以及人们对快速传输数据的更高要求，信息传输量成爆炸式增长，这就需要更宽的通信网带宽来满足人们的信息传输需求，进而扩大通信容量成为人们需要马上解决的问题。波分复用（WDM）技术可以解决上述问题。该技术的基本原理是在单根光纤中同时传输多个不同光波波长信道的技术，应用此技术可以使光纤传输容量成倍、十倍、百倍地增长。

视频

波分复用解复用器件

在 WDM 技术中，通常以吉赫（GHz）或纳米（nm）这两种计量单位来表示任何两个信道的波长间隔，如 200 GHz 或 1.6 nm，100 GHz 或 0.8 nm 等。在物理学上有 $c=\lambda \cdot f$，即 $\lambda=c/f$，波长与频率成倒数关系，c 是光在真空的速度，λ 为光波波长，f 为光波的频率。ITU-T 定义了两套 WDM 的波长使用原则，第一个是 40 波系统，从 $f_1 \sim f_{40}$ 分别是 192.10 THz、192.20 THz、192.30 ~ 196.00 THz，频率从低到高，每个波长信道间隔为 0.1 THz，也就是 100 GHz；第二个是 80 波系统，从 $f_1 \sim f_{80}$ 分别是 196.05 THz、196.00 THz、195.95 ~ 192.10 THz，频率从高到低，每个波长信道间隔为 0.05 THz，也就是 50 GHz。可以做如下计算：

当 f_1=192.10 THz 时，$\lambda_1=c/f_1$=299 792 458（m/s）/192.10（THz）=1 560.61 nm；

当 f_2=192.20 THz 时，$\lambda_2=c/f_2$=299 792 458（m/s）/192.20（THz）=1 559.79 nm；

当 f_3=192.30 THz 时，$\lambda_3=c/f_3$=299 792 458（m/s）/192.30（THz）=1 558.98 nm；

当 f_4=192.40 THz 时，$\lambda_4=c/f_4$=299 792 458（m/s）/192.40（THz）=1 558.17 nm。

此时可得：

$\lambda_1-\lambda_2$=1 560.61 nm-1 559.79 nm=0.82 nm；

$\lambda_2-\lambda_3$=1 559.79 nm-1 558.98 nm=0.81 nm；

$\lambda_3-\lambda_4$=1 558.98 nm-1 558.17 nm=0.81 nm。

从以上的计算中会发现，光在 1 550 nm 这个频带内，频率的间隔和波长的间隔非常接近线性关系，100 GHz 的频率间隔反映到波长上就非常近似于 0.8 nm 的宽度；同理，50 GHz 的频率间隔反映到波长上非常近似于 0.4 nm 的宽度；200 GHz 的频率间隔反映到波长上非常近似于 1.6 nm 的宽度。

当波长的间隔为 20 nm 左右时，WDM 被称为粗（稀疏）波分复用器（CWDM）；当波长的间隔小于或等于 0.8 nm 时，WDM 被称为密集波分复用（DWDM）技术。CWDM 和 DWDM 的主要区别如下：

(1) CWDM 载波通道间隔较宽，因此，同一根光纤上只能复用最多 18 个波长的光波，"粗"与"密集"称谓的差别即由此而来。

(2) CWDM 调制激光采用非冷却激光，而 DWDM 采用的是冷却激光。冷却激光采用温度调谐，非冷却激光采用电子调谐。由于在一个很宽的波长区段内温度分布很不均匀，因此温度调谐实现起来难度很大，成本也很高。CWDM 避开了这一难点，因此大幅降低了成本，整个 CWDM 系统成本只有 DWDM 的 30%。

(3) CWDM 具有低成本、低功耗、小尺寸等特征。

具体来讲，WDM 是将两种或多种不同波长的光载波信号（携带各种信息）在发送端经复用器（Multiplexer）汇合在一起，并耦合到光线路的同一根光纤中进行传输的技术；在接收端，经解复用器（De-Multiplexer）将各种波长的光载波分离，然后由光接收机作进一步处理以恢复原信号。这种在同一根光纤中同时传输两个或众多不同波长光信号的技术称为 WDM 技术。使用 WDM 技术可以在原有传输速率的基础上成倍地扩大光纤的传输能力，对通信网络进行容量扩展。图 3.34 是一个波分复用系统及其频谱的示意图。

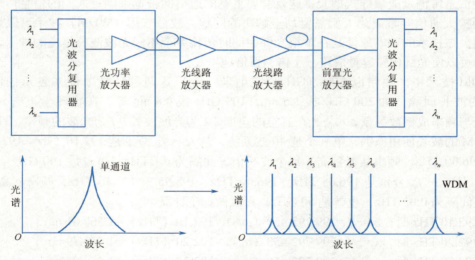

图 3.34　波分复用系统及其频谱的示意图

光纤的容量是极其巨大的，而传统的光纤通信系统都是在一根光纤中传输一路光信号，这样的方法实际上只使用了光纤丰富带宽的很少一部分。为了充分利用光纤的巨大带宽资源，增加光纤的传输容量，以 DWDM 技术为核心的新一代的光纤通信技术已经产生。WDM 技术的主要特点如下：

(1) 超大容量。目前使用的普通光纤可传输的带宽是很宽的，但其利用率还很低。使用 DWDM 技术可以使一根光纤的传输容量比单波长传输容量增加几倍、几十倍乃至几百倍。

(2) 对数据的"透明"传输。DWDM 系统按光波长的不同进行复用和解复用，而与信号的速率和电调制方式无关，即对数据是"透明"的。一个 WDM 系统的业务可以承载多种格式的"业务"

信号，如 ATM、IP 或者将来有可能出现的信号。WDM 系统完成的是透明传输，对于"业务"层信号来说，WDM 系统中的各个光波长通道就像"虚拟"的光纤一样。

（3）系统升级时能最大限度地保护已有投资。在网络扩充和发展中，无须对光缆线路进行改造，只需更换光发射机和光接收机即可实现，是理想的扩容手段，也是引入宽带业务的方便手段，而且利用增加一个波长即可引入任意想要的新业务或新容量。

（4）高度的组网灵活性、经济性和可靠性。利用 WDM 技术构成的新型通信网络比用传统的电时分复用技术组成的网络结构要大大简化，而且网络层次分明，各种业务的调度只需调整相应光信号的波长即可实现。由于网络结构简化、层次分明以及业务调度方便，由此而带来的网络的灵活性、经济性和可靠性是显而易见的。

（5）可兼容全光交换。在未来可望实现的全光网络中，各种电信业务的上／下、交叉连接等都是在光上通过对光信号波长的改变和调整来实现的。因此，WDM 技术将是实现全光网的关键技术之一，而且 WDM 系统能与未来的全光网兼容，将来可能会在已经建成的WDM 系统的基础上实现透明的、具有高度生存性的全光网络。

总而言之，WDM 技术不仅克服了传统数据传输带宽不够的难题，还是未来实现全光网的关键技术，是有效利用光纤带宽资源的重要手段，其应用前景一片光明。

本 章 小 结

本章重点介绍了光源、光发射机、光接收机、光探测器、光放大器等有源光器件的基本特点和工作原理；同时简要介绍了光纤耦合器、连接器、隔离器、环形器、滤波器、衰减器、光开关、复用器等无源光器件的基本特点和工作原理。

思考与练习

1. 简述无源器件与有源器件的区别。
2. 光通信系统中都用到哪些无源光器件？请列出。
3. 简述激光器的基本工作原理。
4. 简述 CWDM 和 DWDM 的主要区别。
5. 为什么在 WDM 系统中，信道间隔都是 0.4 nm、0.8 nm、1.6 nm 呢？
6. 简述光环形器的作用。
7. 简述全光网与传统网络的区别。

第 4 章

光纤通信网络

学习目标
(1) 掌握光纤网络系统组成。
(2) 了解光纤计算机网、光纤电话网和光纤电视网的基本工作原理。
(3) 了解同步数字体系、多业务传送平台、波分复用、光传送网、分组传送网等关键光网络技术。

4.1 光纤通信网络概述

下面对光纤网络系统组成的各个部分做简单介绍,并简要介绍光网络系统中信号处理的一些关键性技术。

4.1.1 光纤网络系统组成

目前,实用光纤通信系统的主要组成部分包括光发送机、光接收机的有源器件,还包含光纤、光缆、中继器、光纤连接器、耦合器等无源器件,光纤通信系统的组成框图如图 4.1 所示。

视频
光纤通信网络

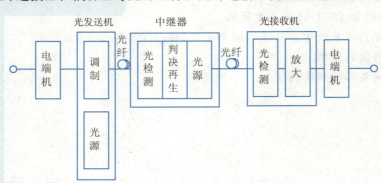

图 4.1 光纤通信系统的组成框图

第 4 章 光纤通信网络

如图 4.1 所示，光纤通信系统由光发送机、光接收机、中继器、光纤等部分组成，每个部分的具体作用分别解释如下：

（1）光发送机。它的主要作用是将需要发送的电信号转换为光信号，并将光信号耦合进光纤中传输。它由光源、驱动器和调制器组成，其中调制器的作用是将来自于电端机的电信号对光源发出的光波进行调制，成为已调光波，然后将已调的光信号耦合到光纤或光缆中传输，电端机就是常规的电子通信设备。

（2）光接收机。它的作用是将光纤中的信号耦合进来，将光信号转换为计算机可以处理的电信号，并送到电端机中去。

（3）中继器。中继器由光检测器、光源和判决再生电路组成。它的第一个作用是补偿光信号在光纤中传输时的衰减；另一个作用是对波形失真的脉冲进行修正。

（4）耦合器、连接器等各类无源器件。由于光纤的长度受光纤拉制工艺的限制，而光缆的长度也会受到光缆施工条件的限制，因此光纤和光缆的长度将会有一定的限度。因此，在施工过程中，需要连接器将光纤或光缆接续起来。同时还需要耦合器，其作用是将光信号耦合进光纤或耦合进光端机。因此，光纤连接器、耦合器等无源器件在实际应用中是必不可少的无源器件。

（5）光纤。光纤构成光的传输通路，其功能是将发信端发出的已调光信号传输到收信端的光检测器上去，完成传送信息的任务。

（6）光缆。光缆由光纤构成，主要作用和光纤相同，但光缆还担负着其他工程施工所需的作用。

在当前使用中的光纤通信系统中大多采用直接检波系统，该系统的工作原理就是将发送端的信号直接调制成光信号，在接收端使用光检波器直接把被调制的光信号转换成原信号。电端机就是一般电信号设备，光端机则是把电信号转变为光信号（光发送机）或把光信号转变为电信号（光接收机）的设备。光发送机的作用是将发送的电信号进行处理，并将电信号加载在半导体激光器上，从而调制光波形成光信号，然后将已调制的光信号耦合进光纤并传输。光接收机的作用是将接收到的光信号耦合到半导体光电管上，并对光信号进行检波，检波后得到的电信号经过适当处理再送到电端机，然后按一般电信号处理。这个过程就是光纤通信的整个过程，虽然与一般无线电通信过程十分相似，但传输的载体不同。

4.1.2 光纤网络的分类

可以从数据类型、功能、区域、信号承载方式、拓扑结构、波长变换等不同参数来对光网络进行分类，具体分类的情况见表 4.1。

表 4.1 光纤网络系统分类

分 类 参 数	网 络
数据类型	光纤计算机网、光纤电话网、光纤电视网
功能	核心交换网、光传输网、光接入网、光局域网和光局域互连
区域	光广域网、光城域网、光局域网
信号承载方式	SDH、WDM、PTN、IP 等
拓扑结构	总线、星状、网状、环状、树状
波长变换	无波长变换、有波长变换

4.2 各种数据类型的光网络系统

光纤网络的核心是各类数据的传输载体光纤，简单来说，由光纤组成的网络都可称为光纤网络。也就是从通过光纤连接的电子交换机组成的通信网络，到提供端到端的用户连接而不需要电光转换设备的全光纤网，都可称为光纤网络。下面介绍目前最常用的光纤网络：光纤计算机网、光纤电话网和光纤电视网。

4.2.1 光纤计算机网

计算机网络是现代社会运转必须依赖的数据通信系统。目前，根据网络操作范围来划分计算机网络，可将计算机网络划分为局域网、城域网和广域网。

1. 局域网

局域网（Local Area Network，LAN）是在一个局部的地理范围内（如一所学校、工厂等），一般是方圆几千米以内，将各种计算机、外围设备、数据库等互相连接起来组成的计算机通信网。它可以通过数据通信网或专用数据电路与远方的局域网、数据库或处理中心相连接，构成一个较大范围的信息处理系统。局域网可以实现文件管理、应用软件共享、打印机共享、扫描仪共享、工作组内的日程安排、电子邮件、传真通信服务等功能。局域网严格意义上是封闭型的，它可以由办公室内几台甚至成千上万台计算机组成。决定局域网的主要技术要素为网络拓扑、传输介质与介质访问控制方法。

2. 城域网

城域网（Metropolitan Area Network，MAN）最初产生于局域网互连和数据新业务发展的需要，以后随着形势的变化逐渐发展成为各类不同背景新兴运营公司的区域性多业务通信网，传统电信运营公司也开始在其相应的局间中继网范围大量建设类似的多业务区域性通信网。从基本特征看，城域网是一种主要面向企事业用户的、最大可覆盖城市及其郊区范围的、可提供丰富业务和支持多种通信协议的公用网，实际是一种带有某些广域网特点的本地应用型公用网络。可以说城域网的关键特征是公用多业务网，由此带来了一系列有别于其他网络的特点。城域网既不同于局域网，又不同于广域网。城域网与局域网的主要区别首先是网络性质的不同，局域网是企事业专用网，而城域网是面向公用网应用和多用户环境的，因此有严格的要求；其次是传输距离的扩展，典型局域网的传输距离为数千米，而城域网范围可扩展到 50 ~ 150 km；最后是业务范围的扩展，典型局域网通常主要提供数据业务，而城域网的业务范围不仅有数据，还有语音和图像，是全业务网络。

3. 广域网

广域网（Wide Area Network，WAN）是国家范围和全球范围内的网络，它能把世界上所有的计算机连接起来，因此广域网包含局域网和城域网。

用于计算机网络设备之间的通信连接线有铜双绞线、细同轴电缆、光缆及微波、红外线和激光、卫星线路等传输媒体。所谓的光纤计算机网络就是基于光纤将局域网、城域网和广域网相互连通的网络，如图 4.2 所示。以光纤光缆为传输介质的光网络特别适于作为计算机网络，这是因为要进行传输的数据信号在发射端只需进行一次电—光转换，在接收端进行一次光—电转换就可以了。而目前，构建互联网主要干线的高速通道使用的就是光纤。

第 4 章　光纤通信网络

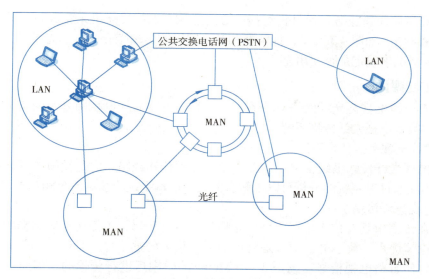

图 4.2　基于光纤连接的 LAN、MAN 和 WAN

4.2.2　光纤电话网

电话通信网又称公用电话网，是进行交互型话音通信和开放电话业务的电信网。电话网采用了数字技术和光纤通信技术后，信息容量和传输速度大幅度提高，传输距离也大大延长。性能的改进使电话网开放许多其他的非电话业务成为可能，如在电话网上传输数字信号、传输图像及传真等，因而它成为目前电信业务量最大、服务面积最广的专业网，是电信网的基本形式和基础。

典型光纤电话网的基本结构如图 4.3 所示。所有的用户终端（包括家庭、办公室等）的所有电话线最终直接连接或者通过远程终端连接至中心局。当使用到远程终端时，可将本地网分为馈线网和配线网。所有的中心局相互连接，形成地区网。端中心局连接至汇接中心局，

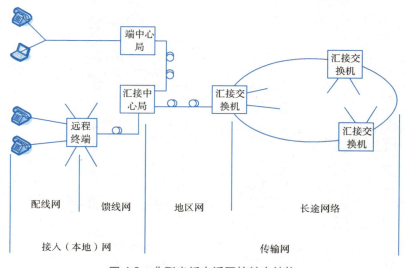

图 4.3　典型光纤电话网的基本结构

49

汇接中心局指向长途业务，通过把汇接中心局连接至汇接交换机来完成，汇接交换机和它们的链路组成长途网络。如图 4.3 所示，地区网和长途网络的传输媒介一般都为光纤；接入网的传输媒介可根据实际情况来确定是否使用光纤。

4.2.3 光纤电视网

我们只关心有线电视与光纤网络有关的方面。目前可将光纤电视网分为两类：基带模拟电视光纤传输系统和数字电视光纤传输系统。

1. 基带模拟电视光纤传输系统

基带模拟电视光纤传输系统主要用于高质量的短程传输线路，它是模拟电视光纤传输最基本的传输形式，因此通过对系统的分析可以了解有关光纤传输系统的基本概念和基本理论。

2. 数字电视光纤传输系统

数字信号在传输中具有抗干扰能力强，无噪声和失真积累，不受传输距离影响，能与多种信息业务兼容传输等优点。数字电视信号是将模拟电视信号经过采样、量化、编码变成数字信号，经过频带压缩，使每路电视信号压缩至 3~10 Mbit/s 的码率后进行传输的，因而与一般的数字信号一样，采用同样的方式进行传输、交换和处理。在发送端，将经过整形或码形变换处理的数字视频信号对光源进行强度调制，将电脉冲转换为光脉冲，送入光纤中传输。在接收端，通过光检测器将光脉冲转换为电脉冲，再经放大、均衡、判决，恢复为标准的数字脉冲信号。数字信号的传输过程与模拟信号相同，但由于所传输的是数字信号，因而有许多与模拟信号传输要求不同之处。

图 4.4 显示了基于光纤技术的有线电视系统的基本结构。共用天线电视（CATV）系统从卫星、微波天线或者光纤干线接收电视信号，然后将接收到的信号再分配出去。信号被处理并被发送给光纤发送器（Tx），之后就以光信号的格式传输。分离器把光信号分配给许多传输光纤。

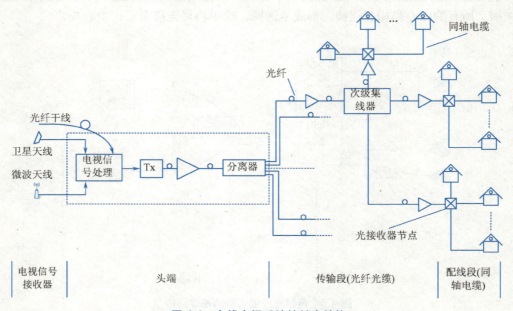

图 4.4 有线电视系统的基本结构

第 4 章　光纤通信网络

电视信号处理单元、Tx 和分离器一起构成 CATV 系统的头端，头端在 CATV 系统中的角色相当于电话系统的中心局。而 CATV 系统的传输段使用光纤作为传输媒介。光纤把电视信号从头端通过次级集线器传送给光接收器节点，通常将从头端至次级集线器的链路称为干线。为了补偿光纤衰减和信号分离的损耗，可使用在线光纤放大器。CATV 系统的传输距离通常在数十千米的量级，所以在线光纤放大器的使用是可以选用的。CATV 系统的工作波长为 1 310 nm。

4.3　关键光网络技术

随着社会的发展，人们越来越依赖光纤通信系统，因此，不断提高光纤通信的质量和增加通信带宽迫在眉睫，降低光纤通信系统的价格也是客观需要。进入 21 世纪以来，光纤通信技术发展迅速、更新快，并且新的关键技术不断涌现，在未来发展中，最为关键的技术有同步数字体系、多业务传输平台、波分复用、光传送网、分组传送网等关键光网络技术。

视频

关键光网络技术

4.3.1　同步数字体系（SDH）

1. 产生背景及概念

（1）产生背景。在 SDH 技术出现前，传输网大都采用 PDH 技术。PDH 技术存在着结构复杂、缺乏灵活性、硬件数量大、数字交叉连接功能的实现复杂、接口不兼容的缺点，为了解决这些问题，SDH 技术应运而生。

（2）SDH 概念。SDH（Synchronous Digital Hierarchy，同步数字体系）是一种将复接、线路传输及交换功能融为一体，并由统一网管系统操作的综合信息传送网络。它不仅适用于光纤，也适用于微波和卫星传输的通用技术体制。SDH 可实现网络有效管理、实时业务监控、动态网络维护、不同厂商设备间的互通等多项功能，能大大提高网络资源利用率、降低管理及维护费用、实现灵活可靠和高效的网络运行与维护。SDH 网络有全世界统一的网络节点接口（NNI），从而简化了信号的互通以及信号的传输、复用、交叉连接等过程。SDH 的特性使其得到了广泛应用，中国各大运营商都已经大规模建设了基于 SDH 的光网络。

2. 技术特点简介

（1）SDH 传输系统在国际上有统一的帧结构、数字传输标准速率和标准的光路接口，并且其网管系统可实现互联互通。为此，SDH 传输系统有了更好的横向兼容性，容纳了各种新的业务信号，形成了全球统一的数字传输体制标准，提高了网络的可靠性。

（2）SDH 接入系统的不同等级的码流在帧结构净负荷区内的排列非常有规律，而净负荷与网络是同步的，它利用软件能将高速信号一次直接分插出低速信号，实现了一次复用的特性，增加了网络业务传送透明性。

（3）SDH 网络的自愈功能和重组功能非常强大，具有较强的生存率，并形成了统一网络管理系统。

（4）SDH 有多种网络拓扑结构，组网灵活，有较强的网络监控、运行管理、自动配置功能，网络性能优化。

（5）SDH 传输介质丰富，可采用双绞线、同轴电缆、光纤，既适用于干线通道，也可作支线通道。

(6) SDH 属于底层的物理层，支持 ATM 或 IP 传输。

(7) SDH 严格同步，从而保证了整个网络稳定可靠，误码少，且便于复用和调整。

4.3.2 多业务传送平台（MSTP）

1. 产生背景及概念

（1）产生背景。不断增长的数据、语音、图像等多种数据业务的传输需求，使得以 SDH 技术为基础的光网络越来越无法满足需求，因此 MSTP 技术应运而生。MSTP 技术是对 SDH 的增强，而且主要在多业务处理能力上下功夫。MSTP 的关键是在传统的 SDH 上增加了 ATM 和以太网的承载能力，其余部分的功能模型没有任何改变。MSTP 设备不但可以直接提供各种速率的以太网口，而且支持以太网业务在网络中的带宽可配置，这是通过 VC 级联的方式实现的。也就是说，可以突破传统的限制，用若干 VC 的带宽在逻辑上捆绑成为一个更大的容器，灵活地承载不同带宽的业务。MSTP 上提供的 10/100/1 000 Mbit/s 系列接口，解决了以太网承载的瓶颈问题，给网络建设带来了充分的选择空间。

（2）MSTP 概念。广义的 MSTP（Multi-Service Transport Platform，多业务传送平台）技术指能够满足多业务传送要求的所有技术或解决方案；狭义的 MSTP 技术指能够满足多业务传送要求的、基于 SDH 技术的多业务传送技术。它是基于 SDH 平台，同时实现 TDM、ATM、以太网、IP 等业务的接入处理和传送并提统一网管的多业务平台。本书中介绍的都是狭义的 MSTP 技术。

2. 技术特点简介

（1）虚级联（Virtual Concatenation，VC）。SDH 通道（VC-4/3/12）的虚级联功能是由 ITU-T G.707/2000 定义规范的。虚级联使得所有虚容器（VC）成为自由的个体，并不限定它们要包含在同一个复用段之内，使用复帧标识和序列号码，虚级联结合多个 VC 组成一个更大的管道传送信号（特别是数据信号）。

（2）通用成帧协议（Generic Framing Procedure，GFP）。ITU-T G.7041 定义的 GFP 是一种简便的可将高层客户数据信号适配到位/字节同步物理传输信道的通用方法，并可有效地提高传输效率。GFP 采用了与 ATM 技术相似的帧定界方式，可以透明地封装各种数据信号，利于多厂商设备互联互通。

（3）链路带宽调整方案（Link Capacity Adjustment Scheme，LCAS）。LCAS 最初被称为 VBA（Variable Bandwidth Allocation，可变带宽分配），它是一种可以自动调整和同步 SDH 中 VC 虚级联组大小的方案。调整原因可以是链路状态发生变化（失效），也可以是配置发生了变化。LCAS 可以将有效净负荷自动映射到可用的 VC 上，从而实现带宽的连续调整，不仅提高了带宽速度、对业务无损伤，而且当系统出现故障时，可以动态调整系统带宽，无须人工介入，在保证服务质量的前提下，使网络利用率得到显著提高。

（4）多协议标签交换（Multi-Protocol Label Switching，MPLS）。MPLS 在无连接的 IP 网络上引入面向连接的标签交换概念，将第三层路由技术和第二层交换技术结合，充分发挥了 IP 路由的灵活性和二层交换的简捷性。在 MPLS 网络中，设备根据短而定长的标签转发报文，省去了通过软件查找 IP 路由的烦琐过程，为数据在主干网络中的传输提供了一种高速高效的方式。MPLS 位于链路层和网络层之间，它可以建立在各种链路层协议（如 PPP、ATM、帧中继、以太网等）之上，为各种网络（IPv4、IPv6 等）提供面向连接的服务，兼容现有各种主流网络技术。

4.3.3 波分复用(WDM)

1. 产生背景及概念

(1) 产生背景。随着通信领域信息传送量以一种加速度的形式膨胀,越来越大容量的传输网络的需求变得越来越急迫。近几年来,世界上的运营公司及设备制造厂家把目光更多地转向了WDM技术,与传统的单波长系统相比,WDM不仅极大地提高了网络系统的通信容量,充分利用了光纤的带宽,而且具有扩容简单和性能可靠等诸多优点。

(2) WDM概念。WDM(Wavelength Division Multiplexing,波分复用)是将两种或多种不同波长的光载波信号在发送端经复用器汇合在一起,并耦合到光线路的同一根光纤中进行传输的,在接收端,经解复用器将各种波长的光载波信号分离,然后由光接收机作进一步处理以恢复原信号的技术。这种在同一根光纤中同时传输两个以上不同波长光信号的技术称为波分复用技术,具体原理如图4.5所示。

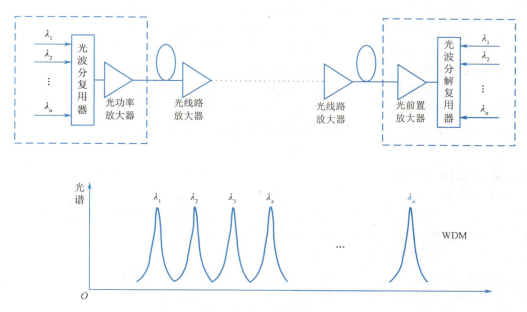

图4.5 波分复用原理

由于目前一些光器件技术不是很成熟,无法大范围商用,为此要实现光信道非常密集的光波分复用是很困难的,但基于目前的器件水平,已可以实现信道间隔合适的波分复用。人们通常把光信道间隔较大的复用称为光波分复用(WDM),再把在同一窗口中信道间隔较小的复用称为密集波分复用(DWDM)。随着科技的进步,现代的技术已经能够实现波长间隔为纳米级的复用,甚至可以实现波长间隔为零点几纳米级的复用,只是在器件的技术要求上更加严格而已。ITU-T G.692建议:DWDM系统的绝对参考频率为193.1 THz(对应的波长为1 552.52 nm),不同波长的频率间隔应为100 GHz的整数倍(对应波长间隔约为0.8 nm)。

2. 技术特点简介

(1) 超大容量传输。由于WDM系统的复用光通路速率可以为2.5 Gbit/s、10 Gbit/s等,而波分复用的光通路数量可以是4、8、16、32,甚至更多,因此系统的传输容量可以达到单波长传输系统容量的几倍、几十倍乃至几百倍。

(2) 各信道透明传输。只要增加复用信道数量和设备就可以增加系统的传输容量以实现扩容，WDM 系统的各复用信道是彼此相互独立的，所以，各信道可以分别透明地传送不同的业务信号，如语音、数据和图像等，彼此互不干扰，这给使用者带来了极大的便利。

(3) 高度的组网灵活性、经济性和可靠性。掺铒光纤放大器具有高增益、宽带宽、低噪声等优点，且其光放大范围几乎可以覆盖 WDM 系统的工作波长范围。因此，用一个带宽很宽的掺铒光纤放大器就可以对 WDM 系统的各复用光通路信号同时进行放大，以实现系统的超长距离传输，并避免了每个波长的光传输系统都需要一个光放大器的情况。WDM 系统的超长传输距离可达数百千米，同时节省大量中继设备，降低成本。由于 WDM 系统大多数是光电器件，而光电器件的可靠性很高，因此系统的可靠性也可以保证。相比用传统的电时分复用技术组成的网络结构，利用 WDM 技术构成的新型通信网络层次分明，各种业务的调度只需调整相应光信号的波长即可实现，由此而带来的网络的灵活性是显而易见的。

(4) 可扩展性强。由于系统可以同时传输不同波长，当有新的需求时，无须对光缆线路进行改造，只需增加可传输的波长信号即可，因此 WDM 系统的扩展性非常强。

(5) 可组成全光网络。全光网络是未来光纤传送网的发展方向。在全光网络中，不仅各种业务的上下、交叉连接等都是在光路上通过对光信号进行调度来实现的，甚至可以直接与光脑配合来直接处理光信息，从而完全消除光电转换中电子器件的瓶颈。WDM 系统可以和 OADM、OXC 混合使用，组成具有高度灵活性、高可靠性、高生存性的全光网络，以适应带宽传送网的发展需要。

4.3.4 光传送网（OTN）

1. 产生背景及概念

(1) 产生背景。随着 IP 业务的快速增长和业务的种类越来越丰富，对网络带宽提出了更高需求，直接反映为对传送网能力和性能的要求。光传送网技术由于能够满足各种新型业务需求，从幕后渐渐走到台前，成为传送网发展的主要方向。

(2) 光传送网的概念。光传送网（Optical Transport Network, OTN）是以波分复用技术为基础、在光层组织网络的传送网，是下一代的主干传送网。OTN 是通过 G.872、G.709、G.798 等一系列 ITU-T 的建议所规范的新一代"数字传送体系"和"光传送体系"，将解决传统 WDM 网络无波长/子波长业务调度能力差、组网能力弱、保护能力弱等问题。OTN 跨越了传统的电域（数字传送）和光域（模拟传送），是管理电域和光域的统一标准。OTN 处理的基本对象是波长级业务，它将传送网推进到真正的多波长光网络阶段。由于结合了光域和电域处理的优势，OTN 可以提供巨大的传送容量、完全透明的端到端波长/子波长连接以及电信级的保护，是传送宽带大颗粒业务的最优技术。

2. 技术特点简介

(1) 多种客户信号封装和透明传输。基于 ITU-T G.709 的 OTN 帧结构可以支持多种客户信号的映射和透明传输，如 SDH、ATM、以太网等。对于 SDH 和 ATM 可实现标准封装和透明传送，但对于不同速率以太网的支持有所差异。

(2) 大颗粒的带宽复用、交叉和配置。OTN 定义的电层带宽颗粒为光通路数据单元（ODUk，k=0,1,2,3），光层的带宽颗粒为波长，相对于 SDH 的 VC-12/VC-4 的调度颗粒，OTN

复用、交叉和配置的颗粒明显要大很多，能够显著提升高带宽数据客户业务的适配能力和传送效率。

（3）强大的开销和维护管理能力。OTN 提供了和 SDH 类似的开销管理能力，OTN 光通路（OCh）层的 OTN 帧结构大大增强了该层的数字监视能力。另外，OTN 还提供六层嵌套串联连接监视（TCM）功能，这样使得 OTN 组网时，采取端到端和多个分段同时进行性能监视的方式成为可能，为跨运营商传输提供了合适的管理手段。

（4）增强了组网和保护能力。通过 OTN 帧结构、ODUk 交叉和多维度可重构光分插复用器（ROADM）的引入，大大增强了光传送网的组网能力，改变了基于 SDH 的 VC-12/VC-4 调度带宽和 WDM 点到点提供大容量传送带宽的现状。前向纠错（FEC）技术的采用，显著增加了光层传输的距离。另外，OTN 将提供更为灵活的基于电层和光层的业务保护功能，如基于 ODUk 层的光子网连接保护（SNCP）和共享环网保护、基于光层的光通道或复用段保护等，但共享环网技术尚未标准化。

4.3.5 分组传送网（PTN）

1. 产生背景及概念

（1）产生背景。业务驱动永远是技术和网络发展的原动力，PTN 技术的诞生也是如此。PTN 主要面向 3G/4G/5G/LTE 以及后续综合的分组化业务承载需求，解决移动运营商面临的数据业务对带宽需求的增长和 ARPU 下降之间的矛盾。同时，PTN 技术很好地满足了业务 IP 化、ATM、SDH、Frame Relay、Ethernet 网络融合的需求。

（2）分组传送网的概念。分组传送网（Packet Transport Network，PTN）是指这样一种光传送网络架构和具体技术：在 IP 业务和底层光传输媒质之间设置了一个层面，它针对分组业务流量的突发性和统计复用传送的要求而设计，以分组业务为核心并支持多业务提供，具有更低的总体使用成本，同时秉承光传输的传统优势，包括高可用性和可靠性、高效的带宽管理机制和流量工程、便捷的 OAM 和网管、可扩展、较高的安全性等。

PTN 支持多种基于分组交换业务的双向点对点连接通道，具有适合各种粗细颗粒业务、端到端的组网能力，提供了更加适合于 IP 业务特性的"柔性"传输管道；具备丰富的保护方式，遇到网络故障时能够实现基于 50 ms 的电信级业务保护倒换，实现传输级别的业务保护和恢复；继承了 SDH 技术的操作、管理和维护机制（OAM），具有点对点连接的完美 OAM 体系，保证网络具备保护切换、错误检测和通道监控能力；完成了与 IP/MPLS 多种方式的互联互通，无缝承载核心 IP 业务；网管系统可以控制连接信道的建立和设置，实现了业务 QoS 的区分和保证，灵活提供 SLA 等优点。

2. 技术特点简介

PTN 产品为分组传送而设计，其主要特征体现在如下方面：灵活的组网调度能力、多业务传送能力、全面的电信级安全性、电信级的 OAM 能力、具备业务感知和端到端业务开通管理能力、传送单位比特成本低。

为了实现这些目标，同时结合应用中可能出现的需求，需要重点关注 TDM 业务的支持能力、分组时钟同步、互联互通问题。

（1）TDM 业务的支持方式。在对 TDM 业务的支持上，目前一般采用 PWE3（端到端伪线仿真，Pseudo Wire Emulation Edge-to-Edge）的方式，目前 TDM PWE3 支持非结构化和结构化两种模式，封装格式支持 MPLS 格式。

（2）分组时钟同步。分组时钟同步需求是 3G/4G/5G 等分组业务对于组网的客观需求，时钟同步包括时间同步、频率同步两类。在实现方式上，目前主要有如下三种：同步以太网、TOP（Timing Over Packet）方式、IEEE 1588V2。

（3）互联互通问题。PTN 是从传送角度提出的分组承载解决方案。运营商现网是庞大的 MSTP 网络，MSTP 节点已延伸至本地城域的各个角落。PTN 网络必须要考虑与现网 MSTP 的互通。互通包括业务互通和网管公务互通两个方面。

4.4 光网络发展情况概述

经过多年的建设，各大运营商的光网络都已具有一定的网络规模，SDH/MSTP、WDM/OTN、IP RAN/PTN 等系统在光网络中同时存在，光网络非常复杂，每种系统的发展情况的分析主要如下。

由于 SDH/MSTP 技术主要以满足语音业务为主，面对以数据业务为主的发展趋势，SDH/MSTP 技术已不能满足市场需求。为此，行业已达成共识，不再新建 SDH/MSTP 网络，严格控制 SDH/MSTP 扩容。所以，目前不会对 SDH/MSTP 网络系统进行大规模的新建和调整，主要侧重于网络优化，以提高网络的安全性。

WDM/OTN 系统以承载 GE 以上大颗粒业务为主，目前已广泛应用于在干线、本地网市到县层面，部分发达地区的 WDM/OTN 系统已下沉至县到乡层面。对于 WDM/OTN 系统的方案的选择要根据承载业务的类型及流向特点进行考虑。在引入 OTN 时，应加强交叉设备应用场景分析及波道规划，合理配置使用 OTN 交叉容量，优化交叉调度能力。在现网上，WDM/OTN 系统已有大量应用，近年来，WDM/OTN 系统的应用越来越普遍。

IP RAN/PTN 系统的建设步伐也在加快，主要是因为 LTE 的建设进程在加快，电信和联通均已跟随 LTE 的建设节奏，广泛开展 IP RAN 的建设。PTN 由移动主导，主要承载 3G/4G/5G、LTE 基站业务，目前已在移动规模商用。

拓展阅读

我国的光纤通信技术在发展过程中经历了很多困难，但是，随着我国光纤通信技术的不断进步和发展，我国在光纤通信领域已经掌握了光纤、系统及器件等各个方面的重要技术。我国光纤通信的应用范围越来越广，不仅涉及海底通信、长途干线以及局域网等，而且在国际上应用非常广泛。尤其是我国诞生了像华为这样全球领先的电信制造企业，促使我国在全球光纤通信网络标准制定上具备了足够分量的话语权。

第4章　光纤通信网络

本 章 小 结

本章简要介绍了光网络的系统组成，阐述了光纤计算机网、光纤电话网和光纤电视网的系统组成与工作特点，重点叙述了同步数字体系、多业务传送平台、波分复用、光传送网、分组传送网等关键光网络技术的产生背景与关键工作特点。

思考与练习

1. 阐述光网络的系统组成。
2. 什么是光纤计算机网？解释其工作原理。
3. 什么是光纤电视网？简述基带模拟电视光纤传输系统和数字电视光纤传输系统的区别和优缺点。
4. 阐述同步数字体系、多业务传送平台、波分复用、光传送网、分组传送网等技术的关键特点。

第 5 章

光纤通信接口技术

学习目标

（1）掌握光接口技术。
（2）了解电接口技术。

5.1 光接口技术

视频
光纤通信接口技术

在光纤通信中，光接口作为一种先进的成熟技术，以其巨大的优势，正在逐步替代电接口，而且随着信息化程度的加深，这个趋势也正在加速。电接口之间的通信介质使用的是铜线，而光接口是光纤。光接口对比于电接口有着无可比拟的优势，主要体现在以下几点。

1. 带宽

CATV 电缆是目前带宽比较高的电缆，传输带宽为 1 GHz。而光纤有效带宽可达 100 THz，因此电缆的带宽与光纤根本没有可比性。如果要传输 10 GHz 这种高频信号，必须使用光接口，电接口无法胜任。

2. 传输距离

电缆中随着信号频率的增加，损耗会急剧增加，而光纤传输与电缆相比几乎没有损耗。如视频信号的上变频为 6 MHz，对于 2 km 的传输距离，SYWV-75-5 电缆衰减为 40 dB。而如果使用光纤，传输损耗在 1 dB 以内。在无中继的情况下，电缆的传输距离一般为 100 m，而光纤的传输距离可达上百千米。

3. 传输速度

因为信号在电缆中损耗大，特别是通信距离比较远时，就需要增加中继来延续信号。而增加中继是对时间的损耗。而光纤传输损耗就小得多，因此距离越远光纤的速度优势就越明显。

4. 抗干扰性能

光纤基本不会受到强电、雷电等电磁干扰，并且抗电磁脉冲冲击的能力非常强。

5. 保密性能

光纤有着非常好的保密性能。光纤中传送的光波被限制在光纤的纤芯和包层附近传送，很少会跑到光纤之外。即使在弯曲半径很小的位置，泄漏光功率也是十分微弱的。并且成缆以后光纤的外面包有金属做的防潮层和橡胶材料的护套，这些均是不透光的，因此，泄漏到光缆外的光信号几乎没有。

6. 通道成本

电缆通道需要大量金属，无论金属本身的成本还是运输、铺设管道的成本都要比光纤高得多。光纤主要材料是二氧化硅，资源近乎无限，造价低廉。

7. 功耗

电信号在较远距离传输时，为了保证信号链路，必须加大传输信号的强度。而光信号的链路几乎与距离无关。尤其在远距离传输时，光接口会更省功耗。这个特点无论在系统散热还是系统集成上，都使光接口更加有优势。

在光纤传输网络发展的早期，由于没有世界标准，从而导致不同国家使用的光接口不一致，这对光传输网全球化发展造成了一定负面影响。为了克服上述困难，人们通过协商制定了光接口世界统一标准，这样，任何厂家的任何网络单元都能在光路上互通，从而具备了非常强的兼容性。需要与光接口进行物理连接的是光纤。下面主要从光纤种类、光接口类型等方面进行介绍。

5.1.1 光纤的种类

随着光通信技术的发展，光纤的应用也越来越广泛。由于单模光纤具有带宽大、易于升级扩容、成本低等优点，因此目前 SDH 光传输网的传输媒质基本是光纤。根据光纤的本身特性，它在三个"窗口"处对光波的吸收很小，这三个"窗口"处的中心波长分别为 0.85 μm、1.31 μm、1.55 μm。其中 0.85 μm 窗口只用于多模光纤传输，用于单模光纤传输的窗口只在 1.31 μm 和 1.55 μm 两处。

光的色散和功率损耗是影响光信号在光纤中传输距离的两个主要因素。光的色散会使光信号在光纤中传输的脉宽展宽，从而引起码间干扰，并降低光信号传输质量，如若码间干扰使传输性能劣化到一定程度时，则传输系统就不能工作了；光损耗使在光纤中传输的光信号随着传输距离的增加而功率下降，当光功率下降到一定程度时，传输系统也就无法工作了。为此，若要延伸光纤的传输距离，可以从减小色散和损耗两方面入手。另外，1.31 μm 光传输窗口称为 0 色散窗口，光信号在此窗口传输色散最小；1.55 μm 窗口称为最小损耗窗口，光信号在此窗口传输的衰减最小。

在国际标准中，ITU-T 规范了三种常用光纤及其接口类型：G.652 光纤、G.653 光纤和 G.654 光纤。其中，G.652 光纤指在 1.31 μm 波长窗口色散性能最佳，又称色散未移位的光纤，也就是说它在 1.31 μm 波长处的色散为 0，它可应用于 1.31 μm 和 1.55 μm 两个波长区；G.653 光纤指 1.55 μm 波长窗口色散性能最佳的单模光纤，也可称为色散移位的单模光纤，它通过改变光纤内部的折射率分布，将零色散点从 1.31 μm 迁移到 1.55 μm 波长处，使 1.55 μm 波长窗口色散和损耗都较低，它主要应用于 1.55 μm 工作波长处；G.654 光纤称为 1.55 μm 波长窗口损耗最小光纤，它的 0 色散点仍在 1.31 μm 波长处，它主要工作于 1.55 μm 窗口，主要应用于需要很长再生段传输距离的海底光纤通信。

5.1.2 光接口类型

光接口是 SDH 通信系统最具特点的部分。由于它的光接口实现了标准化，从而使得不同网元可以直接相连，这样就可以避免大量不必要的光/电转换，也避免了信号因此而带来的损伤，并且大幅缩减网络运行成本。

按照应用场合的不同,可将光接口分为局内通信光接口、短距离局间通信光接口、长距离局间通信光接口和超长距离局间通信光接口,不同的应用场合用不同的代码表示,见表5.1。

表 5.1 光接口分类与应用代码

应用场合	局内	短距离局间	长距离局间	超长距离局间
工作波长 /μm	1.31	1.31/1.55	1.31/1.55	1.55
光纤类型	G.652	G.652/G.652、G.654	G.652/ G.652 、G.653、G.654	G.652、G.653、G.654
传输距离 /km	≤ 2	约 15	约 40;约 80	约 120
STM-1	I-1	S-1.1/S-1.2	L-1.1/L-1.2、L-1.3	—
STM-4	I-4	S-4.1/S-4.2	L-4.1/L-4.2、L-4.3	E-4.2、E-4.3
STM-16	I-16	S-16.1/S-16.2	L-16.1/L-16.2、L-16.3	E-16.2、E-16.3

如表5.1所示,代码的第一位字母表示应用场合。

例如,I表示局内通信;S表示短距离局间通信;L表示长距离局间通信;E表示超长距离局间通信。

字母横杠后的第一位数字表示STM的速率等级。例如,1表示STM-1;4表示STM-4;16表示STM-16。第二个数字(小数点后的第一个数字)表示工作的波长窗口和所有光纤类型。例如,1或空白表示工作窗口为1.31 μm,所用光纤为G.652光纤;2表示工作窗口为1.55 μm,所用光纤为G.652或G.654光纤;3表示工作窗口为1.55 μm,所用光纤为G.653光纤。

5.1.3 光接口参数

在SDH网络系统中,光接口位置如图5.1所示。图中 S 点是紧挨着发送机的活动连接器(CTX)后的参考点,R 是紧挨着接收机的活动连接器(CRX)前的参考点,为此,光接口的参数可以分为三大类:参考点 S 处的发送机光参数、参考点 R 处的接收机光参数和 S-R 点之间的光参数。在规范参数的指标时,均规范为最坏值,即在最坏的光通道衰减和色散条件下,仍然要满足每个再生段(光缆段)的误码率不大于 1×10^{-10} 的要求。

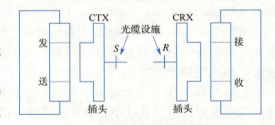

图 5.1 光接口位置示意图

1. 光线路码型

在SDH系统中,其帧结构中安排了丰富的开销字节用于系统的运行维护功能,所以线路码型不必像PDH系统中那样通过线路编码加上冗余字节来完成端到端的性能监控。SDH系统所用的线路码型为加扰的NRZ码,且线路信号速率与标准STM-N信号速率相等。

光接口的线路码型采用7级扰码器,扰码生成多项式为 $1 + X^6 + X^7$,扰码序列长为 $2^7-1=127$(位)。这种方式的优点是:码型简单,不增加线路信号速率,没有光功率代价,无须编码,发送端有一个扰码器即可,接收端采用同样标准的解扰器即可接收业务。

2. 系统工作波长范围

模式噪声、光纤截止波长、光纤衰减和色散等为制约系统工作波长范围的主要影响因素,由这些因素限定的工作波长的公共部分为特定应用场合和传输速率下的系统工作波长范围。标准接口各级STM-N的允许工作波长范围参考表5.2~表5.4,在表中,"*"表示待国际标准确定;"NA"或"/"表示不做要求。

第5章 光纤通信接口技术

表 5.2 STM-1 普通光接口参数规范

项目		单位	数值								
标称比特率		kbit/s	155 520 (STM-1)								
应用分类代码			I-1		S-1.1	S-1.2		L-1.1		L-1.2	L-1.3	
工作波长范围/nm			1 260~1 360		1 261~1 360	1 430~1 576	1 430~1 580	1 263~1 360		1 80~1 580	1 534~1 566	1 523~1 577	1 480~1 580
光源类型 (δ)			MLM	LED	MLM	MLM	SLM	MLM	SLM	SLM	MLM	MLM	SLM
发送机在S点特性	最大均方根谱宽	nm	40	80	7.7	2.5	/	3	/	/	3	2.5	/
	最小模抑制比	nm	/	/	/	/	1	/	/	1	/	/	1
	最大平均发送功率	dB	-8	-8	-8	-8	-8	/	30	30	/	/	30
	最小平均发送功率	dBm	-15	-15	-15	-15	-15	-5	0	0	0	0	0
	最小消光比	dBm	8.2	8.2	8.2	8.2	8.2	10	10	10	5	10	5
S-R点光通道特性	衰减范围	dB	0~7	0~7	0~12	0	12	10~28	10	10	28	10	10
	最大色散	Ps/nm	18	25	96	296	NA	246NA	NA	NA	246	296	NA
	光缆在S点的最小回波损耗	dB	NA	NA	NA	NA	NA	20	NA	NA	NA	NA	NA
	S-R点间最大离散反射系数	dB	NA	NA	NA	NA	NA	NA	NA	-25	NA	NA	NA
接收机在R点特性	最差灵敏度	dBm	-23	-23	-28	-28	-28	-34	-34	-34	-34	-34	-34
	最大过载点	dBm	-8	-8	-8	-8	-8	-10	-10	-10	-10	-10	-10
	最大光通道代价	dB	1	1	1	1	1	1	1	1	1	1	1
	接收机在R点的最大反射系数	dB	NA	NA	NA	NA	NA	NA	NA	NA	NA	NA	NA

表 5.3 STM-4 普通光接口参数规范

项 目		单位	数 值								
标称比特率		kbit/s	622 080（STM-4）								
应用分类代码			I-4	S-4.1		S-4.2	L-4.1			L-4.2	L-4.3
工作波长范围/nm			1 261~1 360	1 293~1 334	1 274~1 356	1 430~1 580	1 300~1 325	1 296~1 330	1 280~1 335	1 302~1 318	1 480~1 580	1 480~1 580
光源类型			MLM	MLM	MLM	SLM	MLM	SLM	MLM	MLM	SLM	SLM
发送机在S点特性	最大均方根谱宽（δ）	nm	14.5	4	2.5	/	2	1.7	/	<1.7	/	/
	最大 –20 dB 谱宽	nm	/	/	/	1	/	/	1	/	<1	1
	最小模抑制比	dB	/	/	/	30	/	/	30	30	30	30
	最大平均发送功率	dBm	−8	−8	−8	−8	2	2	2	2	2	2
	最小平均发送功率	dBm	−15	−15	−15	−15	−3	−3	−3	−1.5	−3	−3
	最小消光比	dB	8.2	8.2	8.2	8.2	10	10	10	10	10	10
S-R点光通道特性	衰减范围	dB	0~7	0~12	0~12	0~12	10~24	10~24	10~24	27	10~24	10~24
	最大色散	Ps/nm	13	46	74	NA	92	109	NA	109	*	NA
	光缆在S点的最小回波损耗	dB	14	NA	NA	24	20	20	20	24	24	20
	S-R点间最大离散反射系数	dB	NA	NA	NA	−27	−25	−25	−25	−25	−27	−25
接收机在R点特性	最差灵敏度	dBm	−23	−28	−28	−28	−28	−28	−28	−30	−28	−28
	最小过载点	dBm	−8	−8	−8	−8	−8	−8	−8	−8	−8	−8
	最大光通道代价	dB	1	1	1	1	1	1	1	1	1	1
	接收机在R点的最大反射系数	dB	NA	NA	−27	−27	−14	−14	−14	−14	−27	−14

第 5 章 光纤通信接口技术

表 5.4 STM-16 普通光接口参数规范

项 目		单位	数 值							
标称比特率		kbit/s	2 488 320 (STM-16)							
应用分类代码			I-16	S-16.1	S-16.2	L-16.1	L-16.1(JE)	L-16.2	L-16.2(JE)	L-16.3
工作波长范围/nm		nm	1 260~1 360	1 261~1 360	1 430~1 576	1 430~1 580	1 263~1 360	1 480~1 580	1 534~1 566	1 523~1 577
发送机在 S 点特性	光源类型		MLM	MLM	MLM	SLM	SLM	SLM	MLM	MLM
	最大均方根谱宽 (δ)	nm	4	1	<1	1	/	/	/	/
	最小 −20 dB 谱宽	nm	/	/	/	/	<1	<1*	<0.6	<1
	最小模抑制比	dB	/	30	30	30	30	30	30	30
	最大平均发送功率	dBm	−3	0	0	−2	+3	+3	+5	+3
	最小平均发送功率	dBm	−10	−5	−5	−2	−0.5	−2	+2	−2
	最小消光比	dB	8.2	8.2	8.2	8.2	8.2	8.2	8.2	8.2
S-R 点光通道特性	衰减范围	dB	0~7	0~12	0~12	10~24	26.5	10~24	28	10~24
	最大色散	Ps/nm	12	NA	*	NA	216	1 200~1 600	1 600	*
	光缆在 S 点的最小回波损耗	dB	24	24	24	24	24	24	24	24
	S-R 点间最大离散反射系数	dB	−27	−27	−27	−27	−27	−27	−27	−27
接收机在 R 点特性	最差灵敏度	dBm	−18	−18	−18	−27	−28	−28	−28	−27
	最小过载点	dBm	−3	0	0	−9	−9	−9	−9	−9
	最大光通道代价	dB	1	1	1	1	1	1	1	1
	接收机在 R 点的最大反射系数	dB	−27	−27	−27	−27	−27	−27	−27	−27

5.2 电接口技术

在 SDH 光缆线路系统中配有 2 048 kbit/s、34 368 kbit/s 和 139 264 kbit/s 这三种速率的 PDH 电接口，这些接口的参数和指标与 PDH 复用设备相应的电接口相同，即这些接口的物理/电特性应符合 ITU-T 的 G.703 建议规范。表 5.5 为电接口基本要求。

表 5.5 电接口基本要求

接口速度/(kbit/s)	接口码型	误差容限
2 048	HDB3	$\pm 50 \times 10^{-6}$
8 448	HDB3	$\pm 50 \times 10^{-6}$
34 368	HDB3	$\pm 20 \times 10^{-6}$
139 264	CMI	$\pm 15 \times 10^{-6}$

SDH 支路接口参数是指 STM-1 电接口参数，应符合 ITU-T 的 G.703 建议规范，其基本要求如下所列三条：

（1）标称比特率为 155 520 kbit/s，比特率容差为 $\pm 20 \times 10^{-6}$。

（2）码型为 CMI。

（3）为了使设备能在雷电等过压环境下正常工作，其输入输出必须能耐受 10 个标准闪电脉冲（5 正、5 负）冲击而不损坏设备，脉冲上升时间为 1.2 μs，脉冲宽度为 50 μs，电压幅度为 20 V。

本章小结

SDH 系统是一个开放式的系统，并且实现了光接口的标准化，因此任何厂家的任何网络单元都能在光路上互联互通。光接口正在逐步替代电接口，而且随着信息化程度的加深，这个趋势也正在加速。

思考与练习

1. 光接口分哪几类？
2. 光接口相对电接口有哪些优缺点？

第 6 章

光纤通信网硬件平台搭建

学习目标

(1) 了解机房环境的建设要求。
(2) 了解光传输平台硬件安装的流程和规范。
(3) 掌握线缆布放与绑扎基本工艺。
(4) 掌握工程标签的制作规范。
(5) 掌握光纤绑扎带的操作规范。
(6) 掌握制作电缆接头的方法。
(7) 掌握 2M 线的制作方法。

6.1 机房环境要求

搭建光纤通信网络的传输机房的首要问题是选址,只有选好址之后才可以根据具体情况来设计和建设机房。机房选址的具体要求有下面几点。

(1) 海拔要求为 -60 ~ 4 000 m。
(2) 要远离污染源,对于冶炼厂、煤矿等重污染源,应距离 5 km 以上;对化工、橡胶、电镀等中等污染源应距离 3.7 km 以上;对食品、皮革加工厂等轻污染源应距离 2 km 以上。如果无法避开这些污染源,则机房一定要选在污染源的常年上风向,使用高等级机房或选择高等级防护产品。
(3) 机房进行空气交换的采风口一定要远离城市污水管的出气口、大型化粪池和污水处理池,并且保持机房处于正压状态,避免腐蚀性气体进入机房,腐蚀元器件和电路板。
(4) 机房要避开工业锅炉和采暖锅炉。
(5) 机房最好位于二楼以上的楼层,如果无法满足,则机房的安装地面应该比当地历史记录

视频

机房环境要求及安装

的最高洪水水位高 600 mm 以上。

（6）机房应避免选在禽畜饲养场附近，如果无法避开，则应选择建于禽畜饲养场的常年上风向。

（7）避免在距离海边或盐湖边 3.7 km 之内建设机房，如果无法避免，则应该建设密闭机房，空调降温，并且不可取盐渍土壤为建筑材料；否则，就一定要选择满足恶劣环境防护的设备。

（8）机房一定不能选择过去的禽畜饲养用房，也不能选用过去曾存放化肥的仓库。

（9）机房应该牢固，无风灾及漏雨之虑。

（10）机房不宜选在尘土飞扬的路边或沙石场，如无法避免，则门窗一定要背离污染源。

（11）机房选址尽量远离居民区，距离居民区较近的机房要满足机房建设规范，避免噪声扰民。

（12）房门和窗户应该是关闭状态，保持机房密闭性，推荐用钢材门，隔声效果会更好。

（13）墙面和地板避免有裂缝或开孔，墙或窗上开有出线孔的，需有密封处理措施。墙面按照平整、耐磨和不起尘的原则进行装修，并达到阻燃、隔声、吸热、降尘和电磁屏蔽的功能。

光纤通信网络的传输机房房屋建筑结构、采暖、通风、供电、照明及消防等项目的工程设计一般由建筑专业设计人员承担，但必须严格依据传输机房的环境设计要求设计。传输机房还应符合工企、环保、消防及人防等有关规定，符合国家现行标准、规范以及特殊工艺设计中有关房屋建筑设计的规定和要求。

6.1.1 机房建筑要求

机房的建筑要求应满足表 6.1 所列指标。

表 6.1 机房建筑要求

项　　目	指　　标
机房面积	机房应能容纳终端局容量的设备
净高度	室内最低高度是指梁下或风管下的净高度，且室内最低高度以不低于 3 m 为宜
房内地板	机房的地板要求是半导电的，不起尘；一般要求铺防静电活动地板；地板板块铺设应严密坚固，每平方米水平误差应不大于 2 mm；没有活动地板时，应铺设导静电地面材料（体积电阻率为 $1.0 \times 10^7 \sim 1.0 \times 10^{10}\ \Omega \cdot m$）；导静电地面材料或活动地板必须进行静电接地，可以经限流电阻及连接线与接地装置相连，限流电阻的阻值为 1 MΩ
地板承重	大于 450 kg/m^2
门窗	门高 2 m、宽 1 m、单扇门即可。要求门、窗必须加防尘橡胶条密封，窗户建议装双层玻璃并严格密封
墙面处理	墙面可以贴壁纸，也可以刷无光漆，但不宜刷易粉化的涂料
房内的沟槽	沟槽用于铺放各种电缆，内面应平整光洁，预留长度、宽度和孔洞的数量、位置、尺寸均应符合光同步传输设备布置摆放的有关要求
给排水要求	给水管、排水管、雨水管不宜穿越机房，消防栓不应设在机房内，应设在明显而又易于取用的走廊内或楼梯间附近
防水要求	设备应避开上面有滴水源的地方（空调室外机、水管、下水道管等）；设备所挂附近两侧避免有窗户；设备应安装在雨水无法直接淋到的位置；在地下室安装时，网络箱安装位置要考虑水灾可能存在的水淹问题，要考虑建筑的排水市政情况；对于建筑物一楼比较低洼、容易进水的楼道，避免设备安装在一楼的弱电井，避免楼道落地安装；禁止所有进设备电缆或光缆从网络箱上方走下来后直接从侧面或上面进入网络箱，所有进入网络箱电缆需做好避水措施，防止雨水顺着电缆进入网络箱内
机房内隔断	安装设备的地方与机房门分隔，利用挡板效应截留部分粉尘
空调安装位置	空调安装位置应避免空调出风直接吹向设备
其他要求	机房内应避免真菌、霉菌等微生物的繁殖，防止啮齿类动物（如老鼠等）的存在；机房应避免使用含硫、含氯的保温棉或橡胶垫等有机材料，保温材料推荐使用 PEF 保温泡棉（高压聚乙烯）

6.1.2 电源要求

电信网络的供电趋于多元化,其主要分为交流电供电系统和直流电供电系统,如图 6.1 所示。

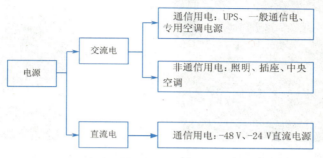

图 6.1　电信网络的供电方式

交流电(Alternating Current,AC)一般是指大小和方向随时间作周期性变化的电压或电流,它的最基本的形式是正弦电流。我国交流电供电的标准频率规定为 50 Hz。

直流电(Direct Current,DC)一般是指方向和时间不作周期性变化的电流,但电流大小可能不固定,而产生波形。

1. 交流供电系统介绍

我们知道,线圈在磁场中旋转时,导线切割磁感线会产生感应电动势,它的变化规律可用正弦曲线表示。如果取三个线圈,将它们在空间位置上相差 120°,三个线圈仍旧在磁场中以相同速度旋转,一定会感应出三个频率相同的感应电动势。由于三个线圈在空间位置相差 120°,故产生的电流亦是三相正弦变化的,称为三相正弦交流电。

在电信网中用到的大部分都是交流不间断供电电源系统(Uninterruptible Power System,UPS),如图 6.2 所示。UPS 系统由整流模块、逆变器、蓄电池、静态开关等组成。整流模块(AC/DC)和逆变器(DC/AC)都为能量变换装置,蓄电池为储能装置。此外,还有间接向负载提供市电电源(或备用电源)的旁路装置。它的第一个功能是在市电掉电时,UPS 系统由蓄电池供电,并输出纯净交流电;第二个功能是在市电供电时,UPS 系统输出无干扰的工频交流电。

2. 直流供电系统介绍

由于传输设备主要为通信网络提供传输通路,它的中断影响面较广,因此,直流配电系统除应有断电保护措施外,通常还应配置蓄电池。对于干线传输设备,为了防止长时间停电,还应配置发电机作为交流电的备用电源。直流供电系统包括蓄电池、一次电源(整流器)、直流配电和控制盘等。

(1) 蓄电池。蓄电池是光传输设备直流配电系统的重要组成部分,如图 6.3 所示。其作用如下:

① 稳定电压,保证传输设备稳定工作;

② 储能作用,当市电停电后,蓄电池仍可根据容量大小坚持供电一段时间,避免通信立即中断;

③ 大电容器滤波作用,有利于吸收从整流器过来的浪涌电压,防止杂音、工频干扰串入通信设备;

④ 自动关断功能,当蓄电池的电压下降到 -43 V 以下时,控制电路应具备自动关断输出的功能。

图 6.2　UPS 系统

图 6.3　蓄电池组

(2) 一次电源（整流器）。一次电源的要求如下：

① 多台一次电源应能并联运行，并且互相之间要有均流装置；
② 一次电源要有限流装置；
③ 一次电源要安装直流电压表和电流表；
④ 一次电源的效率应在 85% 以上，功率因数应在 0.8 以上；
⑤ 一次电源最好采用自然冷却，并可在 0～40 ℃的条件下满载连续运行；
⑥ 具备低压自动关断输出的功能。

(3) 直流配电和控制盘。

① 一次电源的容量应根据终端局容量传输设备的功耗设计，并留有一定的余量。一般要求采用转换效率高的高频开关电源，并至少采用 $N+1$ 电源热备份方式工作，电源各模块应具有均流输出装置。单个电源模块的失效，不会影响直流配电系统的正常工作。

② 每台控制盘最少能接入两组蓄电池，当有一组蓄电池发生故障脱离供电系统时，另一组蓄电池应能正常供电。

③ 每台控制盘最少能接入五台一次电源。

④ 电源设备应可实现自动化，满足无人值守的要求。

⑤ 当一次电源对蓄电池进行浮充时，一次电源投入运行的数量应根据负荷的大小而增减，当有一台一次电源发生故障时，应能自动撤出，备用一次电源自动投入运行。

⑥ 当市电停电时，蓄电池放电；当市电来电时，给已放电的蓄电池自动以 10%~15% 电池容量的电流对该蓄电池充电。当充电电压达到 56.4 V 时自动地改为恒压充电。

⑦ 当蓄电池已充满时，将充电状态自动地转为浮充状态。电源设备发生故障或工作不正常时，要送出可视和可闻告警指示，电源告警信息也应能传送到操作维护中心。

⑧ 在供电系统某支路发生短路时，整个配电系统不应受电压大幅度降低的影响。在起弧过程中的尖峰电压，不应在传输设备上造成故障。

(4) 直流基础电源建议。推荐采用分散供电方式，选用多个直流供电系统和多处设置电源设备的方式。

① 采用符合标准的直流供电系统，设置通信电源系统输出电压达到该要求输出电压范围。
② 提高供电系统的可靠性应提高交流供电系统的可靠性，合理减小蓄电池容量；在小型通信

局站提高交流供电系统可靠性有困难时，可以适当加大蓄电池容量。

③ 高频开关整流器的总容量配置应满足通信负荷功率和蓄电池的充电功率，整流模块的数量应采用冗余配置方式，当主用模块数量≤10台时，备用一台；当主用模块数量大于10台时，每10台备用一台。

④ 蓄电池应分两组或者多组安装，其总容量由蓄电池组独立向负载供电的时间确定。在多数通信局站，蓄电池组应保证至少1 h的供电能力。

6.1.3 保护系统要求

1. 静电的危害及相应的保护措施

影响传输设备的静电感应主要来自两个方面：其一是室外高压输电线、雷电等外界电场；其二是室内环境、地板材料、整机结构等的内部系统。静电会对集成电路板芯片造成损坏，还能引起软件故障，使电子开关失灵。据统计，在损坏的电路板中，有60%是由静电所造成的。因此，做好机房的防静电措施非常重要。

建议采用以下防静电措施：

（1）设备要有良好的接地。铺设贴有半导电材料的防静电地板时，要以铜箔在若干点处接地（水泥地与半导电地板之间压贴铜箔并与地线相连）。

（2）防尘。灰尘对光同步传输设备来讲是一大害。进入机房的尘土或其他物质的微粒容易造成插接件或金属接点接触不良，而在湿度大的情况下，灰尘又会引起漏电。维护中发现，由于灰尘积聚造成设备故障是常有的。尤其在机房的相对湿度偏低的情况下，易造成静电吸附。

（3）保持适当的温度和湿度条件。相对湿度过高或过低对机器都不利，湿度过高金属容易发生锈蚀，过低又容易引起静电。

（4）当需要接触电路板时，必须戴防静电手腕带，穿防静电工作服，可防止人体带来的静电对设备的危害。

2. 干扰的来源及相应的防护措施

随着科学技术和社会经济的发展，在空间中传输的电磁信号越来越多，这些信号可能会影响通信质量，产生串音、杂音等现象，严重时还会影响通信设备的正常工作，甚至中断。这些电磁干扰源包括：输电线路电晕放电的干扰，变压器的电磁干扰，各种开关设备所造成的干扰，大型设备操作中引起的电网波形畸变，射频干扰，地球磁场、外来辐射等自然干扰源造成的干扰。

设备或应用系统外部或内部的干扰，都是以电容耦合、电感耦合、电磁波辐射、公共阻抗（包括接地系统）和导线（电源线、信号线等）的传导方式对设备产生干扰的。从设备的对外关系来说，干扰是通过信号线、电源线、接地系统和空间电磁波进行的。集成电路本身虽有一定的抗干扰能力，但当外来噪声超出其抗干扰容限时，会引起信号错误，使整个设备工作异常。把干扰源的干扰完全消除或把干扰源都屏蔽起来实际上是不可能的，但可以采取如下积极的措施抑制干扰信号。

（1）电网中的高频干扰可通过分布电容从电源变压器的一次线圈耦合到二次线圈而造成干扰。要抑制此干扰，除从电源变压器的选用考虑以外，还应在电源进线处加低通滤波器。

（2）抑制电网里电压瞬变过程所造成的干扰，只要将光同步传输设备电源改为从主变压器直接引入，再加滤波电容即可。

（3）当光同步传输设备在具有上述干扰源的50 Hz市电电网中工作时，电网电压产生的急剧变化以及雷击时产生的过电压，由电网传到光同步传输设备电源中，容易造成处理机运算出错。

只有在采取了有效的防电网干扰措施的条件下,才能直接采用市电供电。

(4) 消除接地系统带来的干扰的关键在于使各种地,如信号地(包括模拟地和数字地)、电源地、保护地和屏蔽地等不要构成回路,包括大的分布电容构成的回路,否则会因为接地系统的公共阻抗干扰而影响设备的工作。在非高层建筑里,光传输设备的工作接地最好不要与电力设备的接地或防雷接地装置合用,并尽量相距远一些。

(5) 防止周围环境电磁辐射对设备的干扰。在一些通信综合楼中如果有高频辐射的发射机,其干扰程度应符合要求。为了防止干扰,最好使用不同的电源。

(6) 抑制电信线路中的电磁干扰。通信电缆在高频电磁场的作用下(外来的干扰),电缆护套和芯线上会感应出相当大的纵向电压。因为电缆芯线的不对称性,此纵向电压会在芯线的终端形成横向的杂音电压而引起干扰。将电缆护套金属外皮两端接地后,护套产生了屏蔽作用,纵向电压大大减小,从而抑制干扰电压。另外,降低干扰源的电压或电流,减小线路长度或导线间距,从而减小受干扰的环路面积;将绝缘的受干扰导线直接放置在接地面上;采用专用的接地返回线避免共阻;将信号线和返回线扭绞起来,使局部外界的电磁干扰互相抵消,都是解决这一问题的有效方法。

3. 消防要求

小的传输机房,各房间应设置一定数量的手提式灭火器,供火灾初起时使用。大型传输机房应设置固定式灭火设备。机房还应设置火灾自动报警系统。凡设有火灾自动报警系统的电信建筑,均应在其主要的部位、通道、出入口等处设置火灾事故照明和疏散指示标志。

4. 防震要求

电信机房建筑的抗震设计强度应在当地基本建设设计强度上提高一度,对达不到抗震强度要求的机房楼要进行抗震加固。建议光传输设备在安装中采取以下措施以增加抗震强度:

(1) 光传输设备机柜为钢结构机架,电路板插入机柜有紧锁装置。

(2) 机柜通过上导轨、下支架紧固。

5. 防雷要求

雷电是一种非常壮观的自然现象,它具有极大的破坏力,会对人类的生命和财产安全造成巨大的危害。自从人类进入电气化时代以来,雷电的破坏由主要以直接雷击人和物为主,发展到以通过金属线传输雷电波破坏电气设备为主。随着电子技术的飞速发展,计算机系统的网络化程度越来越高,人类对电气设备尤其是计算机设备的依赖越来越严重。而电子元器件的微型化、集成化程度越来越高,各类电子设备的耐过电压能力下降,遭雷电和过电压破坏的比例呈不断上升的趋势,对设备与网络的安全运行造成严重威胁。

机房大楼上空,高度在15 m及以上的烟囱、天线等建筑物和构筑物应按民用建筑物和构筑物的防雷要求进行设计。在进行防雷设计时,应有防止直击雷和雷电流侵入的措施。高层传输机房主楼应采取防止侧击雷的保护措施,特别是在多雷地区,侧击雷的情况也会碰到,因此,设计时应根据实际情况,采取一些防止侧击雷的防护措施。例如,将建筑金属外窗与避雷引下线连通,沿建筑物高度间隔一定距离在外墙墙面上设置水平的金属防雷带等。机房主楼应采取以下防雷措施:

(1) 在建筑物易受雷击的部位装设避雷网或避雷带;突出屋面的物体如烟囱、天线等,应在其上部安装架空防雷线或避雷针进行防护;防雷装置的引下线的横截面积不应小于2 mm²,其间距不应大于 30 m。

（2）电信建筑防雷接地装置的接地电阻不应大于 10 Ω。

（3）室外的电缆、金属管道等在进入建筑物之前，应进行接地；室外架空线直接引入室内时，在入口处应加防雷器。

（4）建筑物宜利用钢筋混凝土屋面板、梁、柱和基础的钢筋作为防雷装置的引下线。

根据雷击的特点以及通信网络线路无处不在的特殊性，通信网除了做好前面所述的防雷措施外，还应对易遭到雷击的设备安装防雷装置，避免通信设备受到雷击损害的防雷装置主要有两大类型：

（1）针对通信用交、直流电源输入/输出端安装电源防雷器。

（2）针对通信信号输入/输出端安装端口防雷设备。

电源防雷器，根据其工作特性又叫浪涌防雷器（Surge Protection Device，SPD），可分为模块式结构 SPD 和箱式 SPD，是用于电气设备对各种雷电电流、操作过电压等进行保护的器件，如图 6.4 所示。

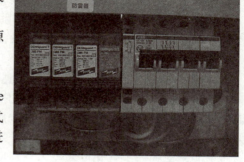

图 6.4　电源防雷器

根据信号所处的不同位置，信号防雷器又分为天馈防雷器、视频防雷器、E1 信号防雷器、音频防雷器、网络防雷器等，见表 6.2。

表 6.2　各类信号防雷器

信号防雷器类型	实 例 图	信号防雷器类型	实 例 图
天馈防雷器		音频防雷器	
视频防雷器		网络防雷器	
E1 信号防雷器			

6.2　硬件安装准备

安装准备是整个安装工程的第一步，也是保障整个工程顺利进行的前提，在设备和系统安装以前，应该严格按照安装准备流程（见图6.5）仔细检查各种准备工作是否就绪。

1. 组建施工队伍

一般以厂家施工人员为主，用户单位技术人员为辅。

2. 施工文件资料准备

施工前需要准备的相关文件资料包括：合同协议书和设备配置表，由用户单位提供；机房设计书和施工详图，由用户单位提供；《安装指南》，由厂商提供；设备硬件随机资料，由厂商提供；网管软件相关随机资料，由厂商提供；设备工程资料，由厂商提供。

3. 施工工具和仪器仪表准备

工欲善其事，必先利其器。安装通信设备，必须有相应的安装工具、合理的安装步骤，以及规范的操作，才能保证设备安装效果。工具和仪器仪表包括通用工具、专用工具、通用仪表和专用仪表。软件工具包括单板程序软件和网管软件等。工程安装过程中需要使用的主要硬件工具和仪器仪表分别见表6.3和表6.4。

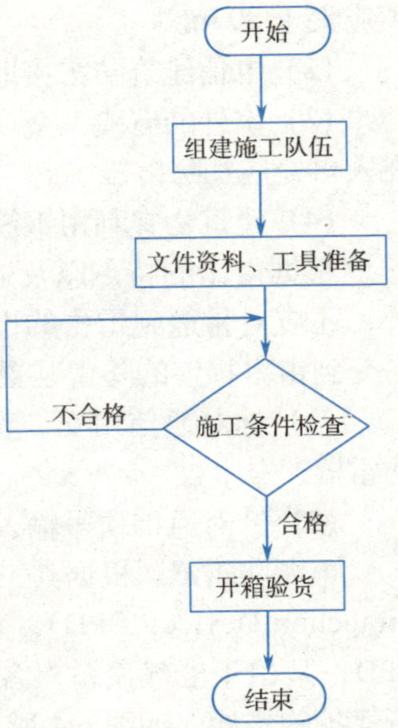

图6.5 安装准备流程

表6.3 工程安装过程中所需工具

名称与用途	图示	名称与用途	图示
卷尺：用于测量小于5 m的长度		皮尺：用于测量大于5 m的长度	
直尺（1 m）：用于测量小于1 m的长度	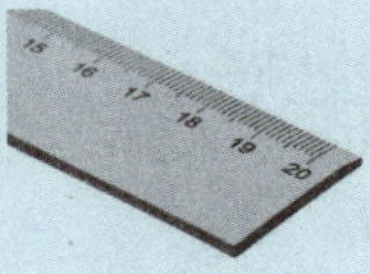	水平尺：用于检查水平度	
记号笔：在画线时，可用于做记号		铅笔：用于做记录	
粉斗：用于做标记		电钻：用于磨砂、钻孔	
冲击钻：一般在安装机柜之前用于打安装孔		吸尘器：用于吸灰尘或钻屑	
一字头螺丝刀（M3～M6）：用于紧固较小的螺钉、螺栓，批头为一字		十字头螺丝刀（M3～M6）：用于紧固较小的螺钉、螺栓，批头为十字	

第 6 章 光纤通信网硬件平台搭建

续表

名称与用途	图 示	名称与用途	图 示
套筒扳手（M8~M12）：用于紧固螺栓或螺母，套筒头可更换成不同规格		活扳手：用于扳动一定尺寸范围的六角头或方头螺栓、螺母，其开口宽度可调节	
梅花扳手：用于紧固螺栓或螺母，适用于工作空间狭窄的场合		双梅花扳手：用于紧固螺栓或螺母，适用于工作空间狭窄的场合，其两端均可使用	
力矩扳手：用于紧固螺栓或螺母，其手柄上有力矩调节装置，以限定紧固力矩的大小，套筒头可更换成不同规格		内六角扳手：用于紧固螺栓或螺母，分为带球头的和不带球头的两种形式	
尖嘴钳：用于在较窄小的工作空间夹持小零件和扭转细金属丝		斜口钳：用于剪切绝缘套管、电缆扎线扣等	
冷压钳：用于压接与小截面电源线适配的冷压端子		冷压钳：用于压接与小截面电源线适配的冷压端子	
剥线钳：用于剥除小截面通信电缆的绝缘层及护套		压线钳：用于加工同轴电缆组件时压接尾部金属护套	
水晶头压线钳：用于压接电话线及网线水晶头连接器		打线刀：用于将用户线或中继线安装到配线架上，适用于线缆、模块及配线架的连接作业	
手锯：用于切割馈线		锉刀：用于馈线加工时对切割边缘的打磨	

光纤通信技术

续表

名称与用途	图示	名称与用途	图示
撬杠：用于搬运、抬放设备		橡胶锤：用于敲击工件或工件整形	
毛刷：用于清扫灰尘、碎屑等小杂物		镊子：用于夹持质量、体积较小的物体	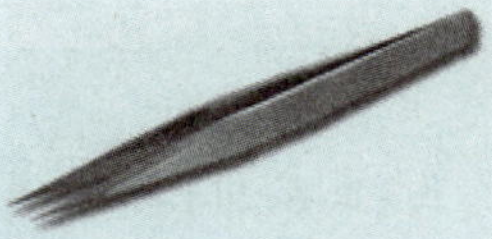
胶带：粘接物体		标签纸：对设备和线缆进行标识，便于现场安装和维护	
焊锡丝：焊接材料		电烙铁：用于焊接小截面导体与连接器	
防静电手腕：用于接触或操作设备和器件，可防止静电放电	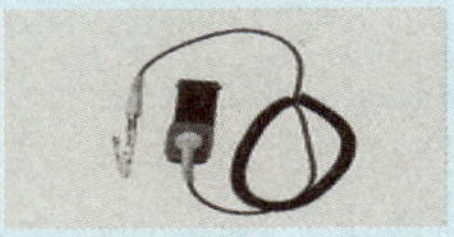	防静电手套：用于防静电	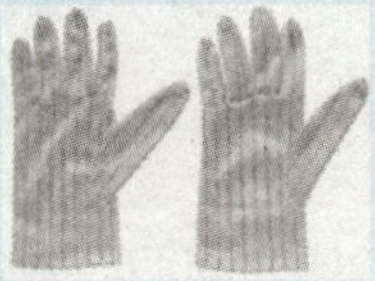
梯子：用于登高作业		光纤清洁工具：用于清洁光纤	

表 6.4　工程安装过程中所需仪器仪表

名称与用途	图示	名称与用途	图示
光衰耗计：用于通过调节衰减量实现调节光信号的光功率		光功率计：用于测试光功率	
光谱分析仪：对通过光纤网络传输的信号的状态进行识别、分析和监测的工具		万用表：用于测试机柜的绝缘、电缆的通断及设备的电性能指标，包括电压、电流、电阻等	

第6章 光纤通信网硬件平台搭建

续表

名称与用途	图示	名称与用途	图示
SDH分析仪：用于SDH网络测试，可测试SDH网络的各种指标		2M误码仪：用于测试2M信号在传输过程中有无误码	
地阻测量仪：用来测量地阻		500 V兆欧表：用于测绝缘电阻	
指北针：用于指示方向		GPS：用于定位、导航	

4. 施工条件检查

良好的机房环境是传输设备稳定工作的基础，良好的接地是传输设备防止雷击、抵抗干扰的首要保证条件。因此，在工程安装开始前，要对机房、电源、地线、中继线、光缆等进行必要的检查，查看是否符合施工要求。对不符合施工要求的项目，施工前要加紧改造完，以免留下隐患。

（1）机房的面积、高度、承重、门窗、墙面、沟槽布置、防静电条件、照明、温度、消防必须符合规范或厂家提出的要求。

（2）施工前必须检查地线是否符合要求。

5. 开箱验货

安装准备完成之后，必须在有厂家技术人员在场的情况下开箱验货，需要检查的内容见表6.5。

表6.5 开箱验货需要检查的内容

检查大类	检查项目	要求
机柜和机盒	外观	整洁，无划伤，无松动结构件，无破损
	内部情况	内部无异物，无水污
	内部电缆	整齐捆扎，无散放线和松脱线，无破损线
	丝印标记	完整、清晰
	接插件	安装完好整齐，插针平直
单板	外观	整洁，无划伤，无松动结构件，无破损
	数量	与发货清单上单板数量一致
	安装光盘	软件安装光盘完整、齐全
内部线缆检查	外观	配线合理、整洁，配线无短缺的情况
	接头	接头牢固，无错插、虚插情况

在验货过程中，若《装箱单》上标明"欠货"，则反馈至厂商办事处订单管理工程师进行后续处理，工程督导和客户同时在《装箱单》上签字确认；如出现缺货、错货、多发货或货物破损等情况，则双方在《开箱验货备忘录》和《装箱单》上签字确认，同时由工程督导填写《货物问题反馈表》，反馈给当地厂商办事处订单管理工程师。验货完毕，工程督导和客户须同时在《装箱单》上签字确认无误，货物随即移交给客户保管。

6.3 硬件安装流程与规范

6.3.1 硬件安装流程

硬件安装是整个施工的主体和基础，应严格按照安装流程进行安装，注意确保安全。机柜的安装流程图如图 6.6 所示。

传输设备的安装流程图如图 6.7 所示。

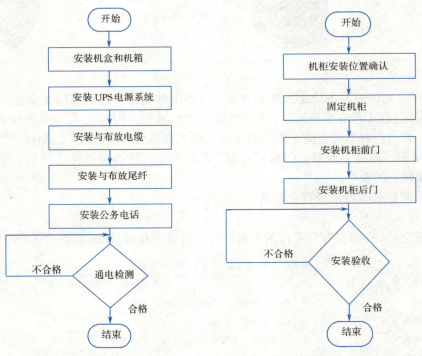

图 6.6 机柜的安装流程图　　图 6.7 传输设备的安装流程图

6.3.2 硬件安装规范

硬件安装规范主要包括如下几点。

（1）清点施工现场的设备数量，特别是设备散件，同时检查设备有无损坏情况；将设备情况及时记录，如遇到缺少、损坏的情况应及时填写记录，并向相关人员汇报。

（2）对照核查设计平面图中各个要素预计方向，如发现机房尺寸和方向、机架位置、天馈线孔洞位置、交流引入位置等与施工图不符，应及时向相关人员汇报，不得擅自修改图样。

(3) 施工负责人与现场技术负责人根据现场情况、人员力量和所携带的工具等，研究现场施工方案。

(4) 各工序负责人根据施工方案的分配情况，对照图样安装机架并注意安装工艺质量。

(5) 将机架排列整齐，机架的前面板应在一个竖直平面上；每个机架应用水平尺调整，使机架前面板、侧面板和顶板应合乎水平尺的测量。

(6) 当机架安装完毕以后，应继续调整机架，将机架调整到最佳状态；根据要求，有些设备机架需要相互连接在一起，有些机架需要与走线架连接，注意按要求操作。

(7) 地线、机架电源线缆、交流线缆、射频线缆、传输线缆、电池线等应分类布放和绑扎，不可相互缠绕绑扎。

(8) 线缆布放完毕后，质量检查员检查安装工艺、接线是否正确、接头连接是否紧固和标签是否粘贴。

(9) 清理线缆上的绑扎带及地面卫生。

(10) 做完上述工作，应对照《硬件自检表》逐项进行确认，看是否有缺少的项目；如果有，则进行整改，最后输出完整的《硬件自检表》。

6.4 机房配线架认识

机房配线架主要有光纤配线架、数字配线架、总配线架等，下面进行简单介绍。

1. 光纤配线架

光纤配线架（Optical Distribution Frame，ODF）如图 6.8 所示。光纤配线架是专为光纤通信机房设计的光纤配线设备，具有光缆固定和保护功能、光缆终接功能、跳线功能，以及光缆纤芯和尾纤保护功能。光纤配线架既可单独装配成光纤配线架，也可与数字配线单元、音频配线单元同装在一个机柜/架内，构成综合配线架。该设备配置灵活、安装使用简单、容易维护、便于管理，是光纤通信光缆网络终端，或中继点实现排纤、跳纤、光缆熔接及接入必不可少的设备。

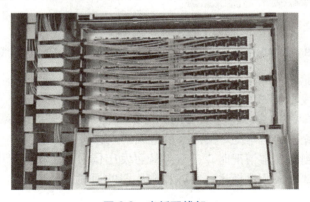

图 6.8 光纤配线架

光纤配线架的特点：

(1) 有很强的光缆固定与保护功能，能保证光缆及光纤不受损伤，能保证可靠的接地装置。

(2) 有先进的光纤布线管理设计装置，配置容量大，且有较强的布线空间，保证了光纤的纤芯安装、施工及维护方便。

(3) 有明确的线序标识，便于转接、跳线和测试。

(4) 采用封闭式机柜，前后开门。

2. 数字配线架

数字配线架（Digital Distribution Frame，DDF），它是数字复用设备之间、数字复用设备与程控交换设备或非话业务设备之间的配线连接设备，如图 6.9 所示。

数字配线架又称高频配线架，在数字通信中越来越有优越性，它能使数字通信设备的数字码流的连接成为一个整体，从速率 2 ～ 155 Mbit/s 信号的输入、输出都可终接在数字配线架上，为配线、吊线、转接、扩容带来很大的灵活性和方便性。

3. 总配线架

总配线架（Main Distribution Frame，MDF）外线侧连接铜芯双绞线市话通信电缆，内线侧连接电信交换或接入设备的用户电路，可通过跳线进行线号分配接续，且具有过电压、过电流防护，告警功能及测试端口的配线架，如图 6.10 所示。

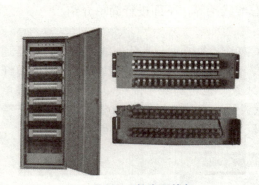
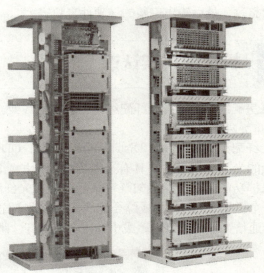

图 6.9　数字配线架　　　　图 6.10　总配线架

总配线架的基本功能如下：

(1) 接续：通过跳线可实现内线之间、内线与外线之间的连接。

(2) 防护：总配线架和外线以及主设备内的防护组件构成一套防护系统，防止由外线进入的过电压、过电流对主设备造成损坏及对操作人员造成的人身伤害。

(3) 告警：当检测到有异常情况时，告警系统可发出信号并上报网管中心。

(4) 测试：借助测试塞或测试话机，可以检测线路的通断。

4. 走线架

走线架是用于方便布放通信电缆的一种矩形架子，多为铁制或铝制品，形状有些类似人们常用的梯子，多用于设备和设备之间、设备和 DDF/ODF/MDF 之间，如图 6.11 所示。

第 6 章 光纤通信网硬件平台搭建

图 6.11 走线架

6.5 线缆布放与绑扎基本工艺

本节简单介绍线缆,并介绍线缆的布放与绑扎工艺要求。

6.5.1 线缆认识

通信工程安装中,常见的线缆有电源电缆、2M 中继电缆、光缆尾纤、双绞线等,如图 6.12 所示。

(a) 电源电缆

(b) 2M 中继电缆

视 频

线缆布放与绑扎工艺

(c) 光缆尾纤

(d) 双绞线

图 6.12 各类线缆

6.5.2 线缆布放工艺

线缆的布放工艺要求如下:

(1) 在安装了支架和防静电地板的机房,线缆可以采用下走线方式,所有线缆从地板夹层或走线槽通过。采用上走线时,需要在机柜上方铺设走线架,线缆从机柜顶部的上走线架通过。

(2) 线缆布放的规格、路由、截面和位置应预先设计好,线缆排列必须整齐,外皮无损伤。

(3) 信号线缆,如告警线、网线、时钟线等应与电源线缆分离布放。

(4) 线缆转弯应均匀圆滑,线缆转弯的最小弯曲半径应大于 60 mm。

(5) 不得损伤导线绝缘层。

(6) 线缆的布放需便于维护和将来扩容。

6.5.3 线缆绑扎工艺

线缆绑扎工艺要求如下:

(1) 布放走道线缆时,必须绑扎,绑扎后的线缆应互相紧密靠拢,外观平直整齐,线扣间距均匀,松紧适度。

(2) 布放槽道线缆时,可以不绑扎,槽内线缆应顺直,尽量不交叉,线缆不得超出槽道,在线缆进出槽道部位和线缆转弯处应绑扎或用塑料卡带捆扎固定。

(3) 线缆绑扎要求做到整齐、清晰及美观,一般按类分组,线缆较多可再按列分类,用线扣扎好。

(4) 使用扎带绑扎线束时,应视不同情况使用不同规格的扎带。

(5) 尽量避免使用两根或两根以上的扎带连接后并扎,以免绑扎后强度降低。

(6) 扎带扎好后,应将多余部分齐根平滑剪齐,在接头处不得留有尖刺。

(7) 线缆绑成束时扎带间距应为线缆束直径的 3~4 倍,且间距均匀。

(8) 绑扎成束的线缆转弯时,应尽量采用大弯曲半径,以免在线缆转弯处应力过大造成内芯断裂。

具体线缆绑扎如图 6.13 所示。

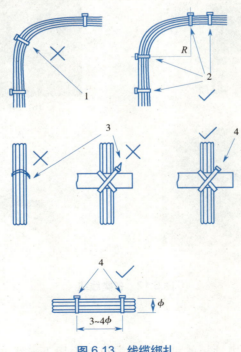

图 6.13 线缆绑扎

1—拐弯处不能绑扎带;2—扎带;3—尖头;4—平滑剪齐

第 6 章 光纤通信网硬件平台搭建

图 6.14 所示为实际的线缆绑扎案例。

 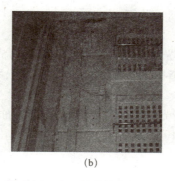 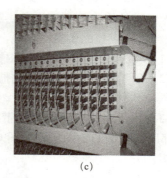

(a)　　　　　　　　　　　　(b)　　　　　　　　　　　　(c)

图 6.14　实际的线缆绑扎案例

6.6　光纤绑扎带

本节介绍光纤绑扎带的结构、使用方法和进行光纤绑扎的注意事项。

6.6.1　光纤绑扎带的结构和裁剪

1. 光纤绑扎带的结构

光纤绑扎带通过毛面和钩面的配合实现绑扎带的锁紧功能。光纤绑扎带宽度为 12.7 mm，绑扎带的两面分别为钩面（透明聚丙烯材料）和毛面（黑色尼龙材料），具体如图 6.15 所示。

2. 光纤绑扎带的裁剪

光纤绑扎带切割器的使用步骤如下：

(1) 将绑扎带安装到切割器的塑料轴上，如图 6.16 所示。

(2) 滚动绑扎带，引出绑扎带从切割器的导槽中穿过，达到预计长度后拉紧，将绑扎带对准切割器的刀齿，用力斜向下拉绑扎带，绑扎带即可被切断，如图 6.17 所示。

图 6.15　尾纤绑扎带外形图

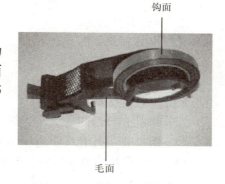

图 6.16　绑扎带安装示意图　　　　图 6.17　绑扎带剪断示意图

6.6.2 光纤绑扎带使用

光纤绑扎的步骤、效果和注意事项如下：

1. 光纤绑扎的步骤

（1）将光纤理顺成束状，根据光纤束的大小将绑扎带裁剪成合适的长度。

（2）用手握住光纤束，并用拇指摁住绑扎带的一端，另一只手用适当的力拉紧绑扎带，如图 6.18 所示。

（3）用适当的力拉紧绑扎带绕光纤束旋转，绑扎带的毛面压到钩面上，直到绑扎带外端的毛面全部压在内侧的钩面上，如图 6.19 所示。

图 6.18　拉紧绑扎带

图 6.19　缠绕绑扎带

2. 光纤绑扎效果

光纤绑扎效果如图 6.20 所示。

3. 光纤绑扎注意事项

（1）绑扎带和光纤的接触面为毛面，绑扎带的钩面不与光纤接触。

（2）绑扎光纤前应首先将光纤理顺。

（3）绑扎带绑扎光纤时应松紧适宜，不要绑扎过紧。

（4）光纤绑扎的位置间隔一般情况下不超过 40 cm。

图 6.20　光纤绑扎效果

6.7　工程标签

视频

工程标签

为了方便设备现场安装和设备安装后的维护，采用工程标签对设备进行标识。电缆工程标签分电源线标签和信号线标签两种。

电源线仅为直流电源线，包括 -48 V/-60 V 电源线、保护地线（PGND）、地线（BGND）；信号线包括告警外接电缆、网线、光纤等。

电缆工程标签主要是为了保证设备线缆安装的条理性、正确性以及方便后续设备维护和检查。

6.7.1　标签简介

1. 标签材料

工程标签的厚度、颜色、材料、使用温度范围和书写方式的要求主要如下：

(1) 标签厚度为 0.09 mm。
(2) 面材颜色为哑白本色。
(3) 材料为 PET（Polyester，聚酯）。
(4) 使用温度范围：-29 ~ 149 ℃。
(5) 兼容激光打印和油性笔手写，材质通过 UL 和 CSA 认证。

2. 标签种类及结构

工程标签分为信号线标签和电源线标签两种。

(1) 信号线标签。信号线采用固定尺寸的刀形结构，如图 6.21 所示。为了更加清晰地明确电缆位置信息，信号线标签纸中使用分隔线。例如，机柜号和子架号之间有一个分隔线，子架号和板位号之间有一个分隔线，依此类推。分隔线尺寸为 1.5 mm×0.6 mm，颜色为 PONTONE 656c（浅蓝色）。刀刻虚线的作用是标签粘贴时方便折叠，尺寸为 1.0 mm×2.0 mm。标签刀形结构右下角有一个英文单词"TO:"（在图示方向看是倒写的），用以表示标签所在电缆的对端位置信息。

(2) 电源线标签：电源线标签需粘贴在线扣的标识牌上，再用线扣绑扎在电源线缆上，标识牌四周为 0.2 mm×0.6 mm 的凸起（双面对称），中间区域用来粘贴标签，如图 6.22 所示。

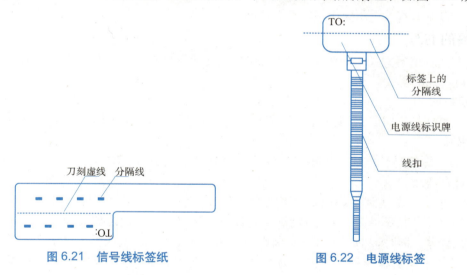

图 6.21　信号线标签纸　　　　　图 6.22　电源线标签

6.7.2　标签使用说明

1. 电源线标签使用说明

电源线标签仅粘贴在线扣标识牌的一面，内容为电缆对端位置信息（体现标签上自带的"TO:"字样的含义），即仅填写标签所在电缆侧的对端设备、控制柜、分线盒或插座的位置信息。

2. 信号线标签使用说明

信号线标签粘贴后有两个面，标签两面内容分别标识了电缆两端所连端口的位置信息，标签内容的填写须符合以下要求：

(1) 电缆所在位置的本端内容写在区域①中。
(2) 电缆所在位置的对端内容写在区域②中，即右下角带有倒写"TO:"字样的标签区域中。

(3) 区域③为粘贴标签时将被折叠的局部，如图 6.23 所示。

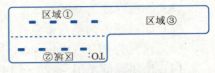

图 6.23　信号线标签示意图

从设备的电缆出线端看，标签的长条形写字内容部分均在电缆右侧，字迹朝上的一面（即露在外面能看到的一面，也就是带"TO:"字样的一面）内容为电缆所在对端的位置信息，背面为电缆所在本端的位置信息；因此，一根电缆两端的标签，区域①和区域②中内容刚好相反，即在某一侧时被称为本端内容，在另一侧时被称为对端内容。

3. 标签使用注意事项

(1) 标签内容填写、打印和粘贴过程中应保持标签纸面的清洁。

(2) 因为所使用的标签纸为防潮防水材料，故任何情况下都不允许使用喷墨打印机进行打印，不允许使用类似钢笔的水笔书写。

(3) 在上述两项说明的基础上，要求标签粘贴整齐、美观，因为新型标签成长条旗状，如果粘贴位置、方向混乱将严重影响产品外观。

(4) 电源线的标识牌线扣绑扎，要求线扣绑扎高度一致、标识牌方向一致。

(5) 本内容中对"上""下""左""右"等方向的描述（不包括打印机设置中相关描述），都是针对粘贴标签的施工人员正在操作的位置而言的。

6.7.3　标签的书写

标签内容有两种填写方式：一是打印机打印；二是使用油性笔手工书写。考虑效率和美观性，建议采用打印机打印的方式。

1. 打印机打印

采用打印机打印标签时，必须使用激光打印机，并且打印标签时必须使用打印模板。

2. 手工书写

采用手工书写标签时，应该使用随货配发的黑色油性笔。手写字体应符合标准字体模板，并且对书写方向规范要求。

书写笔的要求：为了达到字迹识别、美观及耐久的效果，在手工书写标签时必须使用随货配发的黑色油性笔（不包括圆珠笔）。特殊情况下允许但不建议使用普通黑色圆珠笔。圆珠笔与油性笔相比书写效果较差，同时，书写时容易将圆珠油涂抹在标签纸上，造成脏污且使字迹模糊不清。

字体：为了便于识别和美观，要求现场手写字尽量符合标准字体模板（宋体）的要求。标准字体模板如图 6.24（a）所示。

字的大小可根据数字或字母的数量灵活处理。当填写有汉字的位置信息时，要求汉字大小适中、清晰可辨认、整齐美观。

书写方向：标签内容的书写方向如图 6.24（b）所示。

0	1	2	3	4	5	6	7	8
9	A	B	C	D	E	F	G	H
I	J	K	L	M	N	O	P	Q
R	S	T	U	V	W	X	Y	Z

(a) 标准字体模板

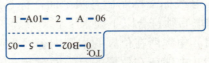

(b) 标签内容的书写方向

图 6.24　手工书写

6.7.4 标签的粘贴方法

粘贴标签之前先在整版标签纸上填写或打印好标签内容，然后揭下、粘贴在电缆或标识牌线扣上。有两种标签的粘贴方法，具体如下：

1. 信号线标签的粘贴方法

按图 6.25（a）所示，将标签与电缆定位。标签在电缆上粘贴后长条形文字区域一律朝向右侧或下侧，即在标签粘贴处，当电缆垂直布放时标签朝向右，当电缆水平布放时标签朝向下。向右环绕着电缆折叠标签局部，并粘贴。注意使粘贴面在电缆的中心面，局部折叠后的形状如图 6.25(b) 所示。粘贴后局部不一定完全和文字区域重合，根据电缆外径的不同有的会比文字区域短，这是因为局部长度是根据单芯同轴电缆的外径 2.6 mm 设计的，当使用在大线径电缆上时剩余的不同长度的局部区域被折在标签里面，从外面只能看到整齐的文字区域。

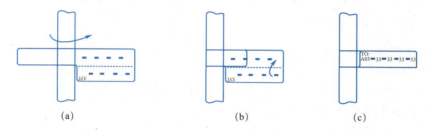

图 6.25　信号线标签粘贴方法

2. 电源线标签的粘贴方法

将标签纸从整版标签材料上揭下来，粘贴在线扣的标识牌上（只粘贴其中一面）。粘贴时注意尽量粘贴在标识牌的四方形凹槽内（粘贴在哪一面不作规定，由现场根据操作习惯自行确定，但是同一机房内需保持粘贴面统一）；线扣默认绑扎位置在距离插头 2 cm 处，特殊情况可特殊处理。电缆两端均需要绑扎线扣，线扣在电缆上绑扎后标识牌一律朝向右侧或上侧，即当电缆垂直布放时标识牌朝向右，当电缆水平布放时标识牌朝向上，并保证粘贴标签的一面朝向外侧，如图 6.26 所示。

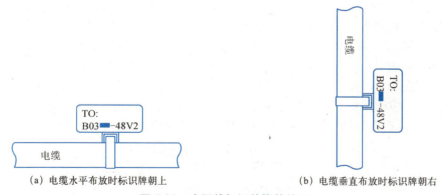

图 6.26　电源线标识牌绑扎效果

6.7.5 常见工程标签介绍

本节只介绍几种常见的工程标签，对于本节未列出的工程标签，可根据工程现场实际情况进行处理。

1. 电源线

适用于机柜直流供电时的直流电源线，粘贴在直流电源线两端。这里所说直流电源线包括电源线、保护地线（PGND）、地线（BGND）。直流电源线工程标签（仅粘贴在线扣标识牌的其中一面）内容见表6.6。

表6.6　直流电源线工程标签内容

标 签 内 容	含　义
MN(BC) − −48V1	MN(BC)：BC填写位置在MN的正下方。
MN(BC) − −48V2	对于负载机柜侧，"MN"表示控制柜、分线盒等配电设备的行列号；"BC"表示配电设备中"−48 V"接线端子的行列号（如果没有行列号或者不用标识端子的行列号就可以识别，可以省略不写）；而BGND、PGND不必区分行列号
MN(BC) − BGND	
MN(BC) − PGND	对于配电设备侧，仅用"MN"表示机柜号即可

标签内容为电缆源方向位置信息，本端位置信息可以不写，即仅填写电缆所在侧的对端设备、控制柜或分线盒的相应信息。表6.6中仅列出两路 −48 V供电时的标签内容，其他直流电压的填写内容类似（如24 V、60 V等）。粘贴时注意方向，线扣绑扎在电缆上后要求有标签的一面朝向外侧，同一机柜中电缆标签上字体朝向相同，如图6.27所示。

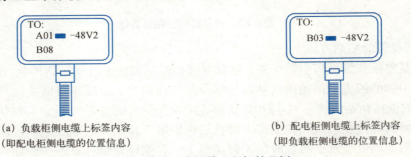

(a) 负载柜侧电缆上标签内容
（即配电柜侧电缆的位置信息）

(b) 配电柜侧电缆上标签内容
（即负载柜侧电缆的位置信息）

图6.27　直流电源线工程标签示例

负载柜侧电缆上标签内容为"A01/B08 − −48V2"，说明此电源线为−48V2，来自机房第A行01列配电柜中，第二排−48V接线排上第8个接线端子处。配电柜侧电缆上标签内容为"B03 − −48V2"：说明此电源线为−48V2，来自机房B行03列负载柜。

2. 告警外接电缆

告警外接电缆接至用户列头机柜（列头机柜指的是每一排机柜的最前面用于配电的那个机柜），在列头机柜上应使用标签注明接入端子是哪一个设备使用的。设备侧没有特殊要求时可不粘贴工程标签，此时标签内容仅填写在区域②中。告警外接电缆标签内容见表6.7。

表6.7　告警外接电缆标签内容

标 签 内 容	含　义	举　　例
MN	MN：机柜号	M：机房中设备从前至后称为行，编号为A～Z； N：每一排设备中从左至右称为列，编号为01～99

告警外接电缆标签的内容较少，此时仅需要写字区域的一部分即可，这种情况在现场可灵活处理。建议和其他电缆保持一致的文字区域长度，而不要剪掉多余的没有文字的区域。告警外接

电缆标签示例如图 6.28 所示。标签内容为 A01，说明此告警外接电缆从列头机柜接到机房中 A 行 01 列的机柜。

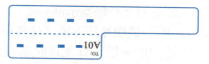

图 6.28　告警外接电缆标签示例

3. 网线

网线的工程标签用于标识单板的网口电缆，标签内容包括机柜号、位置号、子架序号、物理板位号和网口序号。

标签内容的含义：机柜子架单板的网口电缆标签两面内容见表 6.8。

表 6.8　网线标签内容

标签内容	含　义	说　　明
MN-B-C-D	MN：机柜号	举例：A01
	B：子架序号	按照从下到上的顺序用两位数字编号。举例：01
	C：物理板位号	按照从下到上和从左到右的顺序用两位数字编号
	D：网口序号	网口的顺序，按照从上到下和从左到右的顺序编号
MN-Z	MN：机柜号	举例：B02
	Z：位置号	根据现场具体情况填写可以识别的终端设备位置号，如连接到机柜中的路由器需要注明路由器所在的机柜号、子架号、网口序列号等。举例：B02-03-12。如果是连接到网管，则需注明网管所在具体位置

网线标签示例如图 6.29 所示，标签一侧为"A01-03-10-05"，说明此网线一端连接到己方设备，即机房中 A 行 01 列的机柜，第三个子架、第 10 个板位、第 5 个网口的位置；标签另一侧为"B02-03-12"，说明此网线另一端连接到终端设备上，即机房中 B 行 02 列的机柜，第三个子架、第 12 个网口的位置，没有板位号。

图 6.29　网线标签示例

4. 设备之间光纤标签

光纤工程标签适用于机柜子架或者盒式设备中单板光口连接器光纤上。光纤标签的制作有两种：一种是设备之间的连接，此时标签粘贴在连接两个设备的光纤上；另一种是设备到 ODF 架之间的连接，标签粘贴在连接设备和 ODF 架的光纤上。设备间光纤标签内容含义见表 6.9。

表 6.9　设备间光纤标签内容含义

标签内容	含　义	说　　明
MN-B-C-D-R/T	MN：机柜号	举例：A01
	B：子架序号	按照从下到上的顺序用两位数字编号，举例：01
	C：物理板位号	按照从上到下和从左到右的顺序用两位数字编号
	D：光接口号	按照从上到下和从左到右的顺序用两位数字编号
	R：光接收口	
	T：光发送口	
MN-B-C-D-R/T	MN：机柜号	含义同上。其中，机柜号 MN，当对端设备和本端设备不在同一机房中时，可以用具体站名详细说明
	B：子架序号	
	C：物理板位号	
	D：光接口号	
	R：光接收口	
	T：光发送口	

设备间光纤标签示例如图6.30所示，标签一侧"A01-01-05-05-R"，说明光纤本端连接机房中A行01列的机柜、第一个子架、05板位、05光接收端口；标签另一侧"G01-01-01-T"：说明光纤另一端连接机房中G行01列的机柜、第一个子架、01板位、01光发送端口。

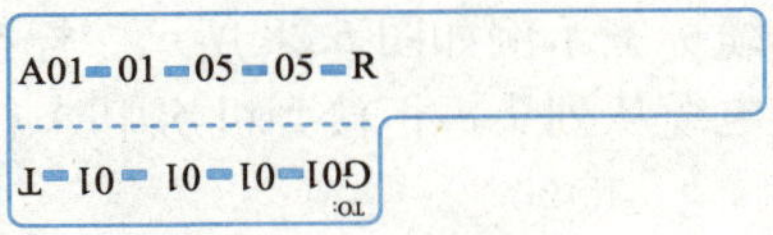

图6.30 设备间光纤标签示例

5. 设备到ODF配线架

设备到ODF配线架的光纤标签内容包含了机柜和ODF配线架的必要信息，标签内容含义见表6.10。

表6.10 设备到ODF配线架光纤标签内容含义

标签内容	含义	说明
MN-B-C-D-R/T	MN：机柜号	举例：A01
	B：子架序号	按照从下到上的顺序用两位数字编号。举例：01
	C：物理板位号	按照从上到下和从左到右的顺序用两位数字编号
	D：光接口号	按照从上到下和从左到右的顺序用两位数字编号
	R：光接收接口	
	T：光发送接口	
ODF-MN-B-C-R/T	MN：ODF配线架行、列号	M：机房中每一排设备从前至后称为行，编号为A～Z；N：每一排中再从左到右称为列，编号为01～99。举例：G01，即G行01列的ODF架
	B：端子行号	范围：01～99。举例：01-01
	C：端子列号	
	R：光接收接口	
	T：光发送接口	

设备到ODF配线架间光纤标签示例如图6.31所示，标签一侧为"ODF-G01-01-01-R"，说明光纤本端连接到机房中第G行01列的ODF架上、第01行01列端子、光接口接收端的位置；标签另一侧为"A01-01-05-05-R"，说明此光纤对端连接到机房中A行01列的机柜、第一个子架、第5个板位、第5个光接收端口的位置。

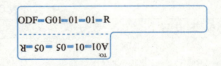

图6.31 设备到ODF配线架间光纤标签示例

6. 中继电缆

中继电缆包括75Ω/120Ω E1电缆，100Ω T1电缆，34 MΩ、45 MΩ、140 MΩ、155 MΩ电缆，120Ω转75Ω中继电缆，时钟电缆。中继电缆标签的制作有两种：一种是设备之间的连接，如中继板到内置传输的连接，标签分别粘贴在电缆两端，标明该电缆在两端设备侧的位置，或者在同一设备中两块中继板上的位置；另一种是设备到DDF架的连接，标签分别粘贴在电缆两端，标明该电缆在设备侧和在DDF架上的位置。设备间中继电缆工程标签内容含义见表6.11，设备到DDF架中继电缆工程标签内容含义见表6.12。

第 6 章 光纤通信网硬件平台搭建

表 6.11 设备间中继电缆工程标签内容含义

标签内容	含义	说　明
MN-B-C-D-R/T	MN：机柜号	举例：A01
	B：子架序号	按照从下到上的顺序用两位数字编号，举例：01
	C：物理板位号	按照从上到下和从左到右的顺序用两位数字编号
	D：电缆序号	按照从上到下和从左到右的顺序用两位数字编号。举例：12
	R：光接收接口	
	T：光发送接口	
MN-B-C-D-R/T	MN：机柜号	含义同上。其中，机柜号 MN，当对端设备和本端设备不在同一机房中时，可以用具体站名详细说明
	B：子架序号	
	C：物理板位号	
	D：电缆序号	
	R：光接收接口	
	T：光发送接口	

表 6.12 设备到 DDF 架中继电缆工程标签内容含义

标签内容	含义	说　明
MN-B-C-D-R/T	MN：机柜号	举例：A01
	B：子架序号	按照从下到上的顺序用两位数字编号。举例：01
	C：物理板位号	按照从上到下和从左到右的顺序用两位数字编号
	D：电缆序号	按照从上到下和从左到右的顺序用两位数字编号。举例：05
	R：光接收接口	
	T：光发送接口	
ODF-MN-B-C-R/T	MN：ODF 配线架行、列号	M：机房中每一排设备从前至后称为行，编号为 A～Z；N：每一排中再从左到右称为列，编号为 01～99。举例：G01，即 G 行 01 列的 ODF 架
	B：端子行号	范围：01～99。举例：01-01
	C：端子列号	
DDF-MN-B-C-D/R/T	D：A、B 向	一般 DDF 上有此标记：A 表示该组 DDF 端子连接光网络设备；B 表示该组 DDF 端子连接交换设备
	R：光接收接口	
	T：光发送接口	

设备间中继电缆工程标签示例如图 6.32 所示，标签一侧为"G01-01-05-12-T"，说明此中继电缆本端连接到机房中 G 行 01 列的机柜、第 1 个子架、第 5 个板位、第 12 个中继电缆、发送端的位置；标签另一侧为"D02-01-01-10-R"，说明此中继电缆对端连接到机房中 D 行 02 列的机柜、第 1 个子架、第 1 个板位、第 10 个中继电缆、接收端的位置。

设备到 DDF 架中继电缆工程标签示例如图 6.33 所示，标签一侧为"A01-03-01-01-R"，说明此中继电缆本端连接到机房中 A 行 01 列的机柜、第 3 个子架、第 1 个板位、第 1 个中继电缆、接收端的位置；标签另一侧为"DDF-G01-01-01-AR"，说明此中继电缆对端连接到机房中 G 行 01 列的 DDF 架上、第 1 行、第 1 列、A 向端子（即连接光网络设备）、接收端的位置。

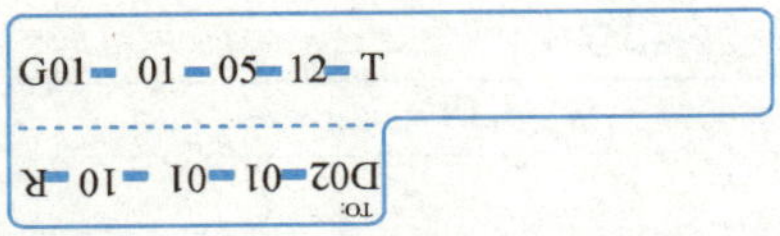

图 6.32 设备间中继电缆工程标签示例

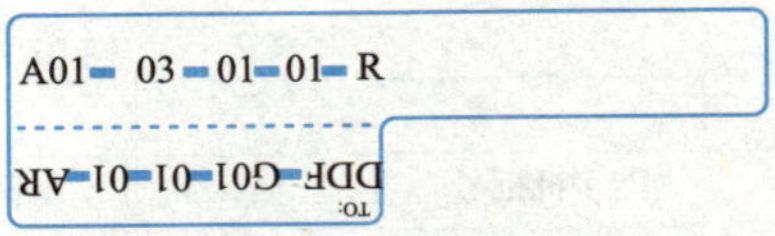

图 6.33 设备到 DDF 架中继电缆工程标签示例

7. 用户电缆

标签粘贴在电缆两端，标明该电缆在设备侧和在 MDF 架上的位置，标签内容含义见表 6.13。

表 6.13 用户电缆的工程标签内容

标签内容	含 义	说 明
MN-B-C-D	MN：机柜号	举例：A01
	B：子架序号	按照从下到上的顺序用两位数字编号。举例：03
	C：物理板位号	按照从上到下和从左到右的顺序用两位数字编号
	D：电缆序号	按照从上到下和从左到右的顺序用两位数字编号。举例：01
MDF-MN-B-C	MN：MDF 架行列号	M：机房中每一排设备从前至后称为行，编号为 A~Z。 N：每一排中再从左到右称为列，编号为 01~99。 举例：G01，即 G 行 01 列的 MDF 架
	B：端子行号	范围：01~99。举例：01-01
	C：端子列号	

用户线缆工程标签示例如图 6.34 所示，标签一侧为"A01-03-01-01"，说明此用户电缆本端连接到机房中 A 行 01 列的机柜、第三个子架、01 板位、01 根电缆的位置；标签另一侧为"MDF-G01-01-01"，说明此用户电缆对端连接到机房中 G 行 01 列的 MDF 架上、第 01 行、第 01 列端子的位置。

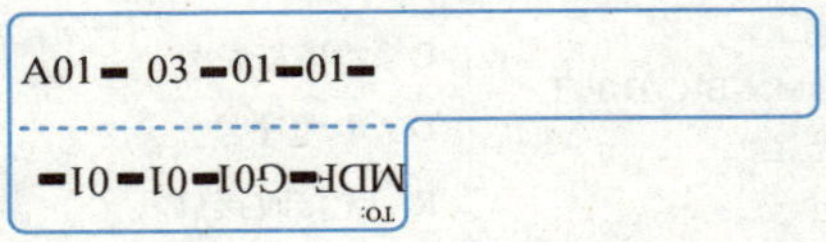

图 6.34 用户线缆工程标签示例

6.8 制作电缆接头并测试

本节简介 BNC、L9 和 SMB 三种接头与同轴电缆的连接方法，以及电缆通断的测试方法。

6.8.1 装接同轴电缆的接头

1. 直式 BNC 公接头

图 6.35 所示为直式 BNC 公接头与同轴电缆的组件。

直式 BNC 公接头与同轴电缆的装配步骤如下：

（1）根据同轴线材的不同，按照图示尺寸将同轴电缆剥开，露出同轴电缆外导体、同轴电缆绝缘和同轴电缆内导体，如图 6.36 所示。其中，常用电缆保

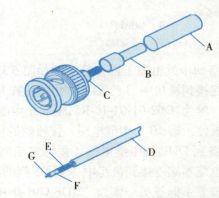

图 6.35 BNC 公接头与同轴电缆的组件

A—热缩套管；B—压接套管；C—连接器插头；D—同轴线护套；
E—同轴线外导体；F—同轴线绝缘；G—同轴线内导体

留的外导体长度 L1、保留的绝缘长度 L2 和护套剥开长度 L3 的推荐长度见表 6.14。

表 6.14 常用同轴电缆剥线尺寸表

线材型号	线材外径/mm	L_1/mm	L_2/mm	L_3/mm	备注
SYFVZ-75-1-1（A）	2.2	5～6	7～9	10～12	—
SYV-75-2-2	3.9	5～6	7～9	10～12	国干 155M-Ⅰ
SYV-75-4-2	6.7	5～6	7～9	10～12	国干 155M-Ⅲ
SFYV-75-2-1	3.2	5～6	7～9	10～12	国干-Ⅱ
SFYV-75-2-2	4.4	5～6	7～9	10～12	国干 155M-Ⅱ

（2）将热缩套管和压接套筒先后套入同轴电缆中，如图 6.37 所示。

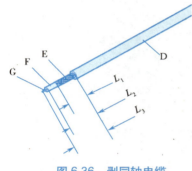

图 6.36 剥同轴电缆

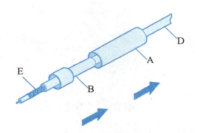

图 6.37 套入热缩套管和压接套筒

（3）将同轴电缆的外导体展开成喇叭形，如图 6.38 所示。

（4）将同轴电缆的绝缘和内导体插入同轴电缆连接器插头，同轴电缆外导体部分包裹住同轴连接器的外导体，如图 6.39 所示。

（5）用焊接工具将同轴电缆的内导体焊接到同轴电缆连接器插头的内导体上，如图 6.40 所示。

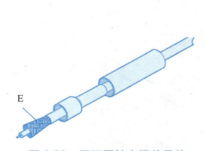

图 6.38 展开同轴电缆外导体

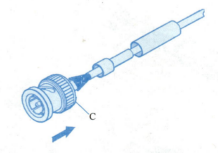

图 6.39 将直式 BNC 公接头插头插入同轴电缆

（6）将压接套筒往连接器方向推，压紧同轴电缆的外导体，用压接工具将压接套筒与同轴连接器插头压接在一起，如图 6.41 所示。

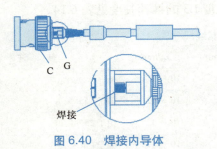
图 6.40 焊接内导体

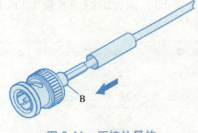
图 6.41 压接外导体

（7）用热风枪吹缩热缩套管，使套管紧紧包覆住压接的套筒，如图 6.42 所示。

（8）将同轴电缆组件按照图示方向安装到设备上，如图 6.43 所示。

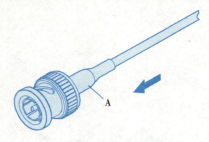
图 6.42 吹缩热缩套管

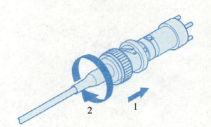
图 6.43 安装同轴电缆组件

2. L9-M 公接头

图 6.44 所示为直式 L9 公接头与同轴电缆的组件。

直式 L9-M 公接头与同轴电缆的装配步骤如下：

（1）根据同轴线材的不同，按照图示尺寸将同轴电缆剥开，露出同轴电缆外导体、同轴电缆绝缘和同轴电缆内导体，如图 6.45 所示，其中常用电缆保留的外导体长度 L_1、保留的绝缘长度 L_2 和护套剥开长度 L_3 的推荐长度如表 6.14 所示。

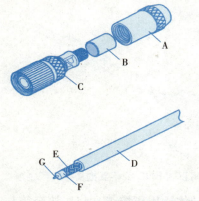
图 6.44 L9- 公接头与同轴电缆的组件

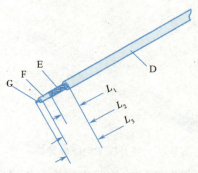
图 6.45 剥同轴电缆

A—连接器保护套筒；B—压接套筒；C—连接器插头；
D—同轴线护套；E—同轴线外导体；F—同轴线绝缘；
G—同轴线内导体

(2) 将保护套筒、压接套筒先后套入同轴电缆中,如图 6.46 所示。
(3) 将同轴电缆的外导体展开成喇叭形,如图 6.47 所示。

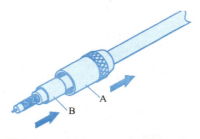

图 6.46　套入保护套筒和压接套筒

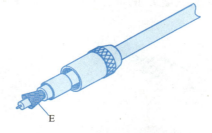

图 6.47　展开同轴电缆外导体

(4) 将同轴电缆的绝缘和内导体部分插入同轴连接器插头,同轴电缆的外导体部分包覆住同轴连接器的外导体,如图 6.48 所示。
(5) 用焊接工具将同轴电缆的内导体焊接到同轴连接器插头的内导体上,如图 6.49 所示。

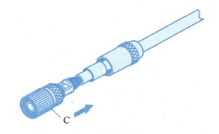

图 6.48　将连接器插头插入同轴电缆

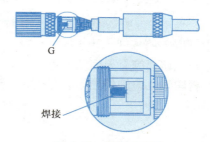

图 6.49　焊接内导体

(6) 将压接套筒往连接器方向推,压紧同轴电缆的外导体,用压接工具将压接套筒与同轴连接器插头压接在一起,如图 6.50 所示。
(7) 将保护套筒向前推,与连接器插头上的螺纹相连接,螺纹紧固后完成,如图 6.51 所示。

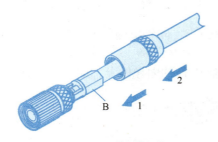

图 6.50　压接外导体

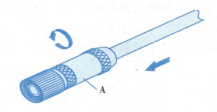

图 6.51　旋紧保护套筒

3. 直式 SMB 母插头

图 6.52 所示为直式 SMB 母插头与同轴电缆的组件。
直式 SMB 母插头与同轴电缆的装配步骤如下:

（1）根据同轴线材的不同，按照图示尺寸将同轴电缆剥开，露出同轴电缆外导体、同轴电缆绝缘、和同轴电缆内导体，如图 6.53 所示，其中常用电缆保留的外导体长度 L_1、保留的绝缘长度 L_2 和护套剥开长度 L_3 的推荐长度如表 6.14 所示。

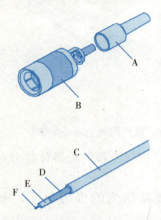

图 6.52　直式 SMB 母插头与同轴电缆的组件

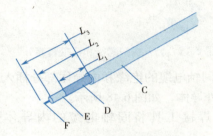

图 6.53　剥同轴电缆

A—压接套筒；B—连接器插头；C—同轴线护套；
D—同轴线外导体；E—同轴线绝缘；F—同轴线内导体

（2）将压接套筒套入同轴电缆中，如图 6.54 所示。

（3）将同轴电缆的外导体展开成喇叭形，如图 6.55 所示。

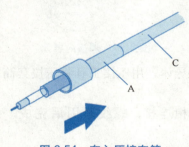

图 6.54　套入压接套筒

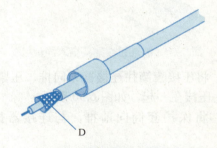

图 6.55　展开同轴电缆外导体

（4）将同轴电缆的绝缘和内导体部分插入同轴连接器插头，同轴电缆的外导体部分包覆住同轴连接器的外导体，如图 6.56 所示。

（5）用焊接工具将同轴线内导体 F 焊接到同轴连接器插头 B 的内导体上，如图 6.57 所示。

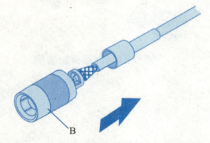

图 6.56　将连接器插头插入同轴电缆

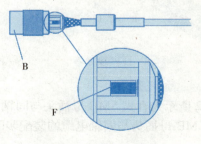

图 6.57　焊接内导体

（6）将压接套筒往连接器方向推，压紧同轴电缆的外导体，用压接工具将压接套筒与同轴连接器插头压接在一起，如图 6.58 所示。

（7）电缆组件加工完成后，将电缆组件按照图示方法安装到设备上，如图 6.59 所示。

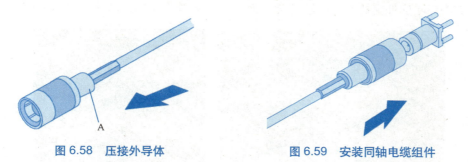

图 6.58　压接外导体　　　　　　　图 6.59　安装同轴电缆组件

6.8.2　测试电缆通断

本节以一端为 DB44 接头、另一端为一组 SMB 接头的电缆为例，介绍用万用表测试电缆通断的方法。操作步骤如下：

（1）把万用表设置在电阻挡。

（2）在 SMB 接头侧，连接万用表的两个表笔到 SMB 接头的内、外导体。

（3）按照 DB44 接头的线序表，用短接线在 DB44 接头侧短接与该 SMB 接头对应的两个针脚，如图 6.60 所示。

（4）观察万用表，应该显示电阻为 0Ω。

（5）取下 DB44 接头侧的短接线后，观察万用表，应该显示电阻为无穷大。

（6）重复步骤（2）～步骤（5），测试其他 SMB 接头。

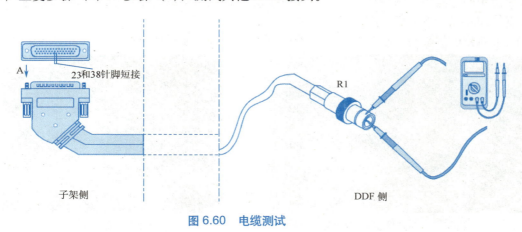

图 6.60　电缆测试

6.9　2M 线制作

首先需要 75Ω 同轴电缆一根，其长度根据具体需要确定，一般为传输设备出厂附件。

2M 线制作

然后需同轴插头（L9-J 连接头）一对，电烙铁、工具刀、专用的压线钳一把。

2M 线制作步骤如下：

（1）将同轴缆外皮拨开，如图 6.61 所示。

（2）将 2M 头尾部外套拧开，并将尾部外套、压接套管套在同轴线上，如图 6.62 所示。

 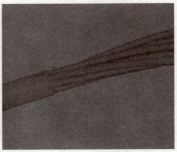

图 6.61　拨开同轴缆外皮

图 6.62　套接尾部外套和压接套管

（3）用工具刀将同轴缆外皮剥去 12 mm，剥时力量适当，注意不得伤及屏蔽网。2 Mbit/s 同轴线是成对使用的，其中一根用作发信，一根用作收信，实验人员对其用途做了定义后应做好标签，剥去外皮的同轴线如图 6.63 所示。

（4）将露出的屏蔽网从左至右分开，用斜口钳剪去 4 mm，使屏蔽网长度为 8 mm，如图 6.64 所示。

图 6.63　剥去外皮的同轴线　　　　　图 6.64　裁剪屏蔽网

（5）用工具刀将内绝缘层剥去 2 mm，注意不要伤及同轴缆芯线，将露出的屏蔽网从左至右分开，用斜口钳剪去 4 mm，使屏蔽网长度为 8 mm。

（6）将剥好的同轴线穿入同轴插头压接套管内，如图 6.65 所示。

（7）将同轴缆芯线插入同轴体铜芯杆，涂少许焊锡膏在同轴芯线上，用电烙铁蘸锡点焊，焊接时间不得太长，以免破坏内绝缘，导致同轴芯线接地，要求焊点光滑、整洁、不虚焊。

第 6 章 光纤通信网硬件平台搭建

（8）将屏蔽层贴附在同轴体接地管上，使屏蔽网尽可能大面积的与接地管接触，将压接套管套在屏蔽网上，保持压接套管与接地管留有 1 mm 的距离，并保证屏蔽层不超出导压接管。

（9）用压线钳将压接管与接地管充分压接，但用力适当，不得压裂接地管。压好后的 2M 头如图 6.66 所示。

图 6.65 穿入同轴线

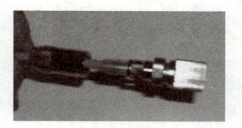
图 6.66 压好后的 2M 头

拓 展 阅 读

本章介绍了光纤通信网络硬件平台搭建的实践技能，需要我们发挥"工匠精神"才可更好地习得这些实践技能。2016 年 3 月 5 日，在第十二届全国人民代表大会第四次会议上，国务院总理李克强作政府工作报告时说，鼓励企业开展个性化定制、柔性化生产，培育精益求精的工匠精神，增品种、提品质、创品牌。古语云："玉不琢，不成器。"在光纤通信网络平台搭建领域，工匠精神不仅体现了精心打造、精工制作的理念和追求，更是要不断吸收最前沿的技术，创造出新成果；工匠精神要求我们要树立起对职业敬畏、对工作执着、对平台负责的态度，极度注重细节，不断追求完美和极致，给用户无可挑剔的硬件平台使用体验。

本 章 小 结

本章介绍了传输网硬件平台搭建的一些关键技术和技能，包括机房环境要求、硬件安装准备、硬件安装流程、线缆布放与绑扎基本工艺、工程标签、光纤绑扎带、制作电缆接头并测试等知识点。

思考与练习

1. 简述搭建传输网硬件平台的机房环境要求。
2. 简述传输网硬件安装流程。
3. 简述线缆布放与绑扎基本工艺。
4. 简述工程标签的制作规范。
5. 简述光纤绑扎带、电缆接头和 2M 线缆的制作方法。

第 7 章

光传输网基础

学习目标

（1）了解光传输网的基本概念。
（2）了解 PDH 技术的优缺点。
（3）了解数字光纤通信系统的组成。
（4）掌握 SDH 的帧结构、速率等级等技术要点。
（5）掌握 PON 技术的特点，能够理解 APON、EPON 和 GPON 之间的差异。

7.1 光传输网概述

传输网通俗讲就是传输电信号或光信号的网络。按照覆盖地域的不同，传输网可分为国际传输网与国内传输网，国内传输网又可分为长途传输网与本地传输网，长途传输网包括省际一级干线和省内二级干线，本地传输网包括中继网和接入网。

传输网位于交换设备之间，为各种专业网提供透明传输通道，如图 7.1 所示。

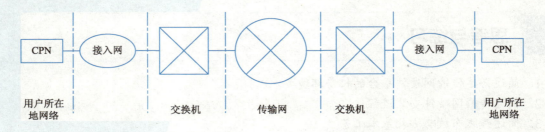

图 7.1 传输网在通信网中所处的位置

第 7 章　光传输网基础

如图 7.1 所示，传输网位于接入网之间，并通过交换机连接各个接入网。传输网的特点是可以进行长距离、大容量、安全的数据传输，可以承载各种类型的业务，并且业务流量和流向具有不确定性。因此，传输网作为网络基础设施可以直接影响其他各项业务的质量。

随着激光器和光纤的发明和商用，传输技术进入飞速发展时期，而 SDH（Synchronous Digital Hierarchy，同步数字体系）技术的出现使传输网的概念得到更高层次的发展，使光通信网络的发展进入一个新的发展时期。目前，国内在参考了全球公认的 SDH 体制的基础上，已经组建了高度统一、标准化和智能化的 SDH 光传输网系统。这个 SDH 光传输网系统不仅能够满足灵活、可靠、宽带、网管等通信传输网所需的特性，而且是今后全光网络（All Optical Network）的重要基础技术之一。

SDH 光传输网在通信网中的地位类似于"高铁（高速铁路）"，主要体现在以下几点：

（1）SDH 光传输系统是通信网的核心部分，是各通信网元器件连接的纽带。
（2）SDH 光传输系统性能的好坏直接制约着通信网上业务的发展。
（3）需要不断提高传输线路上的信号速率，扩展传输频带。

7.2 光传输技术

7.2.1 数字光纤通信系统的组成

数字光纤通信系统是数字通信系统与光纤通信系统的优化组合。数字通信具有抗干扰能力强、易于集成、转接交换方便等优点，而光纤通信具有频带宽、传输距离长、保密性好等优点，弥补了数字通信系统的不足之处。目前，SDH 和 PDH（Plesiochronous Digital Hierarchy，准同步数字体系）是主流的数字光纤通信系统的传输体制。

视频

光传输技术

数字光纤通信系统由光端机、电收/发端机、光缆（由光纤组成）和光中继器、输入/输出接口等部分组成。

（1）光端机：每台光端机主要由数/电转换电路和光收/发模块组成，用于完成数字电信号与数字光信号的互相转换和数字光信号的收发。

（2）电收/发端机（包括 PCM、脉冲插入或分离）：完成模拟信号或数据信号与数字信号的互相转换。

（3）光缆和光中继器：光缆构成数字光信号的传输通道，光中继器起延伸传输距离的作用。

（4）输入/输出接口：是电端机和光端机能够互相连接的关键器件，它们起到桥梁的作用。数字光纤通信系统组成框图如图 7.2 所示。

光纤通信技术

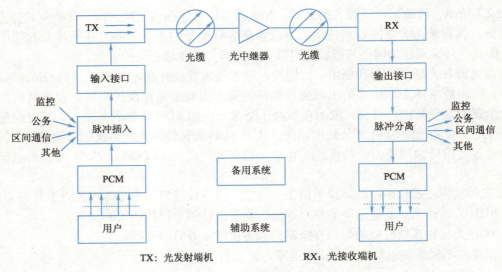

图 7.2 数字光纤通信系统组成框图

7.2.2 PDH 技术

1. PDH 技术的基本概念

（1）同步。在数字通信系统中传输的信号都是数字化的脉冲序列，这些数字脉冲信号流在数字交换设备之间传输时，其速率必须完全保持一致，这样才能保证数字脉冲信号流传送的准确无误，这种传输速率必须完全保持一致的概念称为同步。

（2）准同步。在 PDH 系统中并未采用严格的同步方式，而采用在数字通信网的每个节点上分别设置高精度的时钟，这些时钟的信号都具有统一的标准速率，尽管每个时钟的精度都很高，但总还是有一些微小的差别，为了保证通信的质量，要求这些时钟的差别不能超过规定的范围。因此，这种同步方式严格来说不是真正的同步，所以称为准同步。

在 PDH 系统中，速率不同的低次群分路信号若直接复用成高次群信号会在高次群信号中产生码元的重叠错位，使接收端无法正常分接、恢复低次群分路信号。因此，速率不同的低次群分路信号不能直接复用，要在复用之前对各分路信号速率进行统一调整，使各分路信号速率达到同步。调整方法通常采用正码速调整法，即复接设备对各路输入信号采样时，采样速率比各路码元速率略高，出现重复采样的情况时，需减少一次采样，或将所采样值舍去，具体原理如图 7.3 所示。

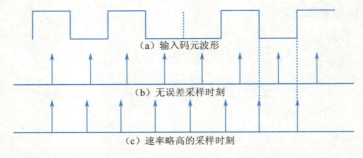

图 7.3 正码速调整时的抽样

2. PDH 技术的帧结构

PDH 帧结构如图 7.4 所示,图中所示为矩形块状帧,其传输顺序自上而下逐行进行,每行从左到右传输。

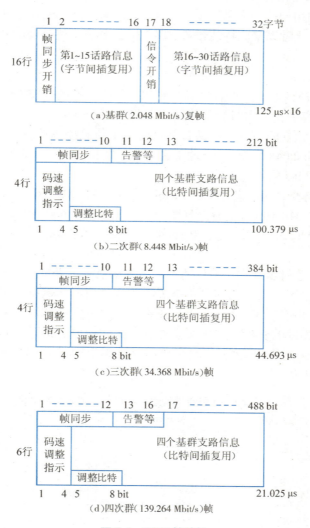

图 7.4 PDH 帧结构

从图 7.4 中可以看出 PDH 帧结构具有以下几个特点。

(1) 基群子帧频率为 8 kHz(复帧频率为 0.5 kHz),与其所装载的每个话路信息的采样频率 8 kHz 一致;而二至四次群帧频分别为 9.962 kHz(即 1/100.379 μs)、22.375 kHz 和 47.562 kHz,分别与它们所装载的每个低次群支路的帧频不一致。

(2) 基群复帧装载的信息是按字节间插(即间隔相插)复用的,复帧结构排列规则,提取支路信息容易;而二至四次群帧装载的信息是按比特间插复用,帧结构排列不规则,提取支路信息麻烦。

(3) 基群复帧中不需要码速调整字节(因为各个支路信号进入基群复用时使用同一个时钟);

而二至四次群帧中有码速调整比特（占位一行共 4 bit，分别用于四个支路）。在装载（即复用）支路信息时，当某一支路速率低于群路速率时，则在相应的调整比特中插入一个非信息的填充比特，同时相应的码速调整指示（在二次群和三次群帧中占位 3 行 ×4 列比特，在四次群帧中占位 5 行 × 4 列比特，每列比特分别用于四个支路）置为全 1，表示有插入；而在正常情况下，码速调整指示置为全 0，表示无插入，此时调整比特装载各支路信息。具有上述特点的基群称为同步复用，二至四次群称为准同步复用。

3. PDH 技术速率等级

PDH 技术将每路模拟话音信号进行采样、量化、编码，变为一路 64 kbit/s 的数字信号，为了提高线路利用率和传输容量，采用时分复用技术，将多路 64 kbit/s 数字信号以字节单位进行间插复用。在欧洲，将 30 个独立的 64 kbit/s 话音信道与两个信息控制信道一起形成一个 32 个时隙的信号结构，其传输速率为 2.048 Mbit/s；在北美和日本，则将 24 个 64 kbit/s 信道的信号间插复用在一起，形成一个 1.544 Mbit/s 的信息流。

为进一步提高传输容量，可将若干 2.048 Mbit/s（或 1.544 Mbit/s）的信息流复接成更高速率的信息流。例如，将四个 2.048 Mbit/s 信息流复接为一路 8.448 Mbit/s 的信息流；四个 8.448 Mbit/s 信息流复接为一路 34.368 Mbit/s 的信息流；四个 34.368 Mbit/s 信息流复接为一路 139.264 Mbit/s 的信息流。

在 PDH 中，各速率等级虽规定了标称速率，但支路信号可来自不同的设备，这些设备有各自独立的时钟源，因而来自不同设备的同一速率等级的支路信号其速率并不一定严格相等。为了能将各支路信号复接成更高速率的信号，对于各速率等级除规定标称速率外，还规定其允许的偏差范围，即容差。这种有相同的标称速率但又允许有一定的偏差的信号称为准同步信号。它们复接时只能靠插入调整比特，采用异步复接。我国的 PDH 技术采用欧洲制式，欧洲制式中各次群的速率、偏差、帧周期、电路数见表 7.1。

表 7.1 我国 PDH 各次群的速率、偏差、帧周期和电路数

群　次	速率/（Mbit/s）	偏差/（×10^{-6}）	帧周期/μs	电 路 数
一次	2.048	50	125	30
二次	8.448	30	100.38	120
三次	34.368	20	44.69	480
四次	139.264	15	21.03	1 920

4. PDH 技术的主要缺陷

PDH 技术是从传统的铜缆市话中继通信开始应用数字传输技术的时候出现的，PDH 技术能够适应传统电信网点对点的传输特点。然而，随着高速光纤通信系统在电信网中的应用，更多的话路被集中到数量有限的传输系统上，这个时候 PDH 主要体现出以下缺陷：

（1）接口标准不统一。

在通信技术发展初期，还没有世界性的标准，因此，各地区的电接口规范不统一，严重影响着各地区间的互联互通。现有的 PDH 数字信号序列有三种信号速率等级：欧洲系列、北美系列和日本系列。各种信号系列的电接口速率等级、信号的帧结构以及复用方式均不相同，这种局面造成了国际互通的困难，不适应当前随时随地便捷通信的发展趋势。其中三种信号系列的电接口速率等级如图 7.5 所示。

第 7 章　光传输网基础

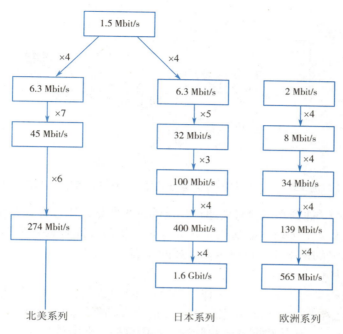

图 7.5　三种信号系列的电接口速率等级图

由于没有世界性标准的光接口规范，为了完成设备对光路上的传输性能进行监控，各厂家各自采用自行开发的线路码型。典型的例子是 mBnB 码，其中 mB 为信息码，nB 是冗余码，冗余码的作用是实现设备对线路传输性能的监控功能。由于冗余码的接入，使同一速率等级上光接口的信号速率大于电接口的标准信号速率，不仅增加了发光器的光功率代价，而且由于各厂家在进行线路编码时，为完成不同的线路监控功能，在信息码后加上不同的冗余码，导致不同厂家同一速率等级的光接口码型和速率也不一样，致使不同厂家的设备无法实现横向兼容。这样，在同一传输路线两端必须采用同一厂家的设备，给组网、管理及网络互通带来困难。

（2）复用方式不灵活。

现在的 PDH 体制中，只有 1.5 Mbit/s 和 2 Mbit/s 速率的信号（包括日本系列 6.3 Mbit/s 速率的信号）是同步的，其他速率的信号都是异步的，需要通过码速的调整来匹配和容纳时钟的差异。由于 PDH 采用异步复用方式，因此，导致当低速信号复用到高速信号时，其在高速信号的帧结构中的位置没有规律性和固定性。也就是说，在高速信号中不能确认低速信号的位置，而这一点正是能否从高速信号中直接分/插出低速信号的关键所在。

既然 PDH 采用异步复用方式，那么从 PDH 的高速信号中就不能直接地分/插出低速信号，例如，不能从 140 Mbit/s 的信号中直接分/插出 2 Mbit/s 的信号，这就会引起两个问题：

① 从高速信号中分/插出低速信号要一级一级地进行。例如，从 140 Mbit/s 的信号中分/插出 2 Mbit/s 低速信号要经过如图 7.6 所示的过程。在将 140 Mbit/s 信号分/插出 2 Mbit/s 信号过程中，使用了大量的"背靠背"设备。通过三级解复用设备从 140 Mbit/s 的信号中分出 2 Mbit/s 低速信号；再通过三级复用设备将 2 Mbit/s 的低速信号复用到 140 Mbit/s 信号中。一个 140 Mbit/s 信号可复用进 64 个 2 Mbit/s 信号，但是若在此仅仅从 140 Mbit/s 信号中上下一个 2 Mbit/s 的信号，也需要全套的三级复用和解复用设备。这样不仅增加了设备的体积、成本、功耗，而且增加了设备的复杂性，

降低了设备的可靠性。

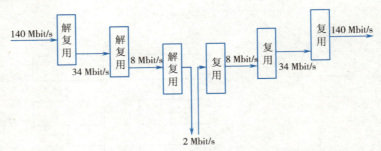

图 7.6　从 140 Mbit/s 信号分/插出 2 Mbit/s 信号示意图

② 由于低速信号分/插到高速信号要通过层层的复用和解复用过程，会使信号在复用/解复用过程中产生的损伤加大，使传输性能劣化，在大容量传输时，此种缺点是不能容忍的。这也是为什么 PDH 体制传输信号的速率没有更进一步提高的原因。

（3）运行维护能力不强。

PDH 信号的帧结构里用于运行维护工作（OAM）的开销字节不多，这也是在设备进行光路上的线路编码时，要通过增加冗余编码来完成线路性能监控功能的原因。由于 PDH 信号运行维护工作的开销字节少，因此对完成传输网的分层管理、性能监控、业务的实时调度、传输带宽的控制、告警的分析定位是很不利的。

（4）网管接口不统一。

由于没有统一的网管接口，这就使得若购买一套某厂家的设备，则必须再购买一套该厂家的网管系统，不利于形成统一的电信管理网。

由于以上的种种缺陷，PDH 传输体制越来越不适应传输网的发展，于是美国贝尔通信研究所首先提出了用一整套分等级的标准数字传递结构组成的同步网络（SONET）体制，后来重命名为同步数字体系（SDH），使其成为不仅适用于光纤传输而且适用于微波和卫星传输的通用技术体制。

下面深入介绍 SDH 体制在光纤传输网上的应用。

7.2.3　SDH 技术

1. SDH 技术的基本概念

SDH 网是指由一些 SDH 网元（NE）组成的、在光纤上进行同步信息传输、复用分插和交叉连接的网络。SDH 的概念最早由美国贝尔通信研究所提出，称为 SONET（同步光网络），ITU-T 于 1988 年正式接受了这一概念并重新命名为 SDH。

目前，ITU-T 已对 SDH 的比特率、网络节点接口、复用结构、复用设备、网络管理、线路系统和光接口、信息模型、网络结构和抖动性能、误码性能和网络保护等提出相关标准化建议。

2. SDH 技术的速率等级

STM-1 是同步数字体系信号最基本、最重要的模块信号，其速率为 155.520 Mbit/s，STM-1 信号经扰码后的电/光转换变为相应的光接口线路信号后，速率不会改变，更高等级的 STM-N 信号速率是 STM-1 速率的整数倍。目前的 SDH 只能支持一定的 N 值，即 N 可取 1、4、16、64 和

256。相应各 STM-N 等级速率见表 7.2。

表 7.2 SDH 各等级速率

等 级	STM-1	STM-4	STM-16	STM-64	STM-256
速率 /（Mbit/s）	155.520	622.080	2 488.320	9 953.280	39 813.12

3. SDH 技术的帧结构

SDH 的帧结构必须适应同步数字复用、交叉连接和交换的功能，同时也希望支路信号在一帧中均匀分布，有规律，以便接入和取出。ITU-T 采纳了一种以字节为单位的矩形块状（或称页状）帧结构，如图 7.7 所示。

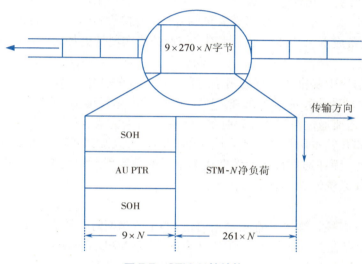

图 7.7 STM-N 帧结构

（1）ITU-T 采用以字节结构为基础的矩形块状帧结构，主要是基于 SDH 网的如下要求：要求对支路信号进行同步数字复用、交叉连接和交换，因而帧结构必须能适应所有这些功能；为了便于接入和取出，要求支路信号在帧内的部分是均匀的、有规律的；要求帧的结构能够兼容 1.5 Mbit/s 系列和 2 Mbit/s 系列信号。

（2）一个 STM-N 帧结构由 9 行 270×N 列字节的二维结构组成，每个字节为 8 bit。这种结构是按从左到右、自上而下的顺序进行字节传输的。

4. SDH 技术的优势

（1）接口规范化。

① 电接口方面：接口的规范化与否是决定不同厂家的设备能否互连的关键。SDH 体制对网络节点接口（NNI）作了统一的规范。规范的内容有数字信号速率等级、帧结构、复接方法、线路接口、监控管理等。这就使 SDH 设备容易实现多厂家互连，也就是说，在同一传输线路上可以安装不同厂家的设备，横向的兼容性非常好。

② 光接口方面：光口采用世界统一标准规范，SDH 信号的线路编码仅对信号进行扰码，不再进行冗余码的插入。扰码的标准是世界统一的，这样对端设备仅需通过标准的解码器就可与不同厂家 SDH 设备进行光接口的互联互通。

(2) 同步复用方式。

由于低速 SDH 信号是以字节间插方式复用进高速 SDH 信号的帧结构中的，这样就使低速 SDH 信号在高速 SDH 信号的帧中的位置是固定的、有规律的，也就是说是可预见的。这样就能从高速 SDH 信号 [如 2.5 Gbit/s（STM-16）] 中直接分 / 插出低速 SDH 信号 [如 155 Mbit/s（STM-1）]，从而简化了信号的复接和分接，使 SDH 体制特别适合于高速大容量的光纤通信系统。

另外，由于采用了同步复用方式和灵活的映射结构，可将 PDH 低速支路信号（如 2 Mbit/s）复用进 SDH 信号的帧中去（STM-N），这样使低速支路信号在 STM-N 帧中的位置也是可预见的，于是可以从 STM-N 信号中直接分 / 插出低速支路信号。不同于前面所说的从高速 SDH 信号中直接分插出低速 SDH 信号，此处是指从 SDH 信号中直接分 / 插出低速支路信号，例如 2 Mbit/s、34 Mbit/s 与 140 Mbit/s 等。由此可以节省大量的复接 / 分接设备（背靠背设备），增加了可靠性，减少了信号损伤、设备成本、功耗、复杂性等，使业务的实现都更加简单，成本更低。

(3) 维护成本低。

SDH 信号的帧结构中安排了丰富的用于运行维护功能的开销字节，使网络的监控功能大大加强，也就是说维护的自动化程度大大加强。PDH 的信号中运行维护开销字节不多，因此，在对线路进行性能监控时，还要通过在线路编码时加入冗余比特来完成。

SDH 信号丰富的开销占用整个帧所有比特的 1/20，大大加强了运行维护功能，这样就使系统的维护费用大大降低，而在通信设备的综合成本中，维护费用占相当大的一部分，于是 SDH 系统的综合成本要比 PDH 系统的综合成本低很多。

(4) 兼容性强。

SDH 有很强的兼容性，这也就意味着当组建 SDH 传输网时，原有的 PDH 传输网不会作废，两种传输网可以共同存在。也就是说，可以用 SDH 网传送 PDH 业务，另外，异步转移模式的信号（ATM）、FDDI 信号等其他体制的信号也可用 SDH 网来传输。从 OSI 模型的观点来看，SDH 属于底层的物理层，并未对其高层有严格的限制，便于在 SDH 上采用各种网络技术，支持 ATM 或 IP 传输。

(5) 网络拓扑结构灵活。

由于 SDH 多种网络拓扑结构，它所组成的网络非常灵活。它能增强网监、运行管理和自动配置功能，优化了网络性能，同时也使网络运行灵活、安全、可靠，使网络的功能非常齐全和多样化。

5. SDH 技术的劣势

(1) 频带利用率低。

从技术上来讲，有效性和可靠性是一对矛盾，增加了有效性必将降低可靠性，增加了可靠性也会相应使有效性降低。SDH 的一个很大的优势是系统的可靠性大大增强了（运行维护的自动化程度高），这是由于在 SDH 的信号（STM-N 帧）中加入了大量的用于 OAM 功能的开销字节，这样必然会使在传输同样多有效信息的情况下，PDH 信号所占用的频带（传输速率）要比 SDH 信号所占用的频带（传输速率）窄，即 PDH 信号所用的速率低。例如，SDH 的 STM-1 信号可复用进 63 个 2 Mbit/s 或 3 个 34 Mbit/s（相当于 48×2 Mbit/s）或 1 个 140 Mbit/s（相当于 64×2 Mbit/s）的 PDH 信号。只有当 PDH 信号是以 140 Mbit/s 的信号复用进 STM-1 信号的帧时，STM-1 信号才能容纳 64×2 Mbit/s 的信息量，但此时它的信号速率是 155 Mbit/s，速率要高于 PDH 同样信息容量的 E4 信号（140 Mbit/s），也就是说 STM-1 所占用的传输频带要大于 PDH E4 信号的传输频带。

（2）指针调整机理复杂。

SDH 体制可以从高速信号（STM-1）中直接下低速信号（例如 2 Mbit/s），省去了多级复用、解复用过程，这种功能的实现是通过指针机理来完成的。但是，指针功能的实现增加了系统的复杂性。最重要的是系统产生 SDH 的一种特有抖动——由指针调整引起的结合抖动。

（3）应用软件的大量使用降低了系统安全性。

SDH 的一大特点是 OAM 的自动化程度高，这意味着软件在系统中占用相当大的比重，这就使系统很容易受到计算机病毒的侵害。另外，网络层人为的错误操作、软件故障对系统的影响也是致命的。这样，系统的安全性就成为很重要的一个方面。

SDH 作为新一代理想的传输体系，具有路由自动选择能力，上下电路方便，维护、控制、管理功能强，标准统一，便于传输更高速率的业务等优点，能很好地适应通信网飞速发展的需要。迄今，SDH 得到了空前的应用与发展。在标准化方面，已建立和即将建立的一系列协议基本上覆盖了 SDH 的方方面面。在干线网、长途网、中继网和接入网中 SDH 开始逐渐被广泛应用。

7.3 光纤接入技术

信息网通常由核心主干网、城域网、接入网和用户驻地网组成，其模型如图 7.8 所示。接入网处于城域网和用户驻地网之间，它是大量用户驻地网进入城域网的桥梁。下面将简要介绍几种常见的光纤接入网。

图 7.8 信息网模型

7.3.1 无源光网络技术

无源光网络（Passive Optical Network，PON）是一种纯介质网络，无须向其提供能量就可运行，它的优点是能避免外围设备的电磁干扰和雷电影响。在 PON 中，不包含任何有源光器件，这样可以减少线路和外围设备的故障率，提高系统的可靠性，同时可以大量节约维护费用。PON 具有良好的业务透明性，原则上任何速率和制式的信号都可以在 PON 上传输。光线路终端（OLT）、光配线网络（ODN）以及光网络单元（ONU）是构成 PON 的基本要素。可根据 ONU 在光纤接入网（OAN）

中所处位置的不同将 OAN 划分为光纤到路边(FTTC)、光纤到大楼(FTTB)、光纤到办公室(FTTO)和光纤到户(FTTH)等多种应用类型。PON 网络模型如图 7.9 所示。

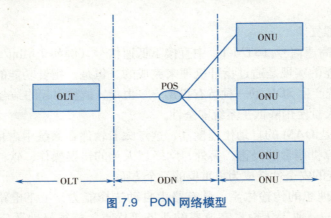

图 7.9 PON 网络模型

FTTC 中，ONU 设置在路边或电线杆的分线盒处，从 ONU 到各个用户之间采用双绞线或同轴电缆。FTTC 的主要特点之一是引入线部分仍可采用现有的铜缆设施，可以推迟引入部分的光纤投资。FTTB 中，ONU 被直接放到楼内，再经多对双绞线分送各用户。FTTB 比 FTTC 光纤化程度进一步提高，因而更适用于高密度以及需提供窄带和宽带综合业务的用户区。FTTO 和 FTTH 结构均在路边设置无源光分路器，并将 ONU 移至用户的办公室或家中，是真正全透明的光纤网络。它不受任何传输制式、带宽、波长和传输技术的约束，是 OAN 发展的理想模式和长远目标。

7.3.2 ATM 无源光网络

通过在 PON 网络中采用 ATM 信元作为信息基本结构的 ATM 无源光网络(ATM Passive Optical Network，APON)技术利用 ATM 的集中和统计复用技术，再结合无源分路器实现对光纤和 OLT 的共享。早在 20 世纪 90 年代之前，几个全球最大的电信运营商就开始讨论发展一种能支持话音、数据、视频的接入网全业务解决方案。在 21 个全球主要电信运营商为主的 FSAN（全业务接入网）集团的不懈努力下，在 1998 年 10 月通过了全业务接入网采用的 APON 格式标准(ITU-T G.983.1)；于 2000 年 4 月批准其控制通道规范的标准(ITU-T G.983.2)；于 2001 年发布了关于波长分配的标准（ITU-T G.983.3)，利用波长分配增加业务能力的宽带光接入系统。

1. APON 的系统结构

APON 系统的网络拓扑结构为星状结构，如图 7.10 所示。作为点到多点的应用来说，这种结构有利于系统的升级和扩容，同时加上 ODN 的灵活性，使得 APON 系统支持更多种类的拓扑结构。因此，在实际应用中，可以针对用户的分散和对于业务阶段性实施的不同需求，通过 APON 系统实施一步到位的方案，不仅可以满足大用户对于网络服务的要求，而且可以避免重复投资和重复施工。

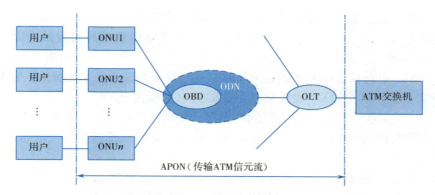

图 7.10 APON 结构模型

2. APON 的工作方式

在传输下行方向上，OLT 将到达各个 ONU 的下行业务组装成帧，然后以广播的方式发送到下行信道上，各个 ONU 收到所有的下行信元后，根据信元头信息从中取出属于自己的信元；在上行方向上，由 OLT 轮询各个 ONU，得到 ONU 的上行带宽要求，OLT 合理分配带宽后，以上行授权的形式允许 ONU 发送上行信元，即只有收到有效上行授权的 ONU 才有权利在上行帧中占有指定的时隙。在 APON 系统中，关键技术有多址和接入控制技术、突发信号的发送和接收技术、快速比特同步技术以及安全保密等。

APON 的业务开发是分阶段实施的，初期主要是 VP 专线业务。相对普通专线业务，APON 提供的 VP 专线业务设备成本低、体积小、系统可靠稳定且性价比有一定优势；第二步实现一次群和二次群电路仿真业务，提供企业内部网的连接、企业电话和数据业务；第三步实现以太网接口，提供互联网上网业务和 VLAN 业务。以后逐步扩展至其他业务，成为名副其实的全业务接入网系统。

7.3.3 以太网无源光网络

随着技术的发展，一种新型的 PON 技术以太网无源光网络（Ethernet Passive Optical Network，EPON）出现了。它是一种采用点到多点网络结构、无源光纤传输方式、基于高速以太网平台和 TDM（Time Division Multiplexing）、MAC（Media Access Control）方式提供多种综合业务的宽带接入技术。它的优势主要有容易扩展、易于升级、成本低、维护简单，提供非常高的带宽且分配灵活。

在 EPON 系统中，并不需要特别复杂的协议，就可以将光信号准确地传送到最终用户终端，来自终端用户的数据也能被集中传送到中心网络上。在物理层，EPON 通过新增加的 MAC 控制命令来控制和优化各个 ONU 与 OLT 之间突发性数据通信和实时的 TDM 通信；在第二层，EPON 采用成熟的全双工 TDM 技术，此时，由于 ONU 在自己的时隙内发送数据包，因此没有碰撞，也就不需要 CDMA/CD，可以充分利用带宽。

在 EPON 系统中，有以下几个关键技术：

（1）测距。由于 EPON 采用点对多点拓扑结构和 TDMA 技术实现信息的传输，而此时各个 ONU 与 OLT 之间的逻辑距离是不等的，因此，需要一种方法来确定每一个 ONU 与 OLT 之间的逻辑距离，这样就可以确定不同的 ONU 相应的发送延时时间，从而使不同的 ONU 将信号同时传送到OLT端并复用在一起。数字计时技术的带内开窗测距法是目前比较成熟的测距方法。

（2）突发接收。ONU与OLT之间的距离不同以及线路特性差异将导致OLT接收到的各个ONU发送的功率不同，而ONU本身发送的功率相同，这就要求OLT接收机能实现突发接收功能。

（3）带宽分配。上行信道中的传输是采用时分复用接入方式来共享光纤的，带宽则根据ONU的需要，由OLT分配。各个ONU收集来自用户的信息并高速向OLT发送数据，不同的ONU发送的数据占用不同的时隙，提高上行带宽的利用率。根据不同用户的业务类型与业务特点合理分配信道带宽，在带宽相同的情况下可以承载更多的终端用户，从而降低用户成本，最有效地利用网络资源。

（4）时钟提取。一般系统的运行速率非常高，此时同步问题的解决就非常重要。在EPON系统中，同步的最核心点就是ONU和OLT以及上下行比特码的时钟一致，目前一般采用的方法就是利用PLL（Phase Locked Loop）从下行信号中提取时钟，使用帧同步字检测方式实现帧同步。

（5）传输质量。当传输话音和视频业务时，对延时要求很高。为了保证该类业务的质量，可采用的方法是对不同服务质量要求的信号设置不同的优先权等级；或者采用保留带的方法，提供一个开放的高速通道，不传输数据，而专门用来传输语音业务。

（6）安全问题。在点对多点的模式下，EPON的下行信道以广播的方式发送给与此相连接的所有ONU，每个ONU都可以接收OLT发送的信息，这样就会产生安全隐患，要保证安全，就必须将送给每个ONU的下行信号加密。目前使用比较多的是DES（Data Encryption Standard）和AES（Advanced Encryption Standard）。

7.3.4 吉比特无源光网络

吉比特无源光网络（Gigabit-Capable Passive Optical Network，GPON）技术是基于ITU-TG.984.x标准的新一代宽带无源光接入技术。GPON支持多种速率等级，可以支持上下行不对称速率，下行2.5 Gbit/s或1.25 Gbit/s，上行1.25 Gbit/s或622 Gbit/s，根据实际需求来决定上下行速率。GPON提供QoS的全业务保障，同时承载ATM信元和GEM帧，有很好的提供服务等级、支持QoS保证和全业务接入的能力。GPON还规定了在接入网层面上的保护机制和完整的OAN功能。GPON具有高带宽、高效率、大覆盖范围、用户接口丰富等优点，被大多数运营商视为实现接入网业务宽带化、综合化改造的理想技术。

APON、EPON和GPON都是TDM-PON。APON的承载效率较低，在ATM层上适配和提供业务复杂，因此APON技术现在已基本退出市场。EPON虽然有很多优点，但它也有一些比较致命的缺陷，如带宽利用率低、难以支持以太网之外的业务等。GPON虽然能克服上述的缺点，但上下行均工作在单一波长，各用户通过时分方式进行数据传输，这种在单一波长上为每个用户分配时隙的机制，既限制了每个用户的可用带宽，又大大浪费了光纤自身的可用带宽，不能满足不断出现的宽带网络应用业务的需求。在这种背景下，人们提出了WDM-PON的技术构想。WDM-PON能克服上面所述的各种PON缺点。近年来，由于WDM器件价格的不断下降，WDM-PON技术本身的不断完善，WDM-PON接入网应用到通信网络中已成为可能。相信，随着时间的推移，把WDM技术引入接入网将是下一代接入网发展的必然趋势。

本 章 小 结

本章主要介绍了光传输网的基本概念,目前重要的光传输技术分别是 PDH 技术、SDH 技术、WDM 技术、ASON 技术等,其中 SDH 光传输技术是现在应用最广泛的光传输技术。SDH 具有接口规范、同步复用方式、维护成本低、兼容性强等优点,但在实际应用中,SDH 传输网结构非常复杂,基本是各种拓扑结构的结合形态,实施成本较高。作为传输网与终端桥梁的 PON 发展迅速,分别经历了 APON、EPON 和 GPON 的发展与应用,但它们都有比较明显的缺点。WDM-PON 将会是 PON 未来发展的方向。

思考与练习

1. 数字光纤通信系统主要由哪几部分组成?
2. 什么是 PDH 技术?
3. 什么是 SDH 技术?阐述 PDH 技术与 SDH 技术各自的优缺点。
4. 现在应用最广泛的光传输技术是什么?
5. 简要展望光传输技术的未来发展方向。
6. 什么是 PON 技术?
7. 简要分析 APON、EPON 和 GPON 之间的区别和各自的优缺点。

第 8 章

SDH 传输网工作原理

学习目标

（1）重点掌握 SDH 的帧结构、复用结构和映射方法。
（2）了解 SDH 的段开销和通道开销。
（3）了解 SDH 的指针。
（4）了解网元网络地址。
（5）了解 SDH 的传输性能。

8.1　SDH 的帧结构、复用结构和映射方法

8.1.1　SDH 的帧结构

视频
SDH 的帧结构

PDH 采用的是准同步复用技术，是一维的帧结构，支路的上下需要逐级复用/解复用，因此，上下支路信号所需的设备复杂，成本高。为了改善 PDH 的这一问题，SDH 传输技术的基本传输模块 STM-N（Synchronous Transport Module-N，N 阶同步传送模块）信号帧结构应尽可能使各支路低速信号在一帧内有规律地、均匀地排列。这样的帧结构安排便于实现支路低速信号的分/插、交换和复用，解决了 PDH 上下支路信号设备复杂的问题，使得低速支路信号能够直接从高速 SDH 信号中上下。为此，ITU-T 规定了 STM-N 的帧结构是以字节（8 bit）为单位的矩形块状帧结构，如图 8.1 所示。

从图 8.1 可以看出 STM-N 的信号是 9 行 ×270×N 列的二维块状帧结构。这里的 N 与 STM-N 的 N 相同，表示 SDH 同步传输模块（STM）的阶数。高阶同步传输模块（STM-N）是由 4 个低阶同步传输模块（STM-(N-1)）通过字节间插复用组成的。因此，N 的取值是 4 的整数倍，取值是 1，4，16，64，…，表示该信号由 N 个 SDH 基本同步传输模块（STM-1）信号通过字节间插复用而成。当 N=1 时，表示 SDH 的基本同步传输模块（STM-1）。由此可知，STM-1 信号的帧结构是

9 行 ×270 列的二维块状帧。由图 8.1 可以看出，当 N 个 STM-1 信号通过字节间插复用成 STM-N 信号时，字节间插复用是对 STM-1 信号按列进行的，而行数保持 9 行不变。

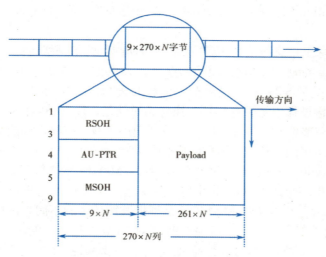

图 8.1 STM-N 帧结构图

我们知道，信号在线路上传输时是一个比特一个比特地进行传输的，而 SDH 采用二维的块状帧结构，这就引出了一个问题：SDH 信号是怎样在信道中传输的？是保持二维块状帧结构进行并行传输吗？答案是否定的。事实上，SDH 信号在信道中仍然是按照一个比特一个比特地顺序进行串行传输。那么，SDH 信号的传输顺序是怎样的呢？按什么顺序来传输二维的块状帧信号呢？SDH 信号帧传输顺序的原则是：从左到右，从上到下。具体来说就是，帧结构中的字节从左上角第一个字节开始传输，按照从左到右的顺序一个字节一个字节地传输，传完一行之后再传下一行，直到传完一帧的所有字节之后再开始传下一个帧。

作为同步传输技术，SDH 信号具有恒定的帧周期，这是 SDH 信号的一大特点。高阶的同步传输模块和低阶的同步传输模块具有相同的帧周期。那么 STM-N 信号的帧周期是多少呢？ITU-T 规定对于任何级别的 STM-N 帧，帧频固定是 8 000 帧/秒，相应的帧周期就是恒定的 125 μs。PDH 的 E1 信号帧周期也是 125 μs。然而 PDH 技术是准同步复用技术，高阶信号的信息传输速率并不精确等于低阶信号信息传输速率的整数倍。例如，PDH 的 E2 信号传输速率并不精确等于 E1 信号速率的 4 倍。因此，PDH 传输技术中，低速支路信号的上下需要逐级复用和解复用。例如，要将一个 2 Mbit/s 的低速信号复用到一个 140 Mbit/s 的高速信号中，若采用 PDH 传输技术，则需要经过将 2 Mbit/s 的信号复用到 8 Mbit/s 的信号中、8 Mbit/s 的信号复用到 34 Mbit/s 的信号中、34 Mbit/s 的信号再复用到 140 Mbit/s 的信号三次复用的过程才能得到 140 Mbit/s 的高速信号。同样地，从 140 Mbit/s 的高速信号中分离出 2 Mbit/s 的低速信号也需要经过三次解复用才能实现。可见，PDH 传输技术复用/解复用结构复杂，缺乏灵活性，上下业务设备多，成本高，不利于实现数字交叉连接。SDH 传输技术采用同步复用，不同等级的信号具有相同的帧周期，因而 STM-N 信号的传输速率严格地成 4 的整数倍的关系。例如，STM-16 的传输速率是 STM-4 的 4 倍，是 STM-1 的 16 倍，而 STM-4 的传输速率则精确等于 STM-1 速率的 4 倍。这种有规律的速率关系使得从高速 SDH 信号中直接分/插出低速 SDH 支路信号成为可能，能方便地实现数字交叉连接，特别适用于高速大容量的传输情况。

从图 8.1 可以看出，STM-N 的帧结构由三部分组成：段开销（Section OverHead，SOH）、管理单元指针（Administration Unit Pointer，AU-PTR）和信息净负荷（Payload）。下面分别讲述这三大部分各自的功能。

（1）段开销是为了保证信息净负荷正常、灵活传送所附加的供网络运行、管理和维护（Operation Administration and Maintenance，OAM）使用的字节。如果把 STM-N 信号看作一辆有 N 节车厢的火车，那么信息净负荷就是 STM-N 这辆火车上运载的货物，段开销的作用就是实时监控 STM-N 这辆火车上的货物在运输过程中是否有损坏。换句话说就是，段开销监控打包进 STM-N 信号的低速信号在传输过程中的完整性、正确性。同时，段开销还具有一些管理功能。

段开销根据监控的范围不同又分为再生段开销（Regenerator Section Overhead，RSOH）和复用段开销（Multiplex Section Overhead，MSOH），对 STM-N 信号进行层层递进地监控。我们把段看作一条传输通道，RSOH 和 MSOH 的作用就是对这一条传输通道进行监控。那么，RSOH 和 MSOH 两者的区别是什么呢？RSOH 和 MSOH 是根据监控范围的不同来进行划分的，RSOH 是对 STM-N 信号的整体传输性能进行监控，而 MSOH 是对 STM-N 信号中的每一个 STM-1 信号的传输性能进行监控，从而形成对 STM-N 信号层层递进的监控。举例来说，如果光纤上传输的是 10G 信号，那么 RSOH 监控的是 STM-64 整体的传输性能，而 MSOH 监控的是 STM-64 信号中每一个 STM-1 的传输性能。

从图 8.1 可以看出，RSOH 位于 STM-N 帧的第 1 到第 3 行的第 1 到第 $9\times N$ 列，共 $3\times 9\times N$ 个字节；MSOH 位于 STM-N 帧的第 5 到第 9 行的第 1 到第 $9\times N$ 列，共 $5\times 9\times N$ 个字节。丰富的段开销是 SDH 网络的一大特点，丰富的段开销使得 SDH 网络的运行、管理和维护非常方便快捷。

（2）管理单元指针（AU-PTR）是用来定位信息净负荷的第一个字节在 STM-N 帧中的准确位置的指示符，从而接收端能根据这个位置指示符的值即指针值从 STM-N 帧中正确分离出信息净负荷。该怎样理解这句话呢？前面提到过，SDH 传输技术的一个显著优点是可以直接从高速信号中上下低速支路信号。如前所述，固定的帧频（8 000 帧/秒）是实现这一应用的前提条件。除此之外，为了要从高速信号中直接分/插出低速支路信号，STM-N 帧结构还需要具备哪些条件呢？

首先，各低速支路信号在复用成高速信号时，各低速支路信号在高速信号中的位置应该具有一定的规律性，即当已知某一路低速支路信号的位置时，可根据这种复用的规律性分离出其他低速支路信号。有了这种规律性，要想从高速信号中分离出低速支路信号只需要知道任意一路低速支路信号的位置即可。因此，不失一般性，如果已知第一路低速支路信号在高速支路信号中的位置，便可以根据复用的规律性知道其他各支路信号的位置。

因此，另一个条件就是要能定位第一路低速支路信号的位置，也就是信息净负荷的第一个字节的位置。管理单元指针（AU-PTR）的值就是用来确定信息净负荷的第一个字节的位置的。

有了上述两个条件，再加上固定的帧频，就可以直接从高速信号中分离出低速支路信号。同样地，也可以实现低速支路信号一步复用到高速信号中。为了便于理解，仍然把 STM-N 看作一辆运载货物的火车，那么信息净负荷就是这列火车上运载的货物，这些货物就是打包的低速支路信号，而 STM-1 可以看作这列火车的一节车厢，每一节车厢里又按规律存放着很多货物（低速支路信号）。想要从这列火车中提取某一件货物，即从高速信号中分离出某一路低速支路信号，只需要知道这些货物中第一件货物的位置，再根据货物摆放位置的规律性就可以找出指定的某一件货物。AU-PTR 的作用就是指示这些货物中第一件货物的存放位置。

从图 8.1 可以看出，管理单元指针（AU-PTR）位于 STM-N 帧中第 4 行的 $9×N$ 列，共 $9×N$ 字节。这里还需要指出的是指针有高、低阶之分，高阶指针是管理单元指针（AU-PTR），低阶指针是支路单元指针（Tributary Unit Pointer，TU-PTR）。支路单元指针的作用类似于管理单元指针，只不过所指示的货物堆更小一些而已。

（3）信息净负荷（Payload）是 STM-N 帧结构中存放各种信息负载的地方。信息净负荷区可以看作 STM-N 这辆火车的车厢，信息净负荷区所装载的货物是打包后的低速信号。这些待运输的货物——打包好的低速信号不仅包含待传输的低速信号，还包括通道开销（Path Overhead，POH）。前面讲过段开销的作用是监控 STM-N 信号在传输过程中是否发生错误。这里通道开销的作用类似于段开销，只是监控的范围更窄。换句话说，如果把 STM-N 看作一列火车，RSOH 监控整列火车的货物是否发生损坏，而 MSOH 监控火车每一节车厢（STM-1 信号）的货物是否发生损坏，POH 则监控具体的某一件货物（打包的低速信号，如 2 Mbit/s 信号、140 Mbit/s 信号等）是否发生损坏。POH 根据监控的货物的大小又可以分为高阶通道开销和低阶通道开销。有了 RSOH、MSOH 和 POH，就能层层递进地监控 STM-N 信号的传输性能，当 RSOH 监控到 STM-N 信号发生问题时，可以通过 MSOH 和 POH 定位到具体的哪一个低速信号发生了问题。类似于 SOH，POH 还有管理和控制的功能。从图 8.1 可以看出，信息净负荷位于 STM-N 帧中第 1 到第 9 行的第 10 到第 $270×N$ 列，共 $9×261×N$ 个字节。

8.1.2 SDH 的复用结构和映射方法

SDH 的复用包括两种情况：一种是将低速支路信号（例如 PDH 信号 2 Mbit/s、34 Mbit/s、140 Mbit/s）复用成 SDH 的 STM-N 信号；另一种是将低阶的 SDH 信号复用成高阶的 SDH 信号。

第一种情况用得最多的是将 PDH 信号复用成 SDH 信号。在 SDH 传输体系建立之前有两种常用的将低速信号复用成高速信号的方法。

（1）同步复用—固定位置映射法。该方法利用高速信号中相对固定的位置来携带低速信号。显然，要采用这种复用方法需要低速信号与高速信号满足一定的条件，即要求低速信号与高速信号同步，或者说要求低速信号与高速信号的帧频相一致。这种复用方法的低速支路信号在高速信号中的位置是固定的，因此采用这种复用方法能方便地从高速信号中直接上/下低速支路信号。

当高速信号和低速信号不同步或者说当低速信号与高速信号间出现相差和频差时，这种复用方法需要用 125 μs 的缓存器来进行频率校正和相位对准，导致信号产生较大的延时和滑动损伤。此外，该复用方法采用一个高稳定度的主时钟来控制各个低速支路信号，使它们的码速率与主时钟频率同步，一旦主时钟出现故障，则会出现全网瘫痪。

（2）异步复用—码速调整法（又称比特塞入法）。不同于固定位置映射法，该方法不要求被复用的低速信号与高速信号同步，即采用这种复用方法可实现异步复用。换句话说，这种复用方法可用于将有较大频率差异的低速信号复用成高速信号。码速调整又分为正码速调整和负码速调整，PDH 系统通常采用正码速调整法。该方法通过塞入比特来对异步信号进行码速调整，再将码速调整一致的低速信号复用成高速信号。

这种复用方法需要在一些固定位置插入进行码速调整的码元，当需要码速调整时插入的就是不携带有效信息的调整码，而当码速不需要调整时这些固定位置里放的就是信息码元。因此，采用这种复用方法还需要在另外一些固定位置插入标志码来区分上述固定位置插入的比特是否携带有效信息。这种复用方法的优点是允许异步复用，被复用的低速支路信号的码速率可以有很大的差异，这种码速率差异可以通过码速调整弥补。但是，这种复用方法插入的码元既可能是不携带信息的调整码也可能是信息码，无法预知，因此，采用这种复用方法不能将低速支路信号直接接入高速信号或从高速信号中直接分离出低速支路信号。换句话说，采用这种异步复用方法不能直接从高速信号中上/下低速支路信号，低速支路信号的上/下需要一级一级地进行。这种码速调整法就是 PDH 信号采用的复用方法，因此，在 PDH 传输技术中，低速支路信号的上下需要逐级的复用和解复用。

从上面的介绍可以看出两种复用方式都有一些自身的缺陷，固定位置映射法会引入较大的信号时延和产生滑动损伤；码速调整法低速信号的上下需要逐级的复用和解复用，设备复杂，成本高。

SDH 传输技术的兼容性要求 SDH 信号的复用方式不仅能进行同步复用（例如将 STM-1 信号复用成 STM-4 信号），而且能进行异步复用（例如将 PDH 信号复用进 STM-N 信号），还要能方便地从高速 STM-N 信号中上下低速支路信号，同时又不造成较大的信号时延和滑动损伤。这就要求 SDH 技术结合前面讲过的同步复用和异步复用的优点，同时避免二者的缺点，采用自己独特的一套复用结构和复用方式。SDH 技术采用指针净负荷技术，允许被复用的低速支路信号有一定的频差和相差，通过指针调整定位技术代替 125 μs 缓存器来校正低速支路信号的频差和相差，因此避免了信号延时和滑动损伤的产生；同时，SDH 技术采用了字节间插复用技术，各低速支路信号在高速信号中的位置是固定的，从而可以直接从高速信号中直接提取或插入低速支路信号。

SDH 复用技术具有上述优点的代价是必须设置和处理指针。前面讲过在 STM-N 帧结构中，第 4 行的 9×N 列便是 STM-N 帧结构中的管理单元指针所在的位置。管理单元指针的作用定位信息净负荷的第一个字节在 STM-N 帧中的准确位置；对于信息净负荷的频率和相位的变化，只需要调整管理单元指针的值即可。因此，只要读取管理单元指针值就能知道信息净负荷在 STM-N 帧结构内的具体位置。已知信息净负荷在 STM-N 帧结构内的位置，同时低速信号在 STM-N 帧结构中的位置又具有一定的规律性，所以可以方便地直接提取或接入低速支路信号。

ITU-T 规定了一整套完整的 SDH 信号的复用结构，通过这些复用路线可以将 PDH 的三个系列的数字信号（2 Mbit/s、34 Mbit/s 和 140 Mbit/s）通过多种途径复用成 STM-N 信号。注意，8 Mbit/s 的 PDH 信号不能复用进 STM-N 信号（见图 8.2）。ITU-T 规定的复用路线如图 8.2 所示，各种低速业务信号复用进 STM-N 信号的过程都要经历映射（信号打包）、定位（指针调整）和复用（字节间插复用）三个步骤。

从图 8.2 可以看到 SDH 复用结构包括一些基本的复用单元：容器（Container，C）、虚容器（Virtual Container，VC）、支路单元（Tributary Unit，TU）、支路单元组（Tributary Unit Group，TUG）、管理单元（Administration Unit，AU），以及管理单元组（Administration Unit Group，AUG），这些复用单元的下标表示与该复用单元相对应的信号级别。从图中可以看到把一个有效负荷复用进 STM-N 信号的复用途径不是唯一的，有多条途径可选，也就是说把低速支路信号复用进高速 STM-N 信号的复用方法不是唯一的，可以有多种复用方法。例如，PDH 的 34 Mbit/s 信号复用进 STM-N 信号有两条复用路线，34 Mbit/s 信号可以通过 AU-3 复用进 STM-N 信号，也可以通过 AU-4 复用进 STM-N 信号。

第 8 章 SDH 传输网工作原理

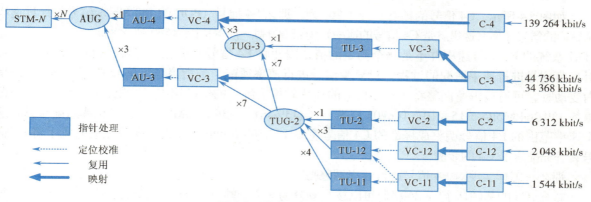

图 8.2 G.709 复用映射结构

一种低速信号复用成 SDH 的 STM-N 信号的方法可以有多种，但是对于一个国家或地区而言必须有一个统一的标准使信号的复用路线唯一化。我国的 SDH 传输技术体制规定以 2 Mbit/s 信号为基础的 PDH 信号作为 SDH 信号的有效负荷，并选用以 AU-4 为容器的复用路线。我国的 SDH 基本复用映射结构如图 8.3 所示。

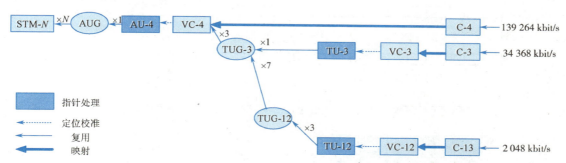

图 8.3 我国的 SDH 基本复用映射结构

接下来以 140 Mbit/s 的 PDH 信号为例来介绍 PDH 信号是怎样复用进 SDH 的 STM-N 信号的。

从图 8.3 可以看出，各种速率的 PDH 业务信号都需要通过码速调整适配技术装进一个与该信号速率级别相对应的标准容器：2 Mbit/s 信号对应标准容器 C12，34 Mbit/s 信号对应标准容器 C3，140 Mbit/s 信号对应标准容器 C4。这里标准容器的主要作用就是对被复用的低速信号进行码速调整。140 Mbit/s 信号复用进 STM-N 信号的第一步便是将 140 Mbit/s 信号进行速率适配装进标准容器 C4。将 140 Mbit/s 的信号装入标准容器 C4 就相当于对它打了个包封，使 140 Mbit/s 信号的速率调整为标准的 C4 速率。C4 的帧结构如图 8.4 所示，是以字节为单位的 9 行 ×260 列的块状帧，C4 帧结构的行数与 STM-N 信号相同都是 9 行。顺便提一下，PDH 信号在复用进 STM-N 信号的过程中行数总是保持 9 行不变的。C4 的帧频与 STM-N 信号相同也是 8 000 帧 / 秒，这就是说经过速率调整，140 Mbit/s 的信号在适配成 C4 信号时已经与 SDH 传输网同步了。

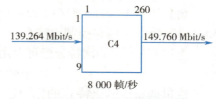

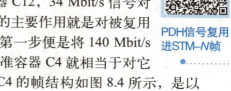

图 8.4 C4 的帧结构图

如图 8.4 所示，C4 信号的帧有 9 行 ×260 列，那么 E4 信号（PDH 的 140 Mbit/s 信号）经过速率调整后的信号速率（这里就是 C4 信号的速率）为：8 000 帧/秒 ×9 行 ×260 列 ×8 bit=149.760 Mbit/s。PDH 系统的 E4 信号速率并不是一个固定的值，因此将 E4 信号装进标准容器 C4 的过程实际上是对异步信号进行速率适配的过程。对异步信号进行速率适配，是指当异步信号的速率在一定范围内变动时，可通过码速调整将各异步信号的速率转换为统一的标准速率。这里，E4 信号的速率范围是 139.264 Mbit/s $\pm 15 \times 10^{-6}$（G.703 标准）= (139.261 – 139.266)Mbit/s，经过速率适配可以将这个速率范围的 E4 信号调整成标准的 C4 信号速率 149.760 Mbit/s。经过速率适配就完成了将 E4 信号装进标准容器 C4 的步骤。

那么，怎样实现对 E4 信号进行速率调整呢？

首先，C4 的基帧（9 行 ×260 列）可以按行划分为 9 个子帧，每个子帧占一行。接下来，每一行（每个子帧）又可以以 13 个字节为单位，分成 20 个字节块。然后，每个子帧的 20 个字节块的第 1 个字节按顺序依次放入以下字节：W、X、Y、Y、Y、X、Y、Y、Y、X、Y、Y、Y、X、Y、Y、Y、X、Y、Z，共 20 个字节。最后，每个字节块余下的第 2~13 字节存放的是 E4 信号的信息比特（见图 8.5）。

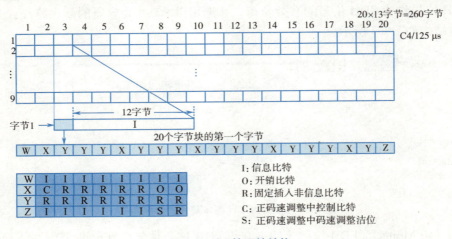

图 8.5　C4 的子帧结构

接下来具体分析如何实现 E4 信号的速率适配。E4 信号的速率调整通过上面提到的 9 个子帧的 20 个字节块共 9×20=180 个字节块的首字节来实现。每个子帧的每个 13 字节块的后 12 个字节都是 W 字节，再加上第 1 个 13 字节块的第 1 个字节也是 W 字节，共 20×12+1=241（个）W 字节、13 个 Y 字节、5 个 X 字节、1 个 Z 字节。各字节的比特内容见图 8.5。因此，一个子帧的字节组成就是

$$C4 子帧 = 241W + 13Y + 5X + 1Z = 260（字节）$$

一个 C4 子帧总计有 260×8 = 2 080 (bit)，根据 W、X、Y 和 Z 字节的比特内容，一个子帧的比特分配如下：

信息比特 I：241×8+6=1 934（bit）；固定塞入比特 R：13×8+5×5+1=130（bit）；开销比特 O：5×2=10（bit）；调整控制比特 C：5×1=5（bit）；调整机会比特 S：1 bit。

上述 C4 子帧的比特分配可以用下面这个公式来表示：

$$C4 子帧 = 2 080 \text{ bit} = 1 934\text{I} + 130\text{R} + 10\text{O} + 5\text{C} + \text{S} \tag{8.1}$$

这里调整控制比特 C 的作用是用来控制相应的调整机会比特 S 的值，当 CCCCC = 11111 时，S = R；当 CCCCC = 00000 时，S = I。当 S 的值分别为 R 或 I 时，可根据上述 C4 子帧的比特分

配〔见式（8.1）〕算出 C4 容器能容纳的信息速率的下限和上限。

一个 C4 基帧由 9 个子帧组成，且 C4 基帧的帧频为 8 000 帧/秒。除了信息比特 I 以外，其他比特都不是用来存放有效信息的，那么，根据式（8.1）可以看出，当 S = R 时，标准容器 C4 能容纳的信息速率最小，$C4_{min}$ = (1 934 + 0)×9×8 000 = 139.248（Mbit/s）；当 S = I 时，标准容器 C4 能容纳的信息速率最大，$C4_{max}$ = (1 934 + 1)×9×8 000 = 139.320（Mbit/s）。换句话说，标准容器 C4 能容纳的 E4 信号的速率范围是 139.248~139.320 Mbit/s。前面提到过符合 G.703 规范的 E4 信号的速率范围是 139.261~139.266 Mbit/s。对比两个频率范围可以看出，标准容器 C-4 可以装载符合 G.703 规范的 E4 信号，即标准容器 C4 可以对 PDH 的 E4 信号进行速率适配，适配后的速率为标准的 C4 速率 149.760 Mbit/s。

如图 8.6 所示，在将 C4 信号装进虚容器 VC4 的过程中，要在 C4 信号的块状帧前加上一列通道开销字节（高阶通道开销 VC4-POH）来监控 C4 信号，加上通道开销的信号便成为 VC4 信号。VC4 信号的帧频也是 8 000 帧/秒。因此，VC4 信号的速率是 9 行 ×261 列 ×8 bit×8 000 帧/秒 =150.336 Mbit/s。

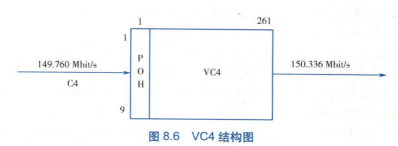

图 8.6 VC4 结构图

VC4 是与 140 Mbit/s PDH 信号相对应的标准虚容器，为了实现对通道信号的实时监控，在将 C4 信号装进 VC4 的过程中，同时将对通道进行监控管理的开销（POH）加入到 VC4 中，形成如图 8.6 所示的 VC4 信号结构。

将 C4 信号装进标准虚容器 VC4 的过程也可以看作对 C4 信号再打一个包封。前面提到过 VC4 信号的帧频也是 8 000 帧/秒。那么，虚容器 VC4 的包封速率是与 SDH 网同步的。实际上，所有标准虚容器（VC）的包封速率都是与 SDH 网络同步的，因此，不同的标准虚容器（例如，与 34 Mbit/s 相对应的标准虚容器 VC3、与 2 Mbit/s 相对应的标准虚容器 VC12）之间是相互同步的。标准虚容器的信息结构在 SDH 网络传输中保持不变，也就是说，可以将标准虚容器看作独立的整体（包裹），在信息传输通道中任一点插入或取出，灵活方便地进行同步复用和交叉连接处理。

其实，前面提到的 SDH 系统可以直接从高速信号中上/下低速支路信号就是基于 VC 的这一特点来的。要从高速信号中直接插入/分离出低速支路信号，首先，从高速信号中直接定位上/下的是相应低速支路信号所对应的 VC 这个信号包；然后，再通过打包/拆包来上/下相应的低速支路信号。

前面提到，在将 C4 信号打包成 VC4 信号时，要在 C4 信号帧的前面加一列，加入 9 个通道开销(POH)字节，因此 VC4 的帧结构就是 9 行 ×261 列（见图 8.6）。这个帧结构意味着什么呢？现在，我们来回顾一下前面讲过的 STM-N 信号的帧结构，由图 8.1 可以看出，STM-N 信号的信息净负荷为 9 行 ×261×N 列。那么，当 N=1 时，STM-1 信号的信息净负荷就是 9 行 ×261 列。显然，VC4 信号其实就是 STM-1 信号的信息净负荷。将 PDH 信号经速率适配打包进标准容器 C，再加上相应的通道开销而成为标准虚容器这种信息结构，这个过程就叫映射。

将 140 Mbit/s PDH 信号打包进标准虚容器 VC4 相当于把待运输的货物打包成了标准的包裹，接下来就可以将打包好的货物往 STM-N 这辆火车上进行装载了。货物（VC 信号）装载的位置就是 STM-N 信号的信息净负荷区。在往火车（STM-N 信号）上装载货物（VC 信号）的过程中会存在这样的问题，当货物装载的速度和火车等待装载的时间不一致时，即 VC 信号与 STM-N 信号之间存在频偏和相差时，就会出现货物（VC 信号）在车厢（STM-N 信号）内的位置"浮动"的情况，这种情况下接收端如何正确分离货物包（VC 信号）呢？SDH 系统采用的解决方法是在 VC4 帧结构前面附加一个 9 字节的管理单元指针（AU-PTR）。加入管理单元指针之后，VC4 信号就变成了管理单元 AU-4 结构，如图 8.7 所示。

从图 8.7 可以看出，AU-4 这种信息结构已经初步具备了 STM-1 信号的雏形——9 行 ×270 列，只是少了段开销部分，AU-4 这种信息结构也相当于是将 VC4 信息包再加上一个包封——AU-4。

如图 8.7 所示，管理单元（AU）由高阶 VC 和 AU 指针（AU-PTR）组成，其作用是为高阶通道层和复用段层提供适配功能。AU 指针的作用是指示高阶 VC 在 STM-N 帧中的位置。加入了 AU-PTR 之后，在将 VC 复用进 STM-N 信号的过程中就可以允许高阶 VC 在 STM-N 帧内浮动，也就是

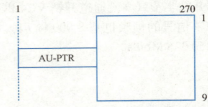

图 8.7　AU-4 结构图

说在将 VC4 装进 AU-4 的过程中允许 AU-4 和 VC4 之间有一定的频偏和相差。那么，AU-PTR 是怎么确保接收端能正确的定位、分离 VC4 的呢？再来观察一下 AU-4 的结构（见图 8.7），我们可以看到，尽管 VC4 在 AU-4 中的位置可能是浮动的，但是 AU-PTR 在 AU-4 中的位置是固定的。前面提到过，在 AU-4 的基础上再加入段开销便可以得到 STM-1 信号。显然，AU-PTR 在 STM-1 帧中的位置也是固定的。STM-1 信号复用成 STM-N 信号采用字节间插复用，不会改变 AU-PTR 的位置。因此，AU-PTR 在 STM-N 信号中的位置也是固定的。这就保证了接收端能正确的在相应位置找到 AU-PTR，进而可以通过 AU-PTR 的值定位 VC4 的位置，从而可以从 STM-N 信号中正确的分离出 VC4。

一个或几个管理单元可以组成一个管理单元组（AUG）。根据 G.709 规范，一个 AUG 可以由一个 AU-4 或三个 AU-3 组成（见图 8.2）。对我国而言，我们只采用 AU-4，没有 AU-3（见图 8.3），因此，在我国 AUG 就是 AU-4。不同于 VC 信号，管理单元组在 STM-N 信号中的位置是固定的。至此，便完成了 140 Mbit/s PDH 信号复用进 STM-1 信号的全部过程。

2 Mbit/s 信号和 34 Mbit/s 信号复用进 STM-1 信号的过程与 140 Mbit/s 信号稍有不同，但大体过程类似（见图 8.3）。34 Mbit/s 信号先装进与之对应的标准容器 C-3，加入低阶通道开销后装进 VC-3，再加入支路单元指针（TU-PTR）组成支路单元（TU-3），然后放入支路单元组（TUG-3），再将三个 TUG-3 打包进 VC-4，后面的步骤就跟 140 Mbit/s 信号的复用步骤一样了。2 Mbit/s 信号的复用过程更复杂一些。首先，将 2 Mbit/s 信号进行速率适配后装进与之对应的标准容器 C-12，接下来加入低阶通道开销后放进 VC-12，然后加入支路单元指针组成支路单元 TU-12，再将三个 TU-12 组成一个支路单元组 TUG-2，然后再由七个 TUG-2 组成一个 TUG-3，后面的步骤就和 34 Mbit/s 信号的复用步骤一样了。关于 2 Mbit/s 和 34 Mbit/s 信号的复用过程这里就不再一一详述了。

第一种将 PDH 低速支路信号复用进 STM-N 信号的方法我们已经了解了。接下来介绍 SDH 复用的第二种情况，将低阶的 SDH 信号复用成高阶的 SDH 信号。这种复用主要是通过字节间插复

用的方式来实现的。前面已经提到过，将 SDH 低阶信号复用进高阶信号的过程是以 4 为基数采用四合一的方式来进行复用的，即 4×STM-1 复用成 STM-4，4×STM-4 复用成 STM-16。此外，对于任何级别的 STM-N 帧，帧频固定是 8 000 帧/秒不变，因此，在复用的过程中帧频是保持不变的，这就意味着高一级的 STM-N 信号速率是低一级的 STM-(N-1) 信号速率的 4 倍。在进行字节间插复用的过程中，各帧的信息净负荷和指针字节（包括管理单元指针和支路单元指针）都是按原值直接进行间插复用的，但段开销部分并不是按照原有值直接进行间插复用而是舍弃了一些低阶帧中的段开销。也就是说，在复用成的 STM-N 帧中，段开销并不是所有低阶 SDH 帧中的段开销间插复用而成的，关于段开销的复用方法将在下一节中详细讲述。

8.2 SDH 的开销

前面讲过开销的作用是对 SDH 信号进行层层递进的监控管理。根据监控管理的范围不同，监控可以分为段层监控和通道层监控。根据段层监控的范围不同，段层监控又可以再分为再生段层监控和复用段层监控；根据通道的大小不同（信息包的大小不同），通道层监控又可以再分为高阶通道层监控和低阶通道层监控。由此实现了对 STM-N 信号层层细化的监控管理。例如，对 10G 系统的监控，再生段开销实现对整个 STM-64 信号的监控，复用段开销细化到对其中 64 个 STM-1 信号的任何一个进行监控，高阶通道开销（HP-POH）再进一步细化到对每个 STM-1 中的 VC4 进行监控，最后低阶通道开销（LP-POH）进一步细化到对 VC4 中的每一个 VC12 进行监控。经过再生段开销、复用段开销、高阶通道开销到低阶通道开销层层递进的监控，实现从对 10 Gbit/s 信号到 2 Mbit/s 信号的多级监控。

视频

SDH 的段开销

那么，对信号的这些监控功能具体是怎样通过开销来实现的呢？实际上，这些监控管理功能都是通过开销字节来实现的。接下来详细介绍段开销和通道开销的字节安排。

8.2.1 段开销

首先，我们来看一下 STM-N 帧的段开销的字节安排。由图 8.1 可以看出，STM-N 帧的段开销位于帧结构的第 (1~9) 行 ×(1~9N) 列，其中第 4 行不是段开销而是管理单元指针（AU-PTR）。不失一般性，先以 STM-1 信号为例来介绍段开销中各个字节的用途。如图 8.8 所示，STM-1 信号的段开销由位于该帧的 (1~3) 行 ×(1~9) 列的再生段开销和位于 (5~9) 行 ×(1~9) 列的复用段开销组成。再生段开销和复用段开销的区别是什么呢？前面提到过，这两者的区别在于它们的监控范围不同。再生段开销负责监控整个 STM-N 信号，而复用段开销的监控范围只是 STM-1 信号。接下来详细介绍图 8.8 中 STM-1 帧的段开销各个字节的作用。

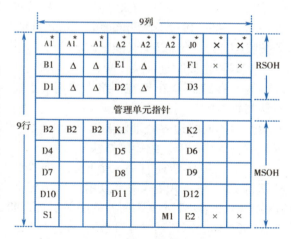

图 8.8 STM-1 帧的段开销字节示意图

（1）定帧字节：A1 和 A2。

定帧字节 A1 和 A2 的作用类似于程序里经常用到的指针，起定位指示的作用。前面提到过，SDH 体系的一个显著优点是可以直接从高速信号中上/下低速支路信号。为什么 SDH 技术可以做到这样呢？这是因为接收端能通过指针——管理单元指针和支路单元指针定位低速支路信号 VC 在高速信号中的位置，再通过低速支路信号在 VC 中的存放顺序便可以定位到某一路低速支路信号。要实现对低速支路信号的定位，首先是接收端必须在接收到的信号流中正确地分离出各个 STM-N 帧。也就是说，要定位低速支路信号的位置，需要先定位每个 STM-N 帧的起始位置。换句话说，如果把低速支路信号看作在一列火车中运输的包裹，那要想定位到某一个具体的包裹的位置，就需要先定位到这个包裹所在的车厢，定位到车厢之后，再根据包裹的存放位置（指针值）定位到具体的某一件包裹的位置。这里定帧字节 A1 和 A2 的作用就是定位具体的车厢的位置，通过它，接收端可从收到的信息流中定位、分离出 STM-N 帧，再通过指针值就可以定位到 STM-N 信号中的某一个低速支路信号。

那么，接收端是怎样通过 A1 和 A2 字节定位 STM-N 帧的呢？这是因为定帧字节 A1 和 A2 有各自固定的值，A1：11110110（f6H），A2：00101000（28H）。从图 8.8 可以看出，STM-1 帧中有 A1 和 A2 字节各三个，STM-1 信号复用进 STM-N 信号时，定帧字节 A1 和 A2 是直接进行字节间插复用的（N 个 STM-1 帧通过字节间插复用成 STM-N 帧，段开销的复用方式会在后面详细介绍）。因此，对于 STM-N 帧来说就有 $3N$ 个 A1 字节紧跟着 $3N$ 个 A2 字节。接收端检测收到的信号流的各个字节，当检测到连续出现 $3N$ 个 f6H，又紧跟着连续出现 $3N$ 个 28H 字节时，就可以断定这是一个 STM-N 帧的开始。接收端通过检测 A1、A2 字节定位每个 STM-N 帧的起始位置，从而区分不同的 STM-N 帧，以达到分离不同 STM-N 帧的目的。当 $N=1$ 时，区分的就是 STM-1 帧。

若接收端连续 5 帧（625 μs）以上检测不到正确的 A1、A2 字节，即接收端连续 5 帧以上不能正确辨别帧头的位置，那么收端将进入帧失步状态，产生帧失步告警——OOF（Out of Frame）；若帧失步告警（OOF）持续了 3 ms 则收端进入帧丢失状态——设备产生帧丢失告警 LOF（Loss of Frame），下插 AIS（Alarm Indication Signal）信号，整个通信业务中断。在帧丢失告警（LOF）状态下，若接收端连续 1 ms 以上又能正确区分帧头处于定帧状态，那么设备回到正常状态。

（2）再生段踪迹字节：J0。

再生段踪迹字节 J0 在网络中被用来重复发送段接入点标识符，从而使接收端能根据 J0 的值来确认与指定的发送端处于持续连接状态。在同一个运营商的网络内 J0 字节可为任意字符，而在不同运营商的网络边界处则需要保证设备收、发两端的 J0 字节一致。J0 字节可以帮助运营商提前发现和解决网络故障，缩短网络恢复时间。

此外，J0 字节还有另一个用法，每个复用进 STM-N 帧的 STM-1 帧的 J0 字节定义为 STM 的标识符 C1。该标识符 C1 可以用来指示每个 STM-1 帧在 STM-N 帧中的位置——指示该标识符所在的 STM-1 在 STM-N 中所处的间插层数，即该 STM-1 是 STM-N 中的第几个 STM-1 和该 C1 在所在 STM-1 帧的第几列（复列数）。通过标识符 C1 可以帮助定帧字节 A1、A2 进行帧头识别。

（3）比特间插奇偶校验 8 位码 BIP-8：B1。

由图 8.8 可以看出 B1 位于再生段开销中，因此 B1 的作用是用于进行再生段层误码监测。那么，B1 的监测的机理是什么呢？首先介绍 BIP-8 奇偶校验的原理。

若某信号帧由四个字节 A1=01010011、A2=10101001、A3=11101011 和 A4=01011010 组成，

那么将这个信号帧进行 BIP-8 奇偶校验的方法是以 1 个字节（8 bit）为一个校验单位，将该帧分成四块（一个字节刚好有 8 bit，因此一个字节刚好为一块），然后将分好的四个字节块按图 8.9 的方式整齐摆放。

依次计算每一列中 1 的个数，若为偶数，则在得数（B）的相应位置填 0；若为奇数，则在相应的位置填 1。换句话说，就是在 B 的相应位置填入的值满足填入之后使得 A1A2A3A4 按图 8.9 摆放的块的相应列的 1 的个数为偶数。这里实际上是保证每一列 1 的个数为偶数，因此这里的 BIP-8 奇偶校验实际上是偶校验。B 字节的值就是将信号帧 A1A2A3A4 进行 BIP-8 偶校验所得到的结果。

	A1	01010011
BIP-8	A2	10101001
	A3	11101011
	A4	01011010
	B	01001011

图 8.9　BIP-8 奇偶校验示意图

在介绍 B1 字节的工作原理之前，先来介绍 STM-N 信号在 SDH 网络中传输的一个特点。当信号中出现多个连 0 时，接收端无法准确提取定时信号，因此，为了使接收端能方便地提取线路定时信号，STM-N 信号在线路上传输前要先对其进行扰码。需要注意的是，若将定帧字节 A1 和 A2 进行扰码，那么接收端将无法正确定位帧头的位置，因此，不能对 A1、A2 字节进行扰码。为兼顾上述两种需求，在对 STM-N 信号进行扰码时，对段开销第一行的所有字节 1 行 ×9N 列都不扰码（A1、A2 字节位于段开销的第一行），而进行透明传输，同时对 STM-N 帧中的其余字节则需要扰码后再进行传输。这样的安排在接收端既能方便地提取 STM-N 信号的定时，又能方便地定位帧头分离 STM-N 信号。

介绍了 BIP-8 奇偶校验原理和 STM-N 信号的传输特点之后，接下来介绍 B1 字节的工作原理：发送端对第 N 帧信号加扰后的所有字节进行 BIP-8 偶校验，在下一个待扰码帧（第 N+1 帧）中的 B1 字节放入上一帧 BIP-8 偶校验的结果；接收端收到信息流后对当前待解扰帧（第 N 帧）的所有比特进行 BIP-8 偶校验，并将 BIP-8 偶校验所得的结果与下一帧（第 N+1 帧）解扰后的 B1 字节的值进行异或运算。若传输中没有出现误码，则这两个值相同，异或的结果为 8 个 0；若这两个值不同则异或的结果会有 1 出现，根据 1 出现的个数，就可以检测出第 N 帧在传输中出现了多少个误码块。采用这种监测方法，最多可以检测出 8 个误码块（B1 字节有 8 个比特）。

（4）比特间插奇偶校验 N×24 位的（BIP-N×24）字节：B2。

B2 的工作原理与 B1 类似，由图 8.8 可以看出 B2 位于复用段，因此 B2 字节监测的是复用段层的误码情况。B1 字节监测再生段层的误码情况，因此，整个 STM-N 帧只需要一个 B1 字节即可，B1 字节对整个 STM-N 帧信号进行传输误码监测。而 B2 字节监测的是复用段层的误码情况，每三个 B2 字节对应监测一个 STM-1 帧（见图 8.8），因此 STM-N 帧中有 N×3 个 B2 字节，B2 字节是对复用进 STM-N 帧中的每一个 STM-1 帧的传输误码情况进行监测。B2 的监测原理是发端对第 N 帧待加扰的 STM-1 帧中除了再生段开销的其余全部比特进行 BIP-24 偶校验，将校验结果放于第 N+1 帧待扰 STM-1 帧的 B2 字节。接收端对接收到的第 N 帧信号解扰后对 STM-1 的除了再生段开销的其余全部比特进行 BIP-24 偶校验，将校验结果与第 N+1 帧的 STM-1 帧解扰后的 B2 字节进行异或运算。若传输中没有误码，则异或运算的结果为 24 个 0；若传输中出现误码，则异或运算结果中会有 1 出现，根据 1 出现的个数，就可以检测出第 N 帧在传输中出现了多少个误码块。B2 字节有 24 个 bit，因此采用这种检测方法最多可以检测出 24 个误码块。需要特别指出的是，在发送端将 BIP-24 偶校验的结果放入 STM-1 帧的 B2 字节后，N 个 STM-1 帧按字节间插复用成 STM-N 信号（有 3N 个 B2 字节）在线路中进行传输，因此接收端收到的是 STM-N 信号，为了进行 B2 字节校验，需要在接收端先将 STM-N 信号分解成 N 个 STM-1 信号，再对这 N 组 B2 字节进行校验。

（5）公务联络字节：E1 和 E2。

公务联络字节 E1 和 E2 分别提供一个 8 bit×8 000 帧/秒 =64 kbit/s 的公务联络语音通道，用于公务联络的语音信息存放于这两个字节中进行传输。由图 8.8 可以看出，E1 位于再生段开销部分，用于再生段的公务联络；E2 位于复用段开销部分，用于终端间直达的公务联络。

（6）使用者通路字节：F1。

使用者通路字节 F1 提供一个速率为 8 bit×8 000 帧/秒 =64 kbit/s 的语音/数据通路，该通路保留给使用者进行特定维护目的的临时公务联络。

（7）数据通信通路（Data Communication Channel，DCC）字节：D1~D12。

SDH 系统相对于 PDH 系统的一大优点就是有很强大的操作、管理、维护（OAM）功能，SDH 系统的告警故障定位、业务实时调配以及网络性能在线测试等功能可通过网管终端对网元进行数据查询、下发命令来实现。那么，这些实现 OAM 功能的数据是放在哪里进行传输的呢？用于 OAM 功能的数据信息——查询反馈的告警数据、下发的命令等，是放在 STM-N 帧的数据通信通路字节 D1~D12 处，由 STM-N 信号在网络中进行传输的。这样 D1~D12 字节提供了可供 SDH 所有网元接入的通用数据通信通路，作为嵌入式控制通路（Embedded Control Channel，ECC）的物理层，在网元之间传输 OAM 数据信息，构成 SDH 管理网（SDH Management Network，SMN）的传送通路。

由图 8.8 可以看出，D1~D3 字节位于再生段开销部分，是再生段数据通路字节（DCCR），用于传送再生段终端间的 OAM 信息，速率为 3×8 bit×8 000 帧/秒 = 192 kbit/s；D4~D12 字节位于复用段开销部分，是复用段数据通路字节（DCCM），用于传送复用段终端间的 OAM 信息，速率为 9×8 bit×8 000 帧/秒 =576 kbit/s。数据通信通路字节 D1~D12 的速率为 12×8 bit×8 000 帧/秒 = 768 kbit/s，它为 SDH 网络管理提供了强大的通信通路。

（8）自动保护倒换（Automatic Protect Switch，APS）通路字节：K1、K2（b1~b5）。

K1 和 K2（b1~b5）字节用来传送自动保护倒换（APS）信令，当设备发生故障时，保证设备能自动切换，使网络业务恢复，实现自愈功能。K1 和 K2（b1~b5）字节位于复用段开销部分（见图 8.8），用于复用段保护倒换自愈。其中，K1 字节用于请求切换信道，第 1~4 位指示请求切换的原因，第 5~8 位指示切换的工作系统序号或请求切换的目标信道号。这里的 K2（b1~b5）指 K2 字节的 b1~b5 位，用于指示复用段接收侧设备备用系统倒换开关桥接到工作系统序号或者指示源节点。

（9）复用段远端失效指示（Multiplex Section-Remote Defect Indication，MS-RDI）字节：K2（b6~b8）110(MS-RDI)、111(MS-AIS)。

K2 字节的 b6~b8 位是用来传输对端告警信息的，对端告警信息由接收端回发给发送端，表示接收端检测到来话故障或正收到复用段告警指示信号。也就是说，当线路出现故障，收信端收信恶化时，收信端回发给发信端 MS-RDI 告警信号，使发信端知道收信端的状态。若发信端收到的 K2 的 b6~b8 位为 110，则表示收信端向发送端发送对端告警的 MS-RDI 告警信号；若发信端收到的 K2 的 b6~b8 位为 111，则表示本端收到 MS-AIS 信号，这时要向对端发送 MS-RDI 信号，即将 110 码放入发往对端的信号帧 STM-N 的 K2 的 b6~b8 位。

（10）同步状态字节：S1（b5~b8）。

同步状态字节 S1 用于指示同步状态、时钟级别等。其中，S1 的前四位 b1~b4 暂不使用，后四位 b5~b8 用于指示时钟级别。b5~b8 位不同的值表示 ITU-T 的不同时钟质量级别，设备能根据 S1 的 b5～b8 位的比特值来判断接收的时钟信号的质量，并根据这个比特值来决定是否需要切换到较高质量的时钟源上。S1（b5~b8）的值越小，所对应的时钟质量级别越高。

（11）复用段远端误码块指示（MS-REI）字节：M1。

复用段远端误码块指示字节 M1 是个对告信息，由接收端回发给发送端，指示的是复用段的误码情况。M1 字节传输接收端由 B2 所检出的误码块数，发送端根据 M1 的值可以知道接收端的收信误码情况。

（12）与传输媒质有关的字节：△。

△字节专用于指示具体传输媒质的特殊功能。例如，用单根光纤做双向传输时，该字节可以用来实现指示信号方向的功能。

（13）国内保留使用的字节：×。

（14）所有未做标记的字节的用途待由将来的国际标准确定。

到这里，STM-N 帧的段开销——包括再生段开销和复用段开销的各个字节的作用就讲解完了。这些段开销字节实现了 STM-N 信号段层的丰富的 OAM 功能。

接下来我们来看看 N 个 STM-1 帧是怎么复用成 STM-N 帧的。前面提到过 N 个 STM-1 帧信号复用成 STM-N 信号时是通过对列的字节间插复用来完成的，而行数保持 9 行不变。那具体的复用过程是怎样的呢？是不是对所有的 STM-1 帧信号字节原封不动地按字节进行间插复用呢？实际上，在将 STM-1 帧复用进 STM-N 帧的过程中，STM-1 帧的管理单元指针和信息净负荷区的所有字节是直接按原字节进行间插复用的，而段开销部分的字节则并不都是直接进行字节间插复用的，是有所取舍的。段开销字节的复用规则是段开销的 A1、A2 和 B2 字节直接以字节间插方式进行复用，而剩下其他段开销字节经过终结处理后再插入 STM-N 帧信号。以 STM-4 帧信号为例，我们来看看段开销字节具体的复用结构。图 8.10 给出了 STM-4 帧的段开销结构图。由图 8.10 可以看出，在 STM-4 帧中，有 A1、A2 和 B2 字节各 3×4=12（个）（每个 STM-1 帧有 A1、A2 和 B2 字节各 3 个），但只有一个 B1 字节；E1、E2 各一个字节；D1~D12 各一个字节；K1、K2 各一个字节；一个 M1 字节。结合前面介绍过的段开销各个字节的作用，大家想想为什么这样安排段开销字节的间插复用？

图 8.10　STM-4 帧的段开销结构图

上述 STM-4 帧信号的段开销字节复用结构可以推广至 STM-N 帧信号的段开销复用结构。在 STM-N 帧信号中有 3×N 个 B2 字节（每个 STM-1 帧有 3 个 B2 字节），有 A1、A2 字节各 3×N 个

（每个 STM-1 帧有 A1、A2 字节各 3 个）。与 STM-4 帧信号相同，STM-N 帧中只有一个 B1 字节；E1、E2 各一个字节；D1~D12 各一个字节；K1、K2 各一个字节；一个 M1 字节。图 8.11 给出了 STM-16 帧的段开销结构图。

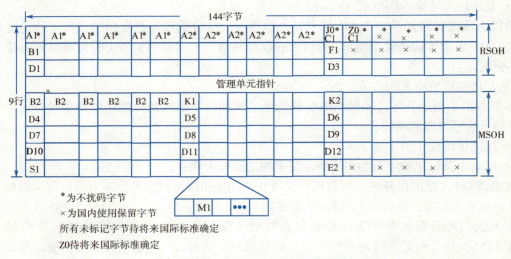

图 8.11　STM-16 帧的段开销结构图

8.2.2　通道开销

前面介绍过 SDH 网络通过段开销和通道开销层层递进的监控管理来实现对 STM-N 信号各个层次信号的监控管理。上一小节介绍了段开销部分各个字节的作用，接下来介绍通道开销（POH）各个字节的作用。如果将 STM-N 信号看作一列运输货物的火车，上面装载的低速信号看作火车上运输的货物，那么段开销监控的是整列火车以及火车每节车厢的整体情况，而通道开销则负责监控火车上运输的具体某一件货物的情况。

也可以将 STM-N 信号看作一条传输大道，上面装载的低速信号可以看作组成这条传输大道的很多小道，根据监测通道的大小（货物的大小），通道开销又可以分为高阶通道开销和低阶通道开销。前面介绍过我国采用的 SDH 复用结构（见图 8.3），包括将 140 Mbit/s、34 Mbit/s 和 2 Mbit/s 信号复用进 STM-N 信号，其中将 34 Mbit/s 信号复用进 STM-N 信号的信号利用率较低，较少采用。因此，这里就不对 34 Mbit/s 信号对应的 VC3 的通道开销进行详细介绍了。这里的高阶通道开销是指完成 VC4 级别通道 OAM 功能的通道开销，也就是监测 140 Mbit/s 信号在 STM-N 帧中的传输情况的开销；低阶通道开销则是对 VC12 级别的通道进行监测的开销，完成对 2 Mbit/s 信号在 STM-N 帧中的传输性能的 OAM 功能。

1. 高阶通道开销：HP-POH

图 8.12 给出了高阶通道开销在 VC4 中的结构图。如图所示，高阶通道开销位于 VC4 帧的第一列，共 9 个字节。

（1）通道踪迹字节：J1。

由图 8.12 可以看出，J1 字节位于标准虚容器 VC4 的第一个字节，因此，J1 便是 VC4 的起点位置。前面讲过

图 8.12　高阶通道开销的结构图

视　频

SDH 的高阶通道开销

可通过 AU-PTR 的指针值来确定 VC4 在 AU-4 中的具体位置，那么 AU-PTR 的指针值就是 J1 字节所在的位置。

J1 字节的作用与段开销字节 J0 类似：被用来重复发送高阶通道接入点标识符，使通道的接收端能根据 J1 字节的值来确定与指定的发送端是否处于持续连接状态。如果通道收发两端的 J1 字节一致，则相应的收发端处于持续连接状态；反之亦然。华为公司的设备默认的收发端 J1 字节的值是 HuaWei SBS。事实上，J1 字节的值可根据实际应用需要进行设置和更改。

（2）比特间插奇偶校验 8 位码 BIP-8：B3。

通道 BIP-8 码 B3 字节位于 VC4 第一列的第二个字节，共 8 个 bit，负责监测 VC4 在 STM-N 帧中的传输误码性能，这里也就是监测 140 Mbit/s 信号在 STM-N 帧中的传输误码性能。B3 字节的监测原理与前面讲过的段开销的 B1、B2 字节类似，区别在于 B3 字节是对 VC4 帧进行 BIP-8 校验。

若在接收端检测出误码块，那么接收端的性能监测事件——高阶通道背景误码块（High Order Path - Background Block Error，HP-BBE）将显示相应的误码块数，同时在发送端相应的 VC4 通道性能监测事件——高阶通道远端误码块指示（High Order Path-Remote Error Indication，HP-REI）也将显示出收端收到的误码块数。段开销监测字节 B1、B2 与 B3 字节类似，当接收端 B1 检测出误码块时，接收端的性能监测事件——再生段背景误码块（RS-BBE）将显示 B1 检测出的再生段误码块数；当接收端 B2 检测出误码块时，接收端的性能监测事件——复用段背景误码块（MS-BBE）将显示 B2 检测出的复用段误码块数，同时在发送端的性能监测事件——复用段远端误码块指示（MS-REI：M1 字节）显示相应的 B2 检测出的误码块数。通过这种方式可实现对 STM-N 信号传输误码性能的实时监测。当接收端的误码超过一定的限度时，设备会发出一个误码越限的告警信号。

（3）信号标记字节：C2。

信号标记字节 C2 用来标记高阶虚容器 VC4 的复接结构以及 VC4 所装载的信息净负荷的性质，比如该高阶通道 VC4 是否装载业务、VC4 所装载业务的种类以及所载业务映射进 VC4 的方式。例如，当 C2=00H 时，指示 VC4 通道空载，这时要往相应 VC4 通道的净负荷中下插支路告警信号（TU-AIS），即在 TUG3 中插入全 1 码，设备出现高阶通道未装载告警(HP-UNEQ)。当 C2=02H 时，指示 VC4 所装载的净负荷是按 TUG 结构的复用路线复用进 VC4 的，如图 8.3 所示，在我国采用的 SDH 复用结构中，2 Mbit/s 信号复用进 VC4 采用的是 TUG 结构。当 C2=15H 时，指示 VC4 的信息净负荷是光纤分布式数据接口（Fiber Distributed Data Interface，FDDI）格式的信号。注意：在配置设备时，一定要使收/发两端 J1 和 C2 字节的设置相匹配即收/发端的 J1 和 C2 字节要一致，否则在收端设备会出现高阶通道追踪字节失配(HP-TIM)和高阶通道信号标记字节失配(HP-SLM)告警。这两种告警都会使设备向该 VC4 的负荷 TUG3 中下插支路告警信号（TU-AIS）。

（4）通道状态字节：G1。

通道状态字节 G1 的作用是实现在通道中的任一点或通道的任一端对整个双向通道的性能和状态的监视，它是接收端设备用来将通道的终端状态和性能情况回发给 VC4 通道源设备的字节。具体来说，G1 字节被用来传送对告信息，即由接收端发往发送端的信息，使发送端能根据该字节的值来确定接收端接收相应 VC4 通道信号的情况。

其中 G1 字节的前 4 个比特 b1~b4 被用来向发送端发送高阶通道远端误码块指示（HP-REI），也就是由 B3 检测出的 VC4 通道的误码块数。当接收端收到误码超限、告警指示信号（AIS）或 J1、C2 字节失配时，G1 字节的第五个比特向发送端发送一个高阶通道远端劣化指示信号（HP-RDI），使发送端知道接收端接收相应 VC4 的状态，以便及时发现、定位故障。G1 字节的后三个比特 b6~b8 暂未使用。

（5）使用者通路字节：F2、F3。

F2、F3 字节被用来提供通道单元间与净负荷有关的公务通信。

（6）TU 位置指示字节：H4。

H4 字节的作用是指示有效负荷的复帧类别和净负荷在复帧中的位置。

只有当 PDH 信号 2 Mbit/s 复用进 VC-4 时，H4 字节才有意义。为了便于速率的适配，在将 2 Mbit/s 信号装进容器 C12 时是将四个基帧组成一个复帧装入的。这四个基帧不是复用在同一帧 STM-1 信号中，而是复用在连续的四帧 STM-1 信号中。因此，在接收端为正确定位分离出 2 Mbit/s 信号就需要知道当前的基帧在复帧中的位置，即在复帧中的第几个基帧。H4 字节的作用就是指示当前的 TU-12（VC12 或 C12）在当前复帧中的位置即指示 TU-12 位于第几个基帧。一个复帧由四个基帧组成，因此，H4 字节的取值范围是 00H~03H。如果接收端收到的 H4 字节的值不在上述范围内，那么接收端会产生一个支路单元复帧丢失告警（TU-LOM）。

（7）空闲字节：K3。

目前空闲字节 K3 暂未使用，要求接收端忽略该字节的值。

（8）网络运营者字节：N1。

网络运营者字节 N1 留给网络运营者使用，用于特定的管理目的。

2. 低阶通道开销：LP-POH

这里的低阶通道开销（LP-POH）指的是虚容器 VC12 中的通道开销，显然它监控的是 VC12 通道级别的传输性能，这里也就是监控 PDH 的 2 Mbit/s 信号在 STM-N 信号中传输状况。

前面提到过，为了方便码速适配，在将 2 Mbit/s 信号装进 C12 时，由四个基帧组成一个复帧装入，因此，与之对应的虚容器 VC12 也是由四个基帧组成一个复帧进行传输的。一组低阶通道开销（LP-POH）由 V5、J2、N2 和 K4 四个字节组成，分别位于 VC12 四个基帧的第一个字节，如图 8.13 所示。

视 频

SDH的低阶通道开销

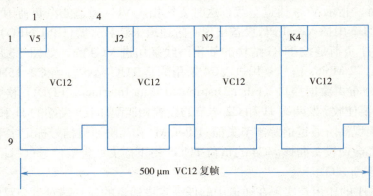

图 8.13 低阶通道开销结构图

（1）通道状态和信号标记字节：V5。

由图 8.13 可以看出，V5 位于复帧的第一帧的第一个字节，支路单元指针（TU-PTR）指示的是 VC12 复帧的起点在 TU-12 复帧中的具体位置。因此 TU-PTR 指向的就是 V5 字节在 TU-12 复帧中的具体位置。

表 8.1 给出了 VC12 中 V5 字节的结构。根据表 8.1 可以看出，V5 字节有误码监测，信号标记以及 VC12 通道状态指示等功能。与前面的高阶通道开销对比可以看出，V5 字节同时具有高阶通

道开销信号标记字节 C2 和通道状态字节 G1 两个字节的功能。

表 8.1 VC12 POH（V5）的结构

误码监测（BIP-2）		远端误块指示（REI）	远端故障指示（RFI）	信号标记（Signal Label）			远端接收失效指示（RDI）
1	2	3	4	5	6	7	8
误码监测： 传送比特间插奇偶校验码 BIP-2： 设置第一个比特的值应满足使上一个 VC12 复帧内所有字节的奇数比特奇偶校验值为偶数，第二个比特值的设置应满足使上一个 VC12 复帧内所有字节的偶数比特奇偶校验值为偶数		远端误块指示： BIP-2 检测到误码块就向 VC12 通道源发 1，无误码则发 0	远端故障指示： 有故障发 1，无故障发 0	信号标记： 表示净负荷装载情况和映射方式。三个比特共八个二进制值，标记八种状态： 000 未装备 VC 通道 001 已装备 VC 通道，但未规定有效负载 010 异步浮动映射 011 比特同步浮动 100 字节同步浮动 101 保留 110 O.181 测试信号 111 VC-AIS			远端接收失效指示： 接收失效则发 1，成功则发 0

V5 字节的第 1 比特和第 2 比特用于误码检测，当接收端通过 b1、b2 比特进行 BIP-2 检测到误码块时，在本端性能事件由 LP-BBE（低阶通道背景误码块）显示由 BIP-2 检测出的误码块数，同时由 V5 的 b3 比特回送给发送端 LP-REI（低阶通道远端误块指示）信号，这时在发送端的性能事件 LP-REI 中将显示相应的误码块数。

V5 字节的第 8 比特和第 4 比特用于通道状态指示。当接收端收到 TU-12 的 AIS 信号，或信号失效条件时，由 V5 的 b8 比特回送给发送端一个 LP-RDI（低阶通道远端劣化指示）信号。当信道劣化或失效条件持续时间超过传输系统保护机制设定的门限时，信道劣化转变为信道故障，这时接收端通过 V5 的 b4 比特回送给发送端一个 LP-RFI（低阶通道远端故障指示）信号告诉发送端接收端相应 VC12 通道的接收出现故障。

V5 字节的第 5~7 比特用于信号标记，只要 b5~b7 的值不为 0 就表示对应的 VC12 通道已装载，具体的信号标记含义见表 8.1。若 b5~b7 的值为 000，则表示 VC12 未装载，这时接收端设备出现 LP-UNEQ（低阶通道未装载）告警，注意此时下插全 0 码（不是全 1 码 AIS）。若收发两端 V5 字节的 b5~b7 比特值不匹配，则接收端出现 LP-SLM（低阶通道信号标记失配）告警。

（2）VC12 通道踪迹字节：J2。

J2 字节的作用类似于前面介绍过的 J0、J1 字节，被用来重复发送低阶通道接入点标识符，使接收端能据此确认与发送端在该通道上处于持续连接状态。这里 J2 字节的值即低阶通道接入点标识符可由收发两端协商决定。

（3）网络运营者字节：N2。

N2 字节是网络运营者字节，用于特定的管理目的。

（4）备用字节：K4。

备用字节 K4 暂未使用，留待以后应用。

8.3 SDH 的指针

视频
SDH的指针

在 SDH 网络中，指针的作用是实现定位，通过正确的定位接收端能从 STM-N 高速信号中分离出相应的低阶信号 VC，然后通过拆 VC、C 的包封拆分出 PDH 低速信号，即实现从 STM-N 高速信号中一步直接提取低速支路信号的功能。

定位是一种将帧偏移信息收进支路单元或管理单元的过程。根据 VC 帧的级别不同，SDH 网络中的定位是以附加于低阶 VC 上的支路单元指针指示和确定低阶 VC 帧的起点在 TU 净负荷中的位置，或者以附加于高阶 VC 上的管理单元指针指示和确定高阶 VC 帧的起点在 AU 净负荷中的位置。在发生相对帧相位偏差使 VC 帧起点"浮动"时，相应的指针值也会随之调整，从而保证指针值始终准确指示 VC 帧的起点位置。对 VC12 而言，支路单元指针（TU-PTR）的值就是 V5 字节的位置；对 VC4 而言，管理单元指针（AU-PTR）的值就是 J1 字节的位置。

TU 或 AU 指针不仅能够容纳 VC 和 SDH 在相位上的差别，而且能够容纳帧速率上的差别，因此，设置 TU 或 AU 指针可以为 VC 在 TU 或 AU 帧内的定位提供一种灵活、动态的方法。

根据 VC 帧的级别不同，指针分为 AU-PTR 和 TU-PTR 两种，分别进行高阶 VC（这里指 VC4）和低阶 VC（这里指 VC12）在 AU-4 和 TU-12 中的定位。本节将详细讲述其工作机理。

8.3.1 管理单元指针

管理单元指针（AU-PTR）位于 STM-1 帧的第 4 行 1~9 列，共 9 个字节，如图 8.14 所示。AU-PTR 的作用是用来指示 VC4 的首字节 J1 在 AU-4 净负荷中的具体位置，以便接收端能据此从 AU-4 中正确分离出 VC4。

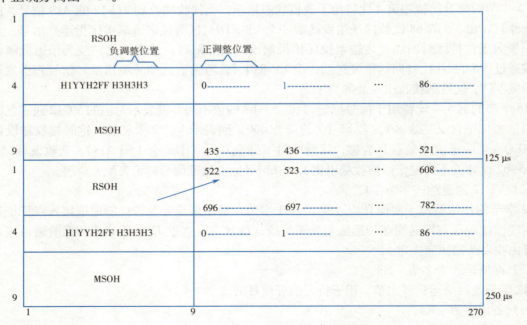

图 8.14 AU-4 指针在 STM 帧中的位置

第 8 章　SDH 传输网工作原理

从图 8.14 可看到 AU-PTR 由 H1YYH2FFH3H3H3 九个字节组成，其中，Y = 1001SS11，S 是未规定具体值的比特，F = 11111111。虽然 AU-PTR 有 9 个字节，但用于存储指针值的只有 H1、H2 两个字节的后 10 个 bit（即第 7~16 bit）。10 个比特的 AU-4 指针值仅能表示 2^{10}=1 024 个值，怎么能指示 VC4 的 2 349（9 行 ×261 列）个字节位置呢？这是因为 AU-4 指针调整是以 3 个字节为一个调整单位进行调整的，2349 除以 3，只需要 783 个值就足够了。由 10 个二进制码组成的 1 024 个指针值足以表示 783 个调整位置。实际上，用 000，111，⋯，782 782 782 共 783 个指针值来表示调整位置。H3 字节用于 VC 帧速率调整，负调整时可用于装载额外的 VC 字节，后面会详细介绍。

接下来详细介绍 AU-PTR 是如何进行指针调整的。前面讲过 STM-N 信号的帧频是固定的 8 000 帧 / 秒，因此，AU-4 的帧周期就是固定的 125 μs。为了便于理解，把 AU-4 看作一辆运载货物的货车，那么 VC4 就是要装载进货车待运输的货物。将 VC4 打包进 AU-4 的过程就相当于将货物装载进货车。AU-4 的帧周期是 125 μs，即货车的停靠时间是 125 μs，货物需要在该时间内装进货车。根据 VC4 与 AU-4 的速率匹配关系，有以下几种情况：

（1）当 VC4 的速率（帧频）低于 AU-4 速率（帧频），即 AU-4 的包封速率要高于 VC4 的装载速率时，在 AU-4 货车的停靠时间内无法装完一个 VC4 的货物。这时就要将当前这个 VC4 货物的一部分放到下一辆货车来运输，即将当前 VC4 的最后 3 个字节（一个调整单位）放到下一个 AU-4 来装载。那么，当前的这个 AU-4 就出现了 3 个字节单位的空缺。为了防止因为货物没装满货车而导致货物在传输过程中出现混乱的情况，需要在当前的货车内装进填充物品，即在当前 AU-4 的管理单元指针（AU-PTR）的 H3 字节后面再插入 3 个 H3 字节，此时 H3 字节中存放的是伪随机信息。相应的 VC4 中的有效信息都要向后移动 3 个字节（一个调整单位），即指针值应相应的加 1。这种调整方式称为正调整，相应的在 AU-4 净负荷区插入的 3 个 H3 字节的位置称为正调整位置。当 VC4 的速率比 AU-4 的速率慢很多时，需要在 AU-4 净负荷区加入不止一个正调整单位（3 个 H3），指针值也要做相应的调整。需要注意的是，当需要连续多次调整指针值时，相邻两次操作至少要间隔 3 帧，即经过某次速率调整后，指针值要在后面连续的 3 帧内保持不变，要在本次指针调整后的第 5 帧（本次调整算第 1 帧）才能再进行指针值的调整。

（2）当 VC4 的速率高于 AU-4 的速率时，也就是装载一个 VC4 的货物所用的时间少于 AU-4 货车的停靠时间 125 μs。这时，由于货车还未开走，VC4 的装载还要继续进行，但 AU-4 这辆货车的车厢（信息净负荷区）已经装满了，无法再装进更多的货物。为了要装入更多的货物，就需要更多的空间，此时将 AU-PTR 的 3 个 H3 字节（一个调整单位）的位置用来存放货物；这 3 个 H3 字节就像货车 AU-4 临时加挂的一个备用车厢。加挂了 3 个 H3 字节的备用车厢后，货物在 AU-4 车厢内的存储位置也相应发生了变化。由图 8.14 可以看到这 3 个 H3 字节位于信息净负荷区的前面，因此所有的货物都以 3 个字节为一个单位将位置都向前移一位，这样 AU-4 这辆货车便能装下 VC4+3 个字节的货物了。这种调整方式称为负调整。AU-PTR 的这 3 个 H3 字节所占的位置称为负调整位置。这时，3 个 H3 字节存放的是 VC4 的有效信息。这种负调整方式就是将应装在下一辆货车的 VC4 的头三个字节装在了当前这辆货车上。

注意，与正调整不同的是，负调整的位置在 AU-PTR 上，正调整的位置在 AU-4 的信息净负荷区。因此，负调整的位置只有一个（即 AU-PTR 的 3 个 H3 字节），而正调整的位置可以有多个。

（3）无论是正调整还是负调整，VC4 在 AU-4 的信息净负荷区的位置都会发生变化，即 VC4 的第一个字节 J1 在 AU-4 信息净负荷区的位置发生变化。管理单元指针（AU-PTR）存放的即是

VC4 的第一个字节 J1 在 AU-4 信息净负荷区中的位置,因此 AU-PTR 的值也相应地做出正负调整。如图 8.14 所示,VC4 的字节是以 3 个字节为一个调整单位来表示位置的。位置值的设置是紧跟 H3 字节的那 3 个字节单位设为 0,后面的字节以 3 个字节为一个调整单位依次加一。这样一个 AU-4 净负荷区就有 261×9/3=783 个位置,相应的 AU-PTR 的取值范围是 0~782。AU-PTR 用 10 个 bit 来存放 J1 的位置值,即有 0~1 023(2^{10})个取值。显然,0~782 以外的取值为无效指针值。当收端连续 8 帧收到无效指针值时,设备产生 AU-LOP 告警(AU 指针丢失),并往下插 AIS 告警信号。正 / 负调整是按一次一个调整单位进行调整的,相应的指针值也就随着正调整或负调整进行 +1(指针正调整)或 -1(指针负调整)操作。

(4)当 VC4 与 AU-4 无频差和相差,也就是货车停靠时间和装载 VC4 货物的速度相匹配时,AU-PTR 的值是 522,如图 8.14 中箭头所指处。

表 8.2 详细介绍了 H1、H2 两个字节是如何控制指针值调整的。指针值由 H1、H2 的第 7~16 bit 表示,这 10 个 bit 中的奇数比特记为 I 比特,偶数比特记为 D 比特。I 比特又称增加比特,当 5 个 I 比特全部或大多数反转时,相应的指针值将进行加一操作。D 比特又称减少比特,当 5 个 D 比特全部或大多数反转时,相应的指针值将进行减一操作。

表 8.2 AU-4 中 H1 和 H2 构成的 16bit 指针码字

N	N	N	N	S	S	I	D	I	D	I	D	I	D	I	D
新数据标志(NDF) 表示所载净负荷容量有变化。净负荷无变化时,NNNN 为正常值 0110。在净负荷有变化的那一帧,NNNN 反转为 1001,此即 NDF。NDF 出现的那一帧指针值随之改变为指示 VC 新位置的新值称为新数据。若净负荷不再变化,下一帧 NDF 又返回到正常值 0110 并至少在 3 帧内不作指针值增减操作				AU/TU 类别 对于 AU-4 和 TU-3 SS=10		10 比特指针值 AU-4 指针值为 0~782;三字节为一偏移单位。 指针值指示了 VC-4 帧的首字节 J1 与 AU-4 指针中最后一个 H3 字节间的偏移量。 指针调整规则: (1)在正常工作时,指针值确定了 VC-4 在 AU-4 帧内的起始位置。NDF 设置为 0110; (2)若 VC4 帧速率比 AU-4 帧速率低,5 个 I 比特反转表示要作正帧频调整,该 VC 帧的起始点后移一个单位,下帧中的指针值是先前指针值加 1; (3)若 VC4 帧速率比 AU-4 帧速率高,5 个 D 比特反转表示要作负帧频调整,负调整位置 H3 用 VC4 的实际信息数据重写,该 VC 帧的起始点前移一个单位,下帧中的指针值是先前指针值减 1; (4)当 NDF 出现更新值 1001,表示净负荷容量有变,指针值也要作相应地增减,然后 NDF 回归正常值 0110; (5)指针值完成一次调整后,至少停 3 帧方可有新的调整; (6)收端对指针解码时,除仅对连续 3 次以上收到的前后一致的指针进行解读外,将忽略任何指针的变化									

需要注意的是,指针的调整需要停三帧才能再次进行,即如果从指针反转的那一帧算起(作为第一帧),那么至少在第 5 帧才能再次进行指针反转(其下一帧的指针值将进行加 1 或减 1 操作)。

新数据标志(NDF)反转表示 AU-4 净负荷有变化,此时指针值会出现跃变,即指针值增减的步长不为 1。若收端连续 8 帧收到 NDF 反转,则此时设备出现 AU-LOP 告警。

接收端只对连续三个以上收到的前后一致的指针进行解读,也就是说系统默认指针调整后的 3 帧指针值应一致。如果指针值连续调整,则接收端将出现 VC4 的定位错误,导致传输性能劣化。

8.3.2 支路单元指针

支路单元指针（TU-PTR）的作用指示 VC12 的首字节 V5 在 TU-12 净负荷中的具体位置，以便接收端能据此正确分离出 VC12。VC12 是以四个基帧组成一个复帧的方式装进 TU-12 的，TU-12 PTR 为净负荷 VC12 在 TU-12 复帧内的灵活动态定位提供了一种方法。TU-PTR 由 V1、V2、V3、V4 四个字节组成，分别位于四个基帧的最后一个字节的后面，见表 8.3。

表 8.3 TU-12 指针位置和偏移编号

70	71	72	73	105	106	107	108	0	1	2	3	35	36	37	38
74	75	76	77	109	110	111	112	4	5	6	7	39	40	41	42
78	第一个 C-12 基帧结构 9×4-2 32W 2Y		81	113	第二个 C-12 基帧结构 9×4-2 32W 1Y 1G		116	8	第三个 C-12 基帧结构 9×4-2 32W 1Y 1G		11	43	第四个 C12 基帧结构 9×4-1 31W 1Y 1M+1N		46
82			85	117			120	12			15	47			50
86			89	121			124	16			19	51			54
90			93	125			128	20			23	55			58
94			97	129			132	24			27	59			62
98			101	133			136	28			31	63			66
102	103	104	V1	137	138	139	V2	32	33	34	V3	67	68	69	V4

由表 8.3 可以看出，每个基帧有 35 个字节。在 TU-12 净负荷中，VC12 字节的编号是从紧邻 V2 的字节开始的，以 1 个字节为一个正调整单位，依次按其相对于最后一个 V2 的偏移量给予偏移编号，例如 0、1 等。每个基帧有 35 个字节，4 个基帧组成一个复帧，因此一共有 140 个偏移编号，即编号数 0~139 为有效值。VC-12 帧的首字节 V5 字节位于某一偏移编号位置，该编号对应的二进制值即为 TU-12 指针值。

TU-12 PTR 的指针值存放在 V1、V2 字节的后 10 个比特，V1、V2 字节的 16 个 bit 的功能与 AU-PTR 的 H1H2 字节的 16 个比特功能相同（见表 8.2）。V3 字节为负调整单位位置，紧随其后的那个字节为正调整字节。V4 为保留字节，留待以后使用。

与 AU-PTR 不同，TU-PTR 的调整单位为 1，4 个基帧组成一个复帧，一共有（35×4）=140 个字节，因此 TU-PTR 指针值的有效范围为 0~139。若连续 8 帧收到无效指针或 NDF，则收端出现 TU-LOP（支路单元指针丢失）告警，并下插 AIS 告警信号。

在 VC12 和 TU-12 无频差、相差时，V5 字节的位置值是 70（见表 8.3），即此时的 TU-PTR 的值为 70。

TU-PTR 的指针调整和指针解读方式类似于 AU-PTR。

8.4 网元网络地址定义

网元的网络地址采用和 IP 地址完全一样的定义方法，但还需遵循一定的规范。形式如下：

（1）IP：字节 1. 字节 2. 字节 3. 字节 4。

（2）掩码：255. 字节 2. 字节 3. 0。

视频

SDH 网元简介

8.4.1 网元网络地址的组成

网元网络地址三部分组成：
(1) 区域号：由字节 1 组成。
(2) 网元号：字节 2 和 3 中的部分地址位组成。
(3) 单板号：字节 2 和 3 剩下的地址位和字节 4 组成。

与 IP 地址对应：其中区域号 + 网元号等于网络号，单板号为主机号。

区域号定义：网元地址字节 1 表示网元所属区域，数值为 1~223，其所对应的 OSPF 的区域为 1~223。同一区域号下的网元数建议不超过 64，最多不能超过 128，192 为主干区域，一般情况下非主干区域建议使用 193~201。

网元号定义：网元地址字节 2 和字节 3 与地址掩码的对应字节相与后组成网元号。在同一区域中每一网元都必须对应一个唯一的网元号。

单板号定义：网元地址字节 2、3 和 4 与地址掩码的对应字节的反码相与后组成单板号。单板号分配给网元中各单板，其中 NCP 板需显示定义，其他单板根据 NCP 的单板号自动分配。不同网元中的单板号可重复。

目前单板号仅对 NCP 板、光板等与 ECC 通道相关的单板有效。对单板号和与之相关的网元地址字节 4 规定如下：
(1) NCP 板号必须大于 9，小于 100，建议统一采用 18。
(2) 网管的主机号为 1~9，建议统一从 1 开始。

这样做是为了防止同一个网元中某一单板和网管主机的地址重复的问题。注意，不要让单板的地址与网管主机地址重复。

8.4.2 网元网络地址实例

这里通过两个例子说明网元网络地址编码：
(1) 网络掩码为 255.255.255.0，网管主机地址为 194.1.192.1，子网号为 1 可做如下编码：
194.1.192.18：区域号为 C2(194)，网元号为 01C0(01.192)，NCP 板号为 12(18)；
194.1.193.18：区域号为 C2 (194)，网元号为 01C1(01.193)，NCP 板号为 12(18)；
192.1.192.18：区域号为 C0 (192)（主干域），网元号为 01C0(01.192)，NCP 板号为 12(18)。
(2) 网络掩码为 255.255.0.0，网管主机地址为 195.192.2.1，子网号为 2 可做如下编码：
195.192.2.18：区域号为 0xC3(195)，网元号为 0xC0 (192)，NCP 板号为 0x0212 (2.18)；
195.193.2.18：区域号为 0xC3(195)，网元号为 0xC1 (193)，NCP 板号为 0x0212(2.18)；
192.192.2.18：区域号为 0xC0(192)（主干域），网元号为 0xC0 (192)，NCP 板号为 0x0212(2.18)。

8.5 SDH 传输性能

SDH 网络的传输性能参数主要包括可用性参数、误码性能以及抖动漂移性能。

8.5.1 可用性参数

系统的可用性参数包括以下几个参数：

1. 不可用时间

传输系统的任意一个传输方向的数字信号连续 10 s 时间内每秒的误码率均劣于 10^{-3}，从这 10 s 的第一秒起就认为系统进入了不可用时间。

2. 可用时间

当数字信号连续 10 s 时间内每秒的误码率均优于 10^{-3}，那么从这 10 s 的第一秒起就认为系统进入了可用时间。

3. 可用性

可用时间占全部总时间的百分比称之为可用性。

为保证系统的正常使用，系统需要满足一定的可用性指标，表 8.4 给出了假设参考数字段的可用性目标。

表 8.4 假设参考数字段可用性目标

长度 /km	可 用 性	不可用性	每年不可用时间 /min
420	99.977%	2.3×10^{-4}	120
280	99.985%	1.5×10^{-4}	78
50	99.99%	1×10^{-4}	52

8.5.2 误码性能

误码是指信息经网络传输后在接收端判决再生的数字码流中的某些比特发生了差错，1 变成 0 或 0 变成 1，使传输的信息质量产生损伤。

1. 误码的产生和分布

对于数字通信来说，误码是表征传输质量最重要的指标。在 SDH 传输网中，误码性能同样是系统中最主要的传输损伤之一。误码会使系统稳定性下降，当误码率达到 10^{-3} 以上时则传输中断。从网络性能角度出发可将误码分成两大类：

（1）内部机理产生的误码。系统的这类误码包括由各种噪声源产生的误码，由光纤色散产生的码间干扰引起的误码，复用器交叉连接设备和交换机产生的误码，以及定位抖动产生的误码。这类误码通过系统长时间的误码性能来反映。

（2）脉冲干扰产生的误码。系统的这类误码通常是由突发脉冲，比如电磁干扰设备；故障电源瞬态干扰等原因产生的误码。脉冲干扰产生的误码通常具有突发性和大量性，系统在突然间出现大量误码。这类误码通常通过系统的短期误码性能来反映。

2. 误码性能的度量

传统的误码性能的度量（G.821）是度量 64 kbit/s 的通道在 27 500 km 全程端到端连接的数字参考电路的误码性能，是以比特的错误情况为基础的。以比特为单位衡量系统的误码性能有其局限性。

目前高比特率通道的误码性能是以块为单位来进行度量的（前面介绍的 B1、B2、B3 字节监测的均是误码块），由此产生出一组以块为基础的参数。这些参数的含义如下：

（1）误块。当块中的比特发生传输差错时称该块为误块。

需要注意的是，由 B1、B2、B3 字节来进行误码块监测，只有当块中奇数个比特发生差错时才能被检测出，当块中偶数个比特发生差错时则检测不出。

(2) 误块秒 (Errored Second, ES) 和误块秒比 (Errored Second Ratio, ESR)。当某一秒中发现一个或多个误码块时称该秒为误块秒,在规定测量时间段内出现的误块秒总数与总的可用时间的比值称为误块秒比。

(3) 严重误块秒 (Severely Errored Second, SES) 和严重误块秒比 (Severely Errored Second Ratio, SESR)。某一秒内包含有不少于 30% 的误块或者至少出现一个严重扰动期 SDP 时认为该秒为严重误块秒。其中严重扰动期指在测量时在最小等效于 4 个连续块时间或者 1 ms (取二者中较长时间段时) 间段内所有连续块的误码率 $\geq 10^{-2}$ 或者出现信号丢失。在测量时间段内出现的 SES 总数与总的可用时间之比称为严重误块秒比。严重误块秒一般是由于脉冲干扰产生的突发误块,所以往往反映出设备抗干扰的能力。

(4) 背景误块 (Background Block Error, BBE) 和背景误块比 (Background Block Error Ratio, BBER)。扣除不可用时间和严重误块秒期间出现的误块称为背景误块。背景误块数与在一段测量时间内扣除不可用时间和严重误块秒期间内所有块数后的总块数之比称为背景误块比。

若这段测量时间较长,那么背景误块比往往反映的是设备内部产生的误码情况,与设备采用器件的性能稳定性有关。

(1) 数字段相关的误码指标。ITU-T 将数字链路等效为全长 27 500 km 的假设数字参考链路,并为链路的每一段分配最高误码性能指标,以便使主链路各段的误码情况在不高于该标准的条件下,连成串之后能满足数字信号端到端 27 500 km 正常传输的要求。

表 8.5~ 表 8.7 分别列出了 420 km、280 km、50 km 数字段应满足的误码性能指标。

表 8.5　420 km HRDS 误码性能指标

速率 /(kbit/s)	155 520	622 080	2 488 320
ESR	3.696×10^{-3}	待定	待定
SESR	4.62×10^{-5}	4.62×10^{-5}	4.62×10^{-5}
BBER	2.31×10^{-6}	2.31×10^{-6}	2.31×10^{-6}

表 8.6　280 km HRDS 误码性能指标

速率 /(kbit/s)	155 520	622 080	2 488 320
ESR	2.464×10^{-3}	待定	待定
SESR	3.08×10^{-5}	3.08×10^{-5}	3.08×10^{-5}
BBER	3.08×10^{-6}	3.08×10^{-6}	3.08×10^{-6}

表 8.7　50 km HRDS 误码性能指标

速率 /(kbit/s)	155 520	622 080	2 488 320
ESR	4.4×10^{-4}	待定	待定
SESR	5.5×10^{-5}	5.5×10^{-5}	5.5×10^{-5}
BBER	5.5×10^{-7}	5.5×10^{-7}	5.5×10^{-7}

(2) 误码减少策略。误码产生的原因主要有内部机理产生的误码和外部干扰产生的误码,因此减少误码的方法有以下两种:

① 内部误码的减小。改善接收机的信噪比是降低系统内部误码的主要途径;另外适当选择发送机的消光比,减少定位抖动,改善接收机的均衡特性都有助于改善系统的内部误码性能。当再生段的平均误码率低于 10^{-14} 数量级以下时,可认为系统处于"无误码"运行状态。

② 外部干扰误码的减少。减少外部干扰造成误码的基本对策是加强所有设备的抗电磁干扰和静电放电能力，比如加强接地。此外，在系统设计规划时留有充足的冗度也是一种简单可行的对策。

8.5.3 抖动漂移性能

抖动和漂移与系统的定时特性有关。抖动是指数字信号的特定时刻，例如最佳抽样时刻相对其理想时间位置的短时间偏离。所谓短时间偏离，是指变化频率高于 10 Hz 的相位变化。漂移指数字信号的特定时刻相对其理想时间位置的长时间的偏离。所谓长时间是指变化频率低于 10 Hz 的相位变化。

抖动和漂移会使接收端出现信号溢出或取空从而导致信号滑动损伤。

1. 抖动和漂移的产生机理

在 SDH 网中除了具有其他传输网的共同抖动源——各种噪声源、定时滤波器失谐、再生器固有缺陷（码间干扰、限幅器门限漂移）等外，还有两个 SDH 网特有的抖动源：

（1）脉冲塞入抖动，即在将支路信号装入 VC 时加入了固定塞入比特和控制塞入比特，分接时需要移去这些比特，这将导致时钟缺口，经滤波后产生的残余抖动。

（2）指针调整抖动，这种抖动是由指针进行正/负调整和去调整时产生的。

对于脉冲塞入抖动，与 PDH 系统的正码脉冲调整产生的情况类似，可采用措施使它降低到可接受的程度，而指针调整产生的抖动由于频率低、幅度大，很难用一般方法加以滤除。

抖动产生和漂移的产生原因不同，抖动的产生大多具有随机性质，多是因为受到暂时的干扰产生的，是可以恢复的。漂移是因为传输线路受到温度影响而发生物理性质的变化，对光传输产生影响形成漂移，恢复起来比较困难。

抖动和漂移都会对光数字传输产生损伤，抖动影响的时间短，漂移影响时间长，超过设备容忍度的抖动或漂移可能引发传输误码。

2. 抖动性能规范

SDH 网中常见的度量抖动性能的参数如下：

（1）输入抖动容限。输入抖动容限分为 PDH 输入口（支路口）的和 STM-N 输入口（线路口）的两种输入抖动容限。PDH 输入口的抖动容限是指在使设备不产生误码的情况下，该输入口所能承受的最大输入抖动值。SDH 网兼容 PDH 网，即 SDH 网元能传输 PDH 业务，因此，SDH 网元的支路输入口需要能包容 PDH 支路信号的最大抖动，即该支路口的抖动容限能承受得了上面所有传输的 PDH 信号的抖动。

线路口（STM-N）输入抖动容限定义为，能使光设备产生 1 dB 光功率代价的正弦峰峰抖动值。这个参数是用来规范当 SDH 网元互连在一起传输 STM-N 信号时，本级网元的输入抖动容限应能包容上级网元产生的输出抖动。那么，什么是光功率代价呢？由抖动漂移和光纤色散等原因引起的系统信噪比降低导致误码增大的情况，可以通过加大发送机的发光功率来弥补，也就是说，由于抖动漂移和色散等原因使系统的性能指标劣化到某一特定的指标以下，为使系统指标达到这一特定指标可以通过增加发光功率的方法得以解决，而此增加的光功率就是系统为满足特定指标而需的光功率代价。1 dB 光功率代价是系统最大可以容忍的数值。

（2）输出抖动。与输入抖动容限类似，输出抖动也分为 PDH 支路口的和 STM-N 线路口的两种输出抖动。输出抖动定义为在设备输入无抖动的情况下，由端口输出的最大抖动。

SDH 设备的 PDH 支路端口的输出抖动应保证在 SDH 网元下 PDH 业务时，所输出的抖动能使接收此 PDH 信号的设备所承受。STM-N 线路端口的输出抖动应保证接收此 STM-N 信号的 SDH 网元能承受。

（3）映射和结合抖动。因为在 PDH/SDH 网络边界处由于指针调整和映射会产生 SDH 的特有抖动，为了规范这种抖动，采用映射抖动和结合抖动来描述这种抖动情况。

映射抖动指在 SDH 设备的 PDH 支路端口处输入不同频偏的 PDH 信号，在 STM-N 信号未发生指针调整时设备的 PDH 支路端口处输出 PDH 支路信号的最大抖动。

结合抖动是指在 SDH 设备线路端口处输入符合 G.783 规范的指针测试序列信号，此时 SDH 设备发生指针调整，适当改变输入信号频偏，这时设备的 PDH 支路端口处输出信号测得的最大抖动就为设备的结合抖动。

（4）抖动转移函数。抖动转移函数定义为设备输出的 STM-N 信号的抖动与设备输入的 STM-N 信号的抖动的比值随频率的变化关系，这里的频率是指抖动的频率。抖动转移函数用来规范设备输出 STM-N 信号的抖动对输入的 STM-N 信号抖动的抑制能力（也即抖动增益），以控制线路系统的抖动积累，防止系统抖动迅速积累。

3. 抖动减少的策略

（1）线路系统的抖动减少。线路系统抖动是 SDH 网的主要抖动源，设法减少线路系统产生的抖动是保证整个网络性能的关键之一。减少线路系统抖动的基本对策是减少单个再生器的抖动（输出抖动）、控制抖动转移特性（加大输出信号对输入信号的抖动抑制能力）、改善抖动积累的方式（采用扰码器，使传输信息随机化，各个再生器产生的系统抖动分量相关性减弱，改善抖动积累特性）。

（2）PDH 支路口输出抖动的减少。由于 SDH 采用的指针调整可能会引起很大的相位跃变（因为指针调整是以字节为单位的）和伴随产生的抖动和漂移，因而在 SDH/PDH 网边界处，支路口采用解同步器来减少其抖动和漂移幅度。解同步器有缓存和相位平滑作用。

本章小结

本章主要介绍了 SDH 传输网的工作原理。主要介绍了 SDH 帧结构和复用结构，包括帧结构的原理、复用结构的原理和映射方法；接着介绍了 SDH 的开销，包括段开销和通道开销；然后介绍了 SDH 指针，包括管理单元指针和支路单元指针；接着介绍了网元的网络地址定义，包括网络地址的组成和实例演示；最后介绍了 SDH 的传输性能，包括可用性参数、误码性能和抖动漂移性能等。

思考与练习

1. 简述 SDH 帧结构的特点，以及和 PDH 的差异。
2. 画出 STM-N 信号的帧结构示意图。
3. SDH 传输技术能从高速信号 STM-1 中直接解复用低速信号，这是通过什么技术实现的？

4. PDH 中的 139.264 Mbit/s 可传输四个 34.368 Mbit/s 业务流，而 SDH 中的 155.520 Mbit/s 却只能传输三个相同的业务流，分别计算两个体系的频带利用率。

5. STM-1 信号和 STM-16 信号的帧频、传输速率分别是多少？

6. SDH 段开销分为哪两种？分别有哪些字节组成？

7. 通道开销的作用是什么？通道开销与段开销的区别是什么？

8. SDH 指针的作用是什么？管理单元指针（AU-PTR）与支路单元指针（TU-PTR）的工作原理分别是什么？

9. 网元网络地址由哪几部分组成？

10. 说明什么是误码，以及误码的产生和分布。

11. 说明 SDH 网中常见的度量抖动性能的参数。

第 9 章
SDH 网元组网方式和设备规范

学习目标

（1）了解网元的概念。
（2）掌握四种常用网元（ADM、TM、DXC、REG）的原理和特性。
（3）了解 SDH 的应用形式。
（4）了解 SDH 网元设备规范。
（5）了解 SDH TM 设备的典型模块组成。

9.1 网元简介

网元是 SDH 传输网的重要组成部分，不同类型的网元通过光缆线路连接，实现 SDH 传输网的传送功能，包括上/下业务、交叉连接业务、网络故障自愈等。本节介绍 SDH 传输网中最常见的几种网元。

9.1.1 分/插复用器

分/插复用器（Add-Drop Multiplexer，ADM）是一个三端口的器件，用于 SDH 传输网络的转接站点处，例如环上节点或链的中间节点，是 SDH 传输网上使用最多、最重要的一种网元，如图 9.1 所示。

分/插复用器有两个线路端口（STM-N）和一个支路端口。两个线路端口各接一侧的光缆（每侧接收/发各一根光纤），由于 STM-N 有两个线路端口，为了区分通常将其称为西向（W）、东向（E）两个线路端口。

分/插复用器是一个功能强大的网元。ADM 可以将低速支路信号交叉复用进东或西向线路信号上去，也可以从东或西侧线路端口收的线路信号中拆分出低速支路信号，即 ADM 可以实现低速支路信号的上下。此外，ADM 还可以实现东/西向线路侧的 STM-N 信号的交叉连接，例如将西向

STM-16 中的 4#STM-1 与东向 STM-16 中的 8#STM-1 相连接。

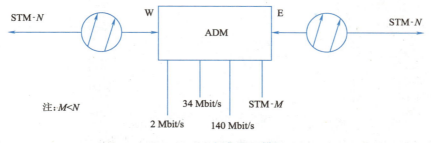

图 9.1　分 / 插复用器模型

分 / 插复用器是 SDH 最重要的一种网元，可以通过设计使分 / 插复用器实现和其他类型网元完全等效的功能。

9.1.2　终端复用器

终端复用器（Termination Multiplexer，TM）是一个双端口器件，用在网络的终端站点上，例如一条链的两个端点上，如图 9.2 所示。

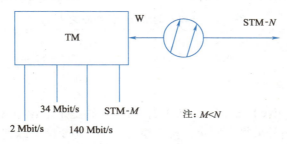

图 9.2　终端复用器

如图 9.2 所示，STM-M 是低速信号，STM-N 是高速信号，终端复用器的作用是将支路端口的低速信号复用到线路端口的高速信号中，或从高速信号中分出低速支路信号。

需要特别注意的是：终端复用器的线路端口只能输入 / 输出一路 STM-N 信号，而支路端口却可以输出 / 输入多路低速支路信号。终端复用器在将低速支路信号复用到线路时（即将低速支路信号复用进高速 STM-N 信号帧），有一个交叉的功能。例如，在将支路信号 2 Mbit/s 复用进 STM-1 信号时，2 Mbit/s 信号可复用到 STM-1 中 63 个 VC12 的任一个位置上去。在将支路的 STM-1 信号复用进线路上的 STM-16 信号时，也可以将 STM-1 信号复用在 STM-16 信号中 1~16 个 STM-1 的任意位置。不同设备厂商有不同的表示习惯，比如华为设备，终端复用器的线路端口（光口）一般默认以西向端口表示。

前面介绍的分 / 插复用器同样具有上下支路信号的功能，与终端复用器相比多了一个线路端口，因此可以将一个分 / 插复用器等效成两个终端复用器来使用。

9.1.3　数字交叉连接设备

数字交叉连接设备（Digital Cross Connect Equipment，DXC）是一个多端口器件，它是一个交叉矩阵，通过交叉矩阵完成各个信号间的连接，实现 STM-N 信号的交叉连接功能，如图 9.3 所示。

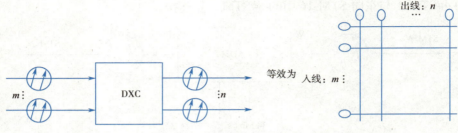

图 9.3 DXC 功能图

数字交叉连接设备的功能是将输入的 m 路 STM-N 信号交叉连接到输出的 n 路 STM-N 信号上，如图 9.3 所示，m 条入光纤是输入信号，n 条出光纤是输出信号。

数字交叉连接设备的核心是交叉连接，功能强的数字交叉连接设备能完成高速（例如 STM-16）信号在交叉矩阵内的低级别交叉（例如 VC12 级别的交叉）。

数字交叉连接设备有多种类型和功能，一般使用 DXC m/n 来表示（$m \geqslant n$），m 表示可接入 DXC 的最高速率等级，n 表示在交叉矩阵中能够进行交叉连接的最低速率级别。m 越大表示 DXC 的承载容量越大；n 越小表示 DXC 的交叉灵活性越大。m 和 n 的数值对应的速率见表 9.1。

表 9.1 m 和 n 的数值数值对应的速率

m/n	0	1	2	3	4	5	6
速率	64 kbit/s	2 Mbit/s	8 Mbit/s	34 Mbit/s	140 Mbit/s 155 Mbit/s	622 Mbit/s	2.5 Gbit/s

9.1.4 再生中继器

再生中继器（Regenerative Repeater, REG）有两种：一种是用于脉冲再生整形的电再生中继器，主要通过光/电变换、电信号采样、判决、再生整形、电/光变换，以达到不积累线路噪声，保证线路上传送信号波形的完好性；另一种是纯光的再生中继器，主要进行光功率放大以延长光传输距离。本节介绍电再生中继器，它是双端口器件，只有两个线路端口——W、E，如图 9.4 所示。

图 9.4 电再生中继器

电再生中继器的作用是将 W/E 侧的光信号经光/电变换、电信号采样、判决、再生整形、电/光变换在另一侧发出。

通过仔细对比可以发现：再生中继器与分/插复用器相比只是少了支路端口，所以分/插复用器在支路不输入/输出信号的情况下，功能完全等效于一个再生中继器。

与其他网元相比，再生中继器通常只需处理 STM-N 帧中的 RSOH，而不需要交叉连接功能（W-E 直通即可）。其他网元，比如 ADM 和 TM，因为要完成将低速支路信号分/插到 STM-N 中的功能，所以不仅要处理 RSOH，而且还要处理 MSOH；另外，ADM 和 TM 都具有交叉复用能力（有交叉连接功能）。

9.2 各类 SDH 传输网结构

9.2.1 SDH 网络简单拓扑结构

SDH 网是由 SDH 网元设备通过光缆互连而成,SDH 网络拓扑结构是指网络的物理形状,即指网络节点与传输线路组成的几何排列,反映了实际的网元连接状况。在设计网络拓扑结构时要充分结合网络的有效性、可靠性和经济性等特点来考虑,并根据通信容量和地理条件选用合适的网络拓扑结构。SDH 网络基本拓扑结构有链状、星状、树状、环状和网孔状。

视 频

各类SDH传输网结构

1. 链状拓扑结构

如图 9.5 所示,将通信网中的所有节点一一串联起来,而首尾两个节点开放就形成了链状拓扑。在这种拓扑结构中,为了让两个非相邻节点之间完成连接,就必须将它们之间的所有节点都连接上。该种链状拓扑结构是 SDH 早期应用的形式,这种结构最大的缺点是当某个节点出现问题,则整条链路就会失效,所以它的网络生存性较差。

2. 星状拓扑结构

如图 9.6 所示,以网络中的一个核心枢纽点为核心节点,所有其他节点都与该节点相连且互相之间不相连,这就形成了星状拓扑结构,又称枢纽状拓扑。在这种网络拓扑结构中,除了枢纽节点之外,其他任意两节点间的连接都是通过枢纽节点进行的,枢纽节点为经过的信息流进行路由选择并完成连接功能。这种网络拓扑的优点是可以将枢纽节点的多个光纤终端连接成一个统一的网络,进而实现综合的带宽管理;缺点是对枢纽节点依靠性过大,存在枢纽点的潜在瓶颈问题和失效问题。

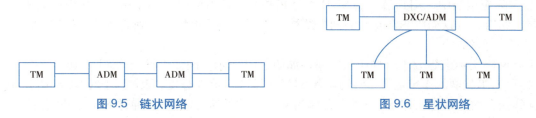

图 9.5 链状网络　　　　图 9.6 星状网络

3. 树状拓扑结构

如图 9.7 所示,该种网络拓扑结构可以看成链状拓扑与星状的结合。这种拓扑结构适合于广播式业务,但存在瓶颈问题和光功率预算限制问题,不适用于提供双向通信业务,也存在特殊节点的安全保障和处理能力的潜在瓶颈。

图 9.7 树状网络

4. 环状拓扑结构

如图 9.8 所示,将网络中的所有节点都一一串联起来,且首尾相连,没有任何节点开放时,就构成了环状网拓扑结构。在环状网中,要将两个非相邻的节点连接起来,就必须将它们之间的所有节点都连接起来,这样才能完成该两个节点的连接功能。环状网络拓扑的最大优点是具有很高的生存性,即网络自愈能力很强,这对现代大容量光纤网络是至关重要的,因而环状网在 SDH 网中非常重要。环状网络拓扑结构常用于本地网和局间中继网。

5. 网孔状拓扑结构

如图 9.9 所示,将网络中所有节点都互连时,就构成了理想网孔状拓扑结构。在非理想网孔状拓扑中,没有直接相连的两个节点之间需要经由其他节点的连接功能才能实现连接。网孔状拓扑结构的优点是不受节点瓶颈问题和失效的影响,两节点间有多种路由可选,可靠性很高;不足之处是结构复杂、成本较高。网孔状拓扑结构主要用于长途网,以提供网络的高可靠性。

图 9.8 环状网络　　　　　　图 9.9 网孔状网络

总而言之,所有这些网络拓扑结构都各有特点,在网中都有可能获得不同程度的应用。网络拓扑的选择应考虑众多因素,如高生存性、网络配置应当容易、网络结构应当适于新业务的引进等因素。

9.2.2 SDH 网络中常用的组网结构

在实际应用当中,用到最多的 SDH 网络拓扑结构是由链状结构和环状结构组合而成,通过它们的灵活组合,可以构成非常复杂的网络结构。下面对组网中经常用到的几种结构进行简单介绍。

1. T 状网络

T 状网络实际上等效于一种树状网络,如图 9.10 所示。假如干线上为 STM-16 系统,支线上为 STM-4 系统,T 状网的作用是将支路的业务 STM-4 通过网元 A 分支/插入到干线 STM-16 系统上去。此时支线接在网元 A 的支路上,支线业务作为网元 A 的低速支路信号,通过网元 A 进行分支/插入。

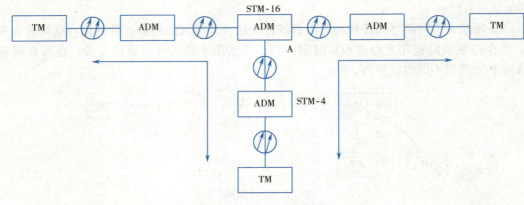

图 9.10 T 状网络拓扑图

2. 环带链网络

如图 9.11 所示,环带链网络实际上等效于环状网络和链状网络两种网络组合而成的网络结构。假如环上为 STM-16 系统,链路上为 STM-4 系统,且它们通过网元 A 处互连,链的 STM-4 业务作为网元 A 的低速支路业务,并通过网元 A 的分/插功能上、下环。

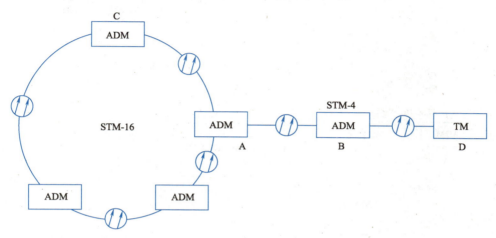

图 9.11 环带链网络拓扑图

3. 环状子网的支路跨接网络

如图 9.12 所示,假如两个环状网是 STM-16 系统,它们之间通过 A、B 两网元的支路部分连接在一起,两环中任何两网元都可通过 A、B 之间的支路互通业务,且可选路由多,系统冗余度高。因为两环间互通的业务都要经过 A、B 两网元的低速支路传输,所以存在一个低速支路的安全保障问题。

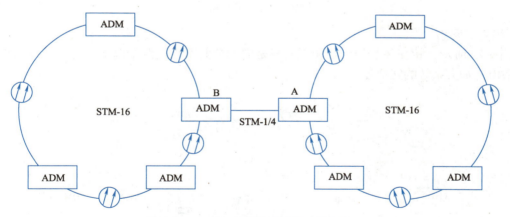

图 9.12 环形子网的支路跨接网络拓扑图

4. 相切环网络

如图 9.13 所示,三个环相切于公共节点网元 A 处,网元 A 是 DXC/ADM 设备,环 I 为 STM-16 系统,环 II 为 STM-4 系统,环 III 为 STM-1 系统。这种组网方式可使环间业务任意互通,具有比支路跨接环网更大的业务疏导能力,业务可选路由更多,系统冗余度更高。但这种组网存在重要节点网元 A 的安全保护问题。

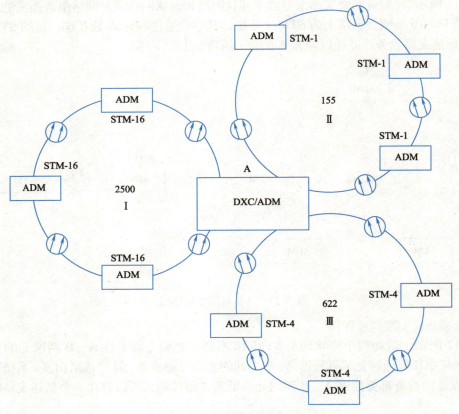

图 9.13 相切环网络拓扑图

5. 相交环网络

如图 9.14 所示,相交环与相切环相似,只是它的公共节点是两个以上,这样就可以提供更多的可选路由,加大系统的冗余度。

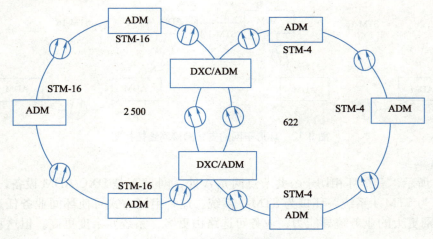

图 9.14 相交环网络拓扑图

第 9 章 SDH 网元组网方式和设备规范

6. 枢纽网络

一般在实际应用中都为枢纽网，也即各类网络综合在一起的网络拓扑结构。如图 9.15 所示，网元 A 作为枢纽点可在支路侧接入各个 STM-1 或 STM-4 的链路或环，通过网元 A 的交叉连接功能，提供支路业务上、下主干线，以及支路间业务互通。支路间业务的互通经过网元 A 的分支／插入，可避免支路间铺设直通路由和设备，可也不需要占用主干网上的资源。

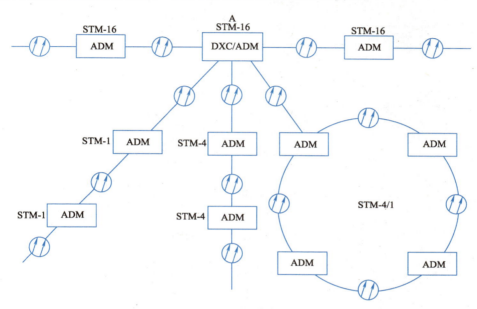

图 9.15 枢纽网络拓扑图

9.2.3 SDH 网络的整体结构

在传统的组网概念中，设计网络首要考虑的问题是如何提高传输设备的利用率和安全性，为此在每个节点之间都建立了许多直达通道，导致网络结构非常复杂。随着现代通信技术的发展，首要考虑的问题发生了改变，即首要考虑的是简化网络结构、建立强大的运行维护管理（OAM）功能、降低传输费用和支持新业务的发展。在我国，可将 SDH 传输网网络结构分为四个层级，分别为一级干线网（省际干线）、二级干线网（省内干线）、中继网和接入网（用户网），具体情况如图 9.16 所示。

1. 一级干线网

主要省会城市和业务量较大的汇接节点城市装有 DXC4/4，且各汇接节点由高速光纤链路 STM-64/STM-16 连接组成，这样就构成了一个大容量、高可靠的网孔形国家主干网结构，并辅以少量链状网。由于 DXC4/4 也具有 PDH 体系的 140 Mbit/s 接口，因而原有的 PDH 的 140 Mbit/s 和 565 Mbit/s 系统也能被纳入由 DXC4/4 统一管理的长途一级干线网中。

2. 二级干线网

关键汇接节点处装有 DXC4/4 或 DXC4/1，且各汇接节点由光纤链路 STM-16/STM-4 连接组成，形成省内网状或环状主干网结构并辅以少量链状网结构，且由各汇接节点连接上下干线。由于 DXC4/1 有 2 Mbit/s、34 Mbit/s 或 140 Mbit/s 接口，因而原来 PDH 系统也能被纳入统一管理的二级干线网，并具有灵活调度电路的能力。

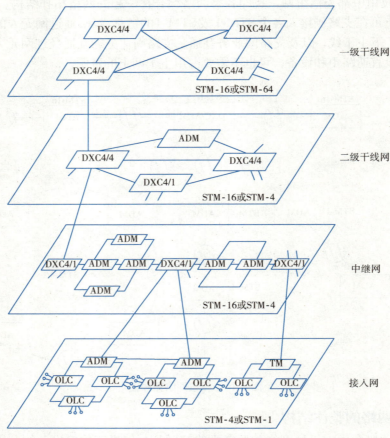

图 9.16　我国 SDH 传输网网络结构

3. 中继网

中继网既可以按区域划分为若干个环，由 ADM 组成速率分别为 STM-4 或 STM-1 的自愈环；也可以是路由备用方式的两节点环。这些环具有很高的生存性，又具有业务量疏导功能。环状网中主要采用复用段倒换环方式，环间由 DXC4/1 沟通，完成业务量疏导和其他管理功能。这些环同时也可以作为长途网与中继网之间以及中继网和用户网之间的网关或接口，还可以作为 PDH 与 SDH 之间的网关。

4. 接入网

接入网由于处于网络的边界处，业务容量要求低，且大部分业务容量汇集于一个节点（端局）上，因而通道倒换环和星状网络都十分适合于该应用环境。所需设备除 ADM 外还有 OLT。速率为 STM-4 或 STM-1，接口可以为 STM-1 光/电接口，PDH 体系的 2 Mbit/s、34 Mbit/s 或 140 Mbit/s 接口，普通电话接口，小交换机接口，城域网接口等。用户接入网是 SDH 网中最庞大、最复杂的部分，它占整个通信网投资的 50% 以上，用户网的光纤化是一个逐步的过程。通常所说的光纤到路边（FTTC）、光纤到大楼（FTTB）和光纤到户（FTTH）就是这个过程的不同阶段。目前在我国推广光纤用户接入网时要考虑采用一体化的 SDH/CATV 网，不但要开通电信业务，而且还能提供 CATV 服务，比较符合我国国情。

5. 本地传输网结构

本地传输网是指地区级城市及所辖县城内的城域网和连接地区级城市和其郊区（县）之间的所有传输基础设施构成的网络，主要承担本地各业务网节点间中继电路传输，并按城市地理分布分区汇聚、收敛来自用户接入层面的传输电路。本地传输网有时也称城域传输网或城域网。但从严格意义上说，城域网和城域传输网是有区别的。城域网是在一个城市范围内所建立的计算机通信网，它将位于同一城市内不同地点的主机、数据库及局域网等互相连接起来，是纯粹数据业务的数据网络。而城域传输网是语音业务为主，包含数据业务且有保护机制的传输网络。

为了简化本地传输网的规划设计，便于集中力量分层分批建设及网络建成后的维护管理，更好地适应网络的长期发展需要，本地传输网一般采用分层结构。根据网络规模大小，本地传输网一般可分为核心层、汇聚层、接入层三层，如图 9.17 所示。

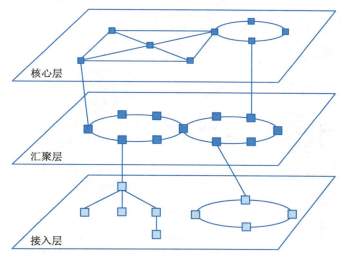

图 9.17　本地传输网的分层结构

（1）核心层：核心层由传输核心节点组成，是传输网的核心部分。核心节点主要包括交换局、汇聚局、关口局和数据中心等。核心层主要负责提供核心节点间的电路以及转接汇聚节点之间的电路，能提供大容量的业务调度能力和多业务传送能力，具有较高的安全性和可靠性。

（2）汇聚层：汇聚层由汇聚节点域核心节点之间的网络组成。汇聚层节点主要包括业务网内基站控制器、基站传输中心节点和数据中心节点等。汇聚层节点是业务区域内所有接入层网络的汇聚中心，承担转接和汇聚区内所有业务接入点的电路，能提供较大的业务交叉和汇聚能力，使网络具有良好的可扩展性。

（3）接入层：接入层由多个业务接入点组成。接入层节点主要包括业务网内的基站收发台和数据业务的汇聚节点等，接入层采用多种接入技术承担多种业务的接入和传送。接入层具有建设速度快、可靠性好、成本低和保证业务质量等特性。

9.3 SDH 传输网的应用形式

根据网元的不同结构,SDH 传输网络的通常被分为四种应用形式:点到点的应用、线型应用、枢纽网应用和传输网型网应用,如图 9.18 所示。

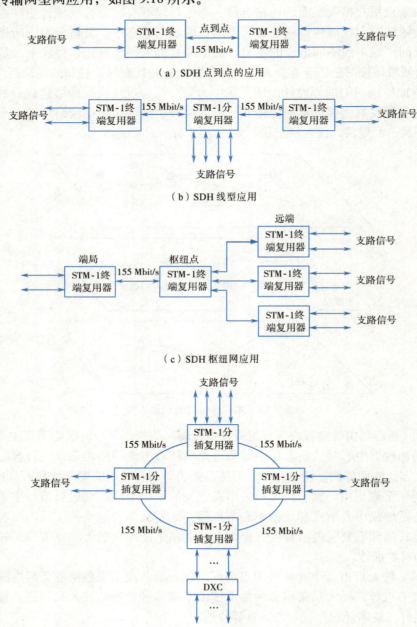

图 9.18 SDH 传输网络的典型应用形式

9.4 SDH 网元设备规范

SDH 体制要求不同厂家的产品实现横向兼容,这就必然会要求设备的实现要按照标准的规范。而不同厂家的设备千差万别,怎样才能实现设备的标准化,以达到互连的要求呢?

ITU-T 采用功能参考模型的方法,对 SDH 设备进行规范。它将设备所应完成的功能分解为各种基本的标准功能块,功能块的实现与设备的物理实现无关,不同的设备由这些基本的功能块灵活组合而成,以完成设备不同的功能。基本功能块的标准化规范了设备的标准化,同时也使规范具有普遍性,叙述清晰简单。

下面以一个 TM 设备的典型功能块组成为例来讲述各个基本功能块的作用,应该特别注意的是掌握每个功能块所监测的告警性能事件及其检测机理,如图 9.19 所示。

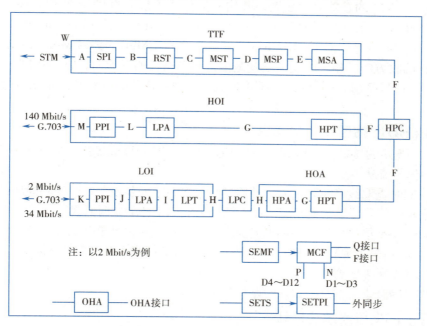

图 9.19　SDH 设备的逻辑功能构成

为了更好地理解图 9.19,对图中出现的功能块名称说明如下:

(1) SPI:SDH 物理接口功能块。
(2) RST:再生段终端功能块。
(3) MST:复用段终端功能块。
(4) MSP:复用段保护功能块。
(5) MSA:复用段适配功能块。
(6) TTF:传送终端功能块。
(7) HPC:高阶通道连接功能块。
(8) HPT:高阶通道终端功能块。
(9) LPA:低阶通道适配功能块。

(10) PPI：PDH 物理接口功能块。
(11) HPA：高阶通道适配功能块。
(12) HOA：高阶组装器。
(13) LPC：低阶通道连接功能块。
(14) LPT：低阶通道终端功能块。
(15) LOI：低阶接口功能块。
(16) SEMF：同步设备管理功能块。
(17) MCF：消息通信功能块。
(18) SETS：同步设备定时源功能块。
(19) SETPI：同步设备定时物理接口。
(20) OHA：开销接入功能块。

图 9.19 为一个 TM 的功能块组成图，其信号流程是线路上的 STM-N 信号从设备的 A 参考点进入设备依次经过 A→B→C→D→E→F→G→L→M 拆分成 140 Mbit/s 的 PDH 信号；经过 A→B→C→D→E→F→G→H→I→J→K 拆分成 2 Mbit/s 或 34 Mbit/s 的 PDH 信号。这里将其定义为设备的收方向。相应的发方向就是沿这两条路径的反方向，将 140 Mbit/s 和 2 Mbit/s、34 Mbit/s 的 PDH 信号复用到线路上的 STM-N 信号帧中。设备的这些功能是由各个基本功能块共同完成的。

9.4.1 SPI：SDH 物理接口功能块

SPI 是设备和光路的接口，主要完成光/电变换、电/光变换、提取线路定时以及相应告警的检测。

1. 收方向信号流从 A 到 B

光/电转换同时提取线路定时信号，并将其传给 SETS 同步设备定时源功能块锁相，锁定频率后由 SETS 再将定时信号传给其他功能块，以此作为它们工作的定时时钟。

当 A 点的 STM-N 信号失效，例如无光或光功率过低，传输性能劣化使 BER 劣于 10^{-3}，SPI 产生 LOS 告警（接收信号丢失），并将 LOS 状态告知 SEMF 同步设备管理功能块。

2. 发方向信号流从 B 到 A

电/光变换，同时定时信息附着在线路信号中。

9.4.2 RST：再生段终端功能块

RST 是 RSOH 开销的源和宿，它在构成 SDH 帧信号的过程中产生 RSOH，并在相反方向处理终结 RSOH。

1. 收方向信号流 B 到 C

STM-N 的电信号及定时信号或 R-LOS 告警信号，由 B 点送至 RST。若 RST 收到的是 LOS 告警信号，即在 C 点处插入全 1（AIS）信号；若在 B 点收的是正常信号流，那么 RST 开始搜寻 A1 和 A2 字节进行定帧。帧定位就是不断检测帧信号是否与帧头位置相吻合，若连续 5 帧以上无法正确定位帧头，设备进入帧失步状态，RST 功能块上报接收信号帧失步告警 OOF。在帧失步时若连续两帧正确定帧则退出 OOF 状态；OOF 持续了 3 ms 以上，设备进入帧丢失状态，RST 上报 LOF 帧丢失告警并使 C 点处出现全 1 信号。

RST 对 B 点输入的信号进行了正确帧定位后，RST 对 STM-N 帧中除 RSOH 第一行字节外的所有字节进行解扰，解扰后提取 RSOH 并进行处理。RST 校验 B1 字节，检测是否有误码块。RST 同时将 E1、F1 字节提取出传给 OHA 开销接入功能块，处理公务联络电话。将 D1~D3 提取传给 SEMF 处理 D1~D3 上的再生段 OAM 命令信息。

2. 发方向信号流从 C 到 B

RST 写 RSOH。计算 B1 字节并对除 RSOH 第一行字节外的所有字节进行扰码。设备在 A 点、B 点、C 点处的信号帧结构如图 9.20 所示。

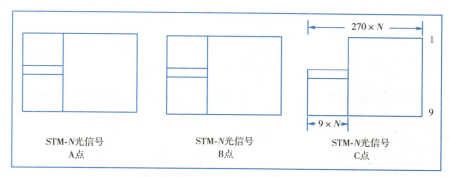

图 9.20　设备在 A 点、B 点、C 点处的信号帧结构

9.4.3　MST：复用段终端功能块

MST 是复用段开销的源和宿，在接收方向处理终结 MSOH，在发方向产生 MSOH。

1. 收方向信号流从 C 到 D

MST 提取 K1、K2 字节中的 APS 自动保护倒换协议送至 SEMF，以便 SEMF 在适当的时候，例如故障时进行复用段倒换。若 C 点收到的 K2 字节的 b6~b8 连续 3 帧为 111，则表示从 C 点输入的信号为全 1 信号，MST 功能块产生 MS-AIS 复用段告警，指示告警信号。MS-AIS 的告警是指在 C 点的信号为全 1 它是由 LOS、LOF 引发的。当 RST 收到 LOS、LOF 时会使 C 点的信号为全 1，那么此时 K2 的 b6~b8 当然是 111 了。另外，本端的 MS-AIS 告警还可能是因为对端发过来的信号本身就是 MS-AIS，即发过来的 STM-N 帧是由有效 RSOH 和其余部分为全 1 信号组成的。若在 C 点的信号中 K2 为 110，则判断为这是对端设备回送回来的对告信号 MS-RDI（复用段远端失效指示），表示对端设备在接收信号时出现 MS-AIS、B2 误码过大等劣化告警。

MST 功能块校验 B2 字节，检测复用段信号的传输误码块，若有误码块检测出则本端设备在性能事件中显示误码块数，并由 M1 字节回告对方接收端收到的误码块数；若检测到 MS-AIS 或 B2 检测的误码块数超越门限，此时 MST 上报一个 B2 误码越限告警，并在点 D 处使信号出现全 1。

另外，MST 将同步状态信息 S1（b5~b8）恢复，将所得的同步质量等级信息传给 SEMF，同时 MST 将 D4~D12 字节提取，传给 SEMF 供其处理复用段 OAM 信息，将 E2 提取出来传给 OHA 供其处理复用段公务联络信息。

2. 发方向信号流从 D 到 C

MST 写入 MSOH。从 OHA 来的 E2，从 SEMF 来的 D4~D12，从 MSP 来的 K1、K2 写入相应 B2 字节、S1 字节、M1 字节等。若 MST 在收方向检测到 MS-AIS 或 MS-EXC，那么在发方向上将 K2 字节 b6~b8 设为 110。D 点处的信号帧结构如图 9.21 所示。

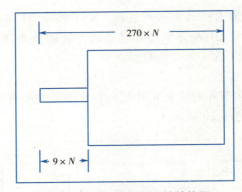

图9.21 D点处的信号帧结构图

说明:再生段和复用段究竟指什么呢?再生段是指在两个设备的 RST 之间的维护区段,包括两个 RST 和它们之间的光缆;复用段是指在两个设备的 MST 之间的维护区段,包括两个 MST 和它们之间的光缆,如图 9.22 所示。

图9.22 再生段与复用段

再生段只处理 STM-N 帧的 RSOH,复用段处理 STM-N 帧的 RSOH 和 MSOH。

9.4.4 MSP:复用段保护功能块

MSP 用以在复用段内保护 STM-N 信号,防止线路故障。它通过对 STM-N 信号的监测、系统状态评价,将故障信道的信号切换到保护信道上去,即复用段倒换。ITU-T 规定保护倒换的时间应控制在 50 ms 以内。复用段倒换的故障条件是 LOS、LOF、MS-AIS 和 MS-EXC(B2)。要进行复用段保护倒换,设备必须要有冗余备用的信道。以两个端对端的 TM 为例进行说明,如图 9.23 所示。

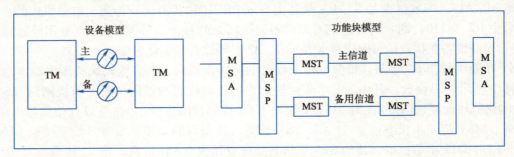

图9.23 TM 的复用段保护

1. 收方向信号流从 D 到 E

若 MSP 收到 MST 传来的 MS-AIS 或 SEMF 发来的倒换命令,将进行信息的主备倒换。正常情况下信号流从 D 透明传到 E。

2. 发方向信号流从 E 到 D

E 点的信号流透明传至 D,E 点处信号波形同 D 点。

常见的倒换方式有 1+1、1:1 和 1:n。以图 9.23 的设备模型为例:

1+1 指发端在主备两个信道上发同样的信息(并发),收端在正常情况下选收主用信道上的业务。因为主备信道上的业务一模一样,均为主用业务,所以在主用信道损坏时通过切换选收备用信道而使主用业务得以恢复。此种倒换方式又称单端倒换,仅收端切换,倒换速度快但信道利用率低。

1:1 方式指在正常时发端在主用信道上发主用业务,在备用信道上发额外业务(低级别业务),收端从主用信道收主用业务,从备用信道收额外业务。当主用信道损坏时为保证主用业务的传输,发端将主用业务发到备用信道上,收端将切换到从备用信道选收主用业务。此时额外业务被终结,主用业务传输得到恢复。这种倒换方式称为双端倒换(收/发两端均进行切换),倒换速率较慢,但信道利用率高。

1:n 是指一条备用信道保护 n 条主用信道,这时信道利用率更高,但一条备用信道只能同时保护一条主用信道,所以系统可靠性降低了。

9.4.5 MSA:复用段适配功能块

MSA 的功能是处理和产生 AU-PTR,以及组合/分解整个 STM-N 帧,即将 AUG 组合/分解为 VC4。

1. 收方向信号流从 E 到 F

首先 MSA 对 AUG 进行消间插,将 AUG 分成 N 个 AU-4 结构,然后处理这 N 个 AU-4 的 AU 指针。若 AU-PTR 的值连续 8 帧为无效指针值或 AU-PTR 连续 8 帧为 NDF 反转,此时 MSA 上相应的 AU-4 产生 AU-LOP 告警,并使信号在 F 点的相应的通道上 VC4 输出为全 1。若 MSA 连续 3 帧检测出 H1、H2、H3 字节全为 1,则认为 E 点输入的为全 1 信号,此时 MSA 使信号在 F 点的相应的 VC4 上输出为全 1,并产生相应 AU-4 的 AU-AIS 告警。

2. 发方向信号流从 F 到 E

F 点的信号经 MSA 定位和加入标准的 AU-PTR 成为 AU-4,N 个 AU-4 经过字节间插复用成 AUG。F 点的信号帧结构如图 9.24 所示。

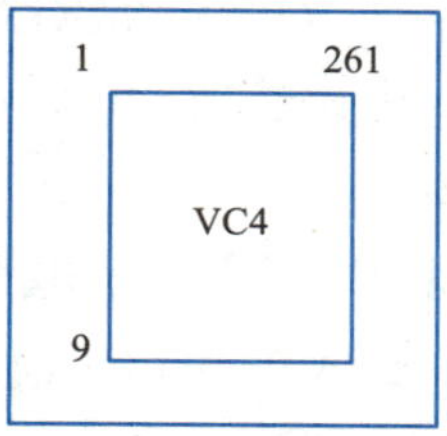

9.4.6 TTF:传送终端功能块

前面讲过多个基本功能经过灵活组合可形成复合功能块以完成一些较复杂的工作。

图 9.24 F 点的信号帧结构

SPI、RST、MST、MSA 一起构成了复合功能块 TTF。它的作用是在收方向对 STM-N 光线路进行光/电变换(SPI)、处理 RSOH(RST)、处理 MSOH(MST)、对复用段信号进行保护(MSP)、对 AUG 消间插并处理指针 AU-PTR,最后输出 N 个 VC4 信号。发方向与此过程相反,进入 TTF 的是 VC4 信号,从 TTF 输出的是 STM-N 的光信号。

9.4.7 HPC:高阶通道连接功能块

HPC 实际上相当于一个交叉矩阵,它完成对高阶通道 VC4 进行交叉连接的功能。除了信号的交叉连接外,信号流在 HPC 中是透明传输的,所以 HPC 的两端都用 F 点表示。HPC 是实现高阶通道 DXC 和 ADM 的关键,其交叉连接功能仅指选择或改变 VC4 的路由,不对信号进行处理。一种 SDH 设备功能的强大与否主要是由其交叉能力决定的,而交叉能力又是由交叉连接功能块即高阶 HPC、低阶 LPC 来决定的。为了保证业务的全交叉图 9.19 中的 HPC 的交叉容量最小应为 $2NVC4 \times 2NVC4$,相当于 $2N$ 条 VC4 入线,$2N$ 条 VC4 出线。

9.4.8 HPT：高阶通道终端功能块

从 HPC 中出来的信号分成了两种路由：一种进 HOI 复合功能块，输出 140 Mbit/s 的 PDH 信号；一种进 HOA 复合功能块，再经 LOI 复合功能块，最终输出 2 Mbit/s 的 PDH 信号。不管走哪一种路由，都要先经过 HPT 功能块。两种路由 HPT 的功能是一样的。

HPT 是高阶通道开销的源和宿，形成和终结高阶虚容器。

1. 收方向信号流从 F 到 G

终结 POH，检验 B3，若有误码块则在本端性能事件中显示检出的误码块数，同时在回送给对端的信号中将 G1 字节的 b1~b4 设置为检测出的误码块数，以便发端在性能事件中显示相应的误码块数。G1 的 b1~b4 值的范围为 0~15，而 B3 只能在一帧中检测出最多 8 个误码块，G1（b1~b4）的值 0~8 表示检测 0~8 个误码块，其余 7 个值 9~15 均被当成无误码块。

HPT 检测 J1 和 C2 字节，若失配则产生 HP-TIM、HP-SLM 告警，使信号在 G 点相应的通道上输出为全 1，同时通过 G1 的 b5 往发端回传一个相应通道的 HP-RDI 告警，若检查到 C2 字节的内容连续 5 帧为 00000000，则判断该 VC4 通道未装载，于是使信号在 G 点相应的通道上输出为全 1，HPT 在相应的 VC4 通道上产生 HP-UNEQ 告警。

H4 字节的内容包含有复帧位置指示信息，HPT 将其传给 HOA 复合功能块的 HPA 功能块。因为 H4 的复帧位置指示信息仅对 2 Mbit/s 的信号有用，对 140 Mbit/s 的信号无用。

2. 发方向信号流从 G 到 F

HPT 写入 POH。计算 B3，由 SEMF 传相应的 J1 和 C2 给 HPT 写入 POH 中。G 点的信号形状实际上是 C4 信号的帧，这个 C4 信号，一种情况是由 140 Mbit/s 适配成的，另一种情况是由 2 Mbit/s 信号经 C12 → VC12 → TU-12 → TUG-2 → TUG3 → C4 这种结构复用而来的。下面分别予以讲述。

先讲述由 140 Mbit/s 的 PDH 信号适配成的 C4，G 点的信号帧结构如图 9.25 所示。

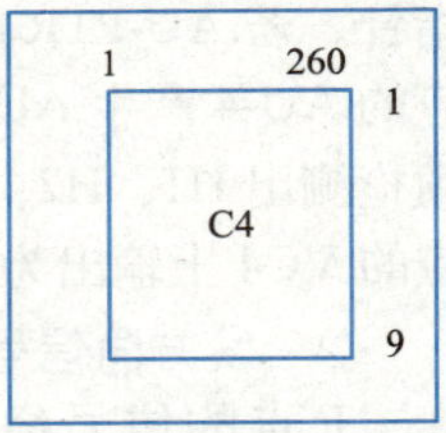

图 9.25 G 点的信号帧结构

9.4.9 LPA：低阶通道适配功能块

LPA 的作用是通过映射和去映射将 PDH 信号适配进 C，或把 C 信号去映射成 PDH 信号。

9.4.10 PPI：PDH 物理接口功能块

PPI 的功能是作为 PDH 设备和携带支路信号的物理传输媒质的接口，主要功能是进行码型变换和支路定时信号的提取。

1. 收方向信号流从 L 到 M

将设备内部码转换成便于支路传输的 PDH 线路码型，如 HDB3（2 Mbit/s、34 Mbit/s）、CMI（140 Mbit/s）。

2. 发方向信号流从 M 到 L

将 PDH 线路码转换成便于设备处理的 NRZ 码，当 PPI 检测到无输入信号时会产生支路信号丢失告警 LOS。

HOI：高阶接口。

此复合功能块由 HPT、LPA、PPI 三个基本功能块组成，完成的功能是将 140 Mbit/s 的 PDH 信号⇔ C4 ⇔ VC4。

9.4.11 HPA：高阶通道适配功能块

下面讲述由 2 Mbit/s 复用进 C4 的情况。

此时 G 点处的信号实际上是由 TUG3 通过字节间插而成的 C4 信号，TUG3 由 TUG2 通过字节间插复合而成的，TUG2 由 TU12 复合而成。TU12 由 VC12+TU-PTR 组成。

HPA 的作用类似 MSA，只不过进行的是通道级的处理/产生 TU-PTR，将 C4 这种信息结构拆/分成 TU12 低速信号。

1. 收方向信号流从 G 到 H

首先将 C4 进行消间插成 63 个 TU-12，处理 TU-PTR，进行 VC12 在 TU-12 中的定位分离，从 H 点流出的信号是 63 个 VC12 信号。

若 HPA 连续 3 帧检测到 V1、V2、V3 全为 1，则判定为相应通道的 TU-AIS 告警，在 H 点使相应 VC12 通道信号输出全为 1。若 HPA 连续 8 帧检测到 TU-PTR 为无效指针或 NDF 反转，则 HPA 产生相应通道的 TU-LOP 告警，并在 H 点使相应 VC12 通道信号输出全为 1。

HPA 根据从 HPT 收到的 H4 字节做复帧指示，将 H4 的值与复帧序列中单帧的预期值相比较，若连续几帧不吻合，则上报 TU-LOM 支路单元复帧丢失告警。若 H4 字节的值为无效值（在 01H 04H 之外）则也会出现 TU-LOM 告警。

2. 发方向信号流从 H 到 G

HPA 先对输入的 VC12 进行标准定位加上 TU-PTR，然后将 63 个 TU-12 通过字节间插复用 TUG2 → TUG3 → C4。

9.4.12 HOA：高阶组装器

高阶组装器的作用是将 2 Mbit/s 和 34 Mbit/s 的 POH 信号通过映射、定位、复用，装入 C4 帧中，或从 C4 中拆分出 2 Mbit/s 和 34 Mbit/s 的信号。H 点的信号帧结构如图 9.26 所示。

9.4.13 LPC：低阶通道连接功能块

与 HPC 类似，LPC 也是一个交叉连接矩阵，不过它是完成对低阶 VC（VC12/VC3）进行交叉连接的功能，可实现低阶 VC 之间灵活的分配和连接。一个设备若要具有全级别交叉能力，就一定要包括 HPC 和 LPC。例如，DXC4/1 就应能完成 VC4 级别的交叉连接和 VC3、VC12 级别的交叉连接，即 DXC4/1 必须要包括 HPC 功能块和 LPC 功能块。信号流在 LPC 功能块处是透明传输的，所以 LPC 两端参考点都为 H。

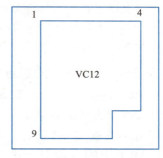

图 9.26　H 点的信号帧结构

9.4.14 LPT：低阶通道终端功能块

LPT 是低阶 POH 的源和宿，对 VC12 而言就是处理和产生 V5、J2、N2、K4 四个 POH 字节。

收方向——信号流从 H 到 J。

LPT 处理 LP-POH。通过 V5 字节的 b1~b2 进行 BIP-2 的检验，若检测出 VC12 的误码块，则在本端性能事件中显示误码块数，同时通过 V5 的 b3 回告对端设备，并在对端设备的性能事件指示中显示相应的误码块数。检测 J2 和 V5 的 b5~b7，若失配，则在本端产生 LP-TIM 低阶通道踪迹字节失配，LP-SLM 低阶通道信号标识失配，此时 LPT 使 I 点处使相应通道的信号输出为全 1，同时通过 V5 的 b8 回送给对端一个低阶通道远端失效指示告警，使对端了解本接收端相应的 VC12

通道信号出现劣化。若连续 5 帧检测到 V5 的 b5~b7 为 000，则判定为相应通道未装载，装本端相应通道出现 LP-UNEQ 低阶通道未载告警。

I 点处的信号实际上已成为 C12 信号帧结构，如图 9.27 所示。

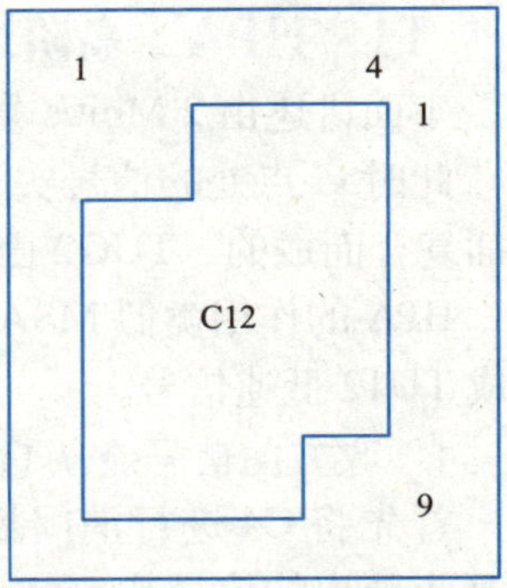

9.4.15 LPA：低阶通道适配功能块

低阶通道适配功能块的作用与前面所讲的一样，就是将 PDH 信号 2 Mbit/s 装入 / 拆出 C12 容器。此时 J 点的信号实际上已是 PDH 的 2 Mbit/s 信号。

9.4.16 PPI：PDH 物理接口功能块

图 9.27　I 点的信号帧结构

PPI 主要完成码型变换的接口功能，以及提取支路定时信号供系统使用的功能。

9.4.17 LOI：低阶接口功能块

低阶接口功能块主要完成将 VC12 信号拆包成 PDH 2 Mbit/s 的信号（收方向），或将 PDH 的 2 Mbit/s 信号打包成 VC12 信号，同时完成设备和线路的接口功能、码型变换、完成映射和解映射功能。

设备组成的基本功能块就是这些。不过通过它们的灵活组合可构成不同的设备。例如，组成 REG、TM、ADM 和 DXC，并完成相应的功能。

设备还有一些辅助功能块，它们同基本功能块一起完成设备所要求的功能。这些辅助功能块是 SEMF、MCF、OHA、SETS、SETPI。

9.4.18 SEMF：同步设备管理功能块

它的作用是收集其他功能块的状态信息进行相应的管理操作，这就包括了本站向各个功能块下发命令，收集各功能块的告警性能事件，通过 DCC 通道向其他网元传送 OAM 信息，向网络管理终端上报设备告警性能数据，以及响应网管终端下发的命令。

DCC（D1~D12）通道的 OAM 内容是由 SEMF 决定的，并通过 MCF 在 RST 和 MST 中写入相应的字节，或通过 MCF 功能块在 RST 和 MST 提取 D1~D12 字节传给 SEMF 处理。

9.4.19 MCF：消息通信功能块

MCF 功能块实际上是 SEMF 和其他功能块和网管终端的一个通信接口。通过 MCF，SEMF 可以和网管进行消息通信（F 接口、Q 接口），以及通过 N 接口和 P 接口分别与 RST 和 MST 上的 DCC 通道交换 OAM 信息，实现网元和网元间的 OAM 信息的互通。

MCF 上的 N 接口传送 D1~D3 字节 DCCR，P 接口传送 D4~D12 字节 DCCM。F 接口和 Q 接口都是与网管终端的接口，通过它们可使网管能对本设备及至整个网络的网元进行统一管理。

F 接口提供与本地网管终端的接口，Q 接口提供与远程网管终端的接口。

9.4.20 SETS：同步设备定时源功能块

数字网都需要一个定时时钟以保证网络的同步，使设备能正常运行。而 SETS 功能块的作用就是提供 SDH 网元乃至 SDH 系统的定时时钟信号。SETS 时钟信号的来源有四个：由 SPI 功能块从线路上的 STM-N 信号中提取的时钟信号；从 SDH 支路信号中提取的时钟信号；由 SETPI 同步设备定时物理接口提取的外部时钟源，如 2 MHz 信号或 2 Mbit/s；当这些时钟信号源都劣化后为保证设备的定时由 SETS 的内置振荡器产生的时钟。

SETS 对这些时钟进行锁相后选择其中一路高质量时钟信号传给设备,同时 SETS 通过 SETPI 功能块向外提供 2 Mbit/s 和 2 MHz 的时钟信号,可供其他设备交换机 SDH 网元等作为外部时钟源使用。

9.4.21 SETPI：同步设备定时物理接口

作用 SETS 与外部时钟源的物理接口,SETS 通过它接收外部时钟信号或提供外部时钟信号。

9.4.22 OHA：开销接入功能块

OHA 的作用是从 RST 和 MST 中提取或写入相应 E1、E2、F1 公务联络字节,进行相应的处理。

综上所述,以下列出 SDH 设备各功能块产生的主要告警维护信号以及有关的开销字节：

(1) SPI：LOS。

(2) RST：LOF（A1、A2）、OOF（A1、A2）、RS-BBE（B1）。

(3) MST：MS-AIS（K2[b6~b8]）、MS-RDI（K2[b6~b8]）、MS-REI（M1）、MS-BBE（B2）MS-EXC（B2）。

(4) MSA：AU-AIS（H1、H2、H3）、AU-LOP（H1、H2）。

(5) HPT：HP-RDI（G1[b5]）、HP-REI（G1[b1~b4]）、HP-TIM（J1）、HP-SLM（C2）、HP-UNEQ（C2）HP-BBE（B3）。

(6) HPA：TU-AIS（V1、V2、V3）、TU-LOP（V1、V2）、TU-LOM（H4）。

(7) LPT：LP-RDI（V5[b8]）、LP-REI（V5[b3]）、LP-TIM（J2）、LP-SLM（V5[b5~b7]）、LP-UNEQ（V5[b5~b7]）、LP-BBE（V5[b1~b2]）。

ITU-T 建议规定了各告警信号的含义。

(1) LOS 信号丢失,输入无光功率、光功率过低、光功率过高等,使 BER 劣于 10^{-3}。

(2) OOF 帧失步,搜索不到 A1、A2 字节时间超过 625 μs。

(3) LOF 帧丢失,OOF 持续 3 ms 以上。

(4) RS-BBE 再生段背景误码块,B1 校验到再生段 STM-N 的误码块。

(5) MS-AIS 复用段告警指示信号,K2[b6~b8]=111 超过 3 帧。

(6) MS-RDI 复用段远端劣化指示,对端检测到 MS-AIS、MS-EXC 由 K2[b6~b8] 回发过来。

(7) MS-REI 复用段远端误码指示,由对端通过 M1 字节回发由 B2 检测出的复用段误码块数。

(8) MS-BBE 复用段背景误码块,由 B2 检测。

(9) MS-EXC 复用段误码过量,由 B2 检测。

(10) AU-AIS 管理单元告警指示信号,整个 AU 为全 1 包括 AU-PTR。

(11) AU-LOP 管理单元指针丢失,连续 8 帧收到无效指针或 NDF。

(12) HP-RDI 高阶通道远端劣化指示,收到 HP-TIM、HP-SLM。

(13) HP-REI 高阶通道远端误码指示,回送给发端由收端 B3 字节检测出的误码块数。

(14) HP-BBE 高阶通道背景误码块,显示本端由 B3 字节检测出的误码块数。

(15) HP-TIM 高阶通道踪迹字节失配,J1 应收和实际所收的不一致。

(16) HP-SLM 高阶通道信号标记失配,C2 应收和实际所收的不一致。

(17) HP-UNEQ 高阶通道未装载,C2=00H 超过了 5 帧。

(18) TU-AIS 支路单元告警指示信号,整个 TU 为全 1 包括 TU 指针。

(19) TU-LOP 支路单元指针丢失,连续 8 帧收到无效指针或 NDF。

(20) TU-LOM 支路单元复帧丢失，H4 连续 2~10 帧不等于复帧次序或无效的 H4 值。

(21) LP-RDI 低阶通道远端劣化指示，接收到 TU-AIS 或 LP-SLM、LP-TIM。

(22) LP-REI 低阶通道远端误码指示，由 V5[b1~b2] 检测。

(23) LP-TIM 低阶通道踪迹字节失配，由 J2 检测。

(24) LP-SLM 低阶通道信号标记字节适配，由 V5[b5~b7] 检测。

(25) LP-UNEQ 低阶通道未装载，V5[b5~b7]=000 超过了 5 帧。

图 9.28 是简明的 TU-AIS 告警产生流程图，TU-AIS 在维护设备时会经常碰到。通过图 9.28 分析就可以方便地定位 TU-AIS 及其他相关告警的故障点和原因。

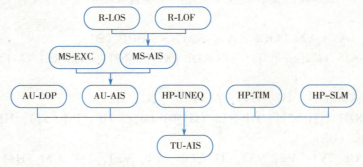

图 9.28　简明的 TU-AIS 告警产生流程图

拓 展 阅 读

网络保护不仅涉及保障信息顺畅传输，还涉及信息本身的安全。信息安全保护的竞争，归根结底是人才竞争。新一轮科技革命和产业升级进程中，信息技术正在从根本上改变人们的生产生活方式，重塑经济社会发展和国家安全的新格局，信息安全人才将在这一转型发展过程中发挥关键作用。面对新时期的挑战和机遇，能否有效推进信息安全人才建设将成为实施网络强国战略至关重要的因素，也是在日益激烈的国际竞争中赢得主动的关键所在。党的十八大以来，国家就网络安全人才发展做出了一系列重要部署，推出了多项有力措施，取得了有目共睹的成就。网络安全学科专业设置、院系建设、学历教育方面取得突破性进展；网络安全在职培训和专业资质测评快速推进；网络安全攻防演练和技能竞赛蓬勃发展；多地规划建设网络安全人才和创新基地，出台人才培养和引进政策；重要行业严格落实网络安全责任制和人员合规要求，加快实施安全人员培训和管理制度；相关部门深入开展宣传教育，全社会信息安全意识得到显著提升。

本 章 小 结

本章首先介绍了网元是 SDH 传输网的重要组成部分，不同类型的网元通过光缆线路连接，实现了 SDH 传输网的传送功能，包括上/下业务、交叉连接业务、网络故障自愈等。本章主要介绍了四种常用网元：分/插复用器 ADM、终端复用器 TM、数字交叉连接设备 DXC、再生中继器 REG 的

第 9 章　SDH 网元组网方式和设备规范

原理和特性，并对这四种常用网元进行了横向对比。接着介绍了 SDH 网络的常用应用形式，最后介绍了 SDH 网元设备规范，分别介绍了 TM 设备典型的模块组成，以及每个模块的工作原理和实现方式。

 思考与练习

1. 网元是什么？
2. 说明分/插复用器 ADM 的原理和特点。
3. 说明终端复用器 TM 的原理和特点。
4. 说明数字交叉连接设备 DXC 的原理和特点。
5. 说明再生中继器 REG 的原理和特点。
6. 说明 SDH 网元有几种应用形式。
7. 说明 SDH TM 设备的典型功能模块。
8. 说明 SPI、MSA、LPA、PPI、MCF、OHA 模块的工作原理。

第 10 章

SDH 网络保护

学习目标

（1）了解网络保护的必要性。
（2）了解网络自愈的基本概念。
（3）了解自愈环的基本原理和特性。
（4）了解链形网络保护的基本原理和特性。

10.1 网络保护的必要性

视频

SDH网络保护

随着科学技术的不断发展，人类将全面进入以信息为重要特征的知识经济时代，科学知识将作为推动现代社会发展的动力源泉。知识的获得，离不开广泛的信息获取，建设信息高速公路为人们获得广泛的信息、掌握知识提供了有利的基础。

现代通信网络就是高速公路的基础设施。通信网络的建设正朝着能开展多种业务功能方向高速发展，规模越来越庞大，结构越来越复杂。与此同时，用户对网络的可靠性、安全性、先进性要求也越来越高。网络管理逐渐发展成为一个独立的专业领域。

网络管理的目标和任务：

（1）可靠性：网络必须保证能够稳定地运营，不能时断时续，要对各种故障以及自然灾害有较强的抵御能力和一定的自愈能力。许多应用场景下，网络的中断会造成很大的经济损失，有时甚至会造成政治上、军事上的重大损失。但是我们也应该明确，绝对可靠的网络是不存在的，由于网络的软硬件故障是不可避免的，同时，自然灾害、人为破坏等更是突发性的、难以预料的。为了获得高度可靠的网络，必须增加大量的投资和维护力量。因此，以营利为目的的网络经营者需要在可靠性和成本之间权衡，以求得较好的经济效益。

（2）有效性：为了准确并及时地传递信息，网络必须是有效的。例如，打电话要求双方相互能够听清对方的谈话内容，能够辨认出对方的声音；利用有线电视网观看电视，要求图像逼真，不要有过大的抖动等。也就是说，网络的有效性应是保证通信业务的高质量，通信业务的质量如果达不到用户要求，必然导致经济效益的巨大损失。

（3）开放性：网络要能够接受多厂商生产的异构设备，这是现代网络高速发展、技术进步快、生产厂商多、设备更新换代周期短等特点所要求的。

（4）综合性：网络业务不能单一化，要向包括话音、数据、图像、视频点播等业务的宽带综合业务网方向过渡。网络的综合性会给网络经营者带来更大的经济效益，同时也给用户带来更大的方便，使人们的通信方式更加多样、自然、快捷。

（5）安全性：随着人们对网络依赖性的增强，对网络安全性的要求越来越高。人们要求网络有较高的通话保密性，数据库的数据不被非法访问和破坏，专网不被侵入。同时，还要防止反动、淫秽等有害信息在网上传播。

（6）经济性：网络的经济性有两个方面，一方面是对网络经营者而言的经济性，即网络的建设、运营、维护等开支要小于业务收入，否则无利可图，网络的经济性就无从谈起；另一方面是对用户而言的经济性，网络业务要有合理的价格，如果价格太高用户承受不起，用户便会拒绝应用这些业务，网络的经济性也无从谈起。

通过网络的自愈功能，可以最大限度地利用好网络资源，发挥网络资源的经济效益，保证安全、有效地向用户提供高质量的服务。

10.2 自愈的基本概念

所谓自愈，是指在网络发生故障（例如光纤断）时，无须人为干预，网络自动地在极短的时间内（ITU-T 规定为 50 ms 以内）使业务自动从故障中恢复传输，使用户几乎感觉不到网络出了故障。其基本原理是网络要具备发现替代传输路由并重新建立通信的能力。替代路由可采用备用设备或利用现有设备中的冗余能力，以满足全部或指定优先级业务的恢复。由上可知，网络具有自愈能力的先决条件是有冗余的路由、网元强大的交叉能力以及网元一定的智能。

自愈仅是通过备用信道将失效的业务恢复，而不涉及具体故障的部件和线路的修复或更换，所以故障点的修复仍需人工干预才能完成。

本章将重点介绍环形网络的保护（自愈环保护）和链形网络的保护。

10.3 自愈环保护

一般将具有自愈功能的 SDH 环形网络称为自愈环，即 Self-healing Ring，自愈环可按保护的业务级别、环上业务的方向、网元节点间光纤数来分类。

（1）按保护的业务级别：将自愈环划分为通道保护环和复用段保护环两大类。

（2）按环上业务的方向：将自愈环分为单向环和双向环两大类。

（3）按网元节点间的光纤数：将自愈环划分为双纤环（一对收/发光纤）和四纤环（两对收发光纤）。

本节将按照保护的业务级别来划分,介绍通道保护环与复用段保护环的主要特性。

10.3.1 通道保护环与复用段保护环

通道保护环的原理是以通道保护为基础的,也就是保护的是 STM-N 信号中的某个 VC(某一路 PDH 信号),是否倒换按环上的某一个别通道信号的传输质量来决定,通常利用收端是否收到简单的 TU-AIS 信号来决定该通道是否应进行倒换。例如,在 STM-16 环上,若收端收到第 4VC4 的第 48 个 TU-12 有 TU-AIS,那么就仅将该通道切换到备用信道上去。

复用段保护环的原理是以复用段为基础的,倒换与否是根据环上传输的复用段信号的质量决定的。倒换是由 K1、K2(b1~b5)字节所携带的 APS 协议来启动的,当复用段出现问题时,环上整个 STM-N 或 1/2 STM-N 的业务信号都切换到备用信道上。复用段保护倒换的条件是 LOF、LOS、MS-AIS、MS-EXC 告警信号。

下面将介绍常见的通道保护环和复用段保护环。

10.3.2 二纤单向通道保护环

视频
通道保护环

二纤通道保护环的组成是两根光纤,其中一个为主环 S1;另一个为备环 P1。两环的业务流向一定要相反,通道保护环的保护功能是通过网元支路板的"并发选收"功能来实现的,也就是支路板将支路上环业务"并发"到主环 S1、备环 P1 上,两环上业务完全一样且流向相反,平时网元支路板"选收"主环下支路的业务,如图 10.1(a)所示。

若环网中网元 A 与 C 互通业务,网元 A 和 C 都将上环的支路业务"并发"到环 S1 和 P1 上,S1 和 P1 上的所传业务相同且流向相反——S1 逆时针,P1 为顺时针。在网络正常时,网元 A 和 C 都选收主环 S1 上的业务。那么 A 与 C 业务互通的方式是 A 到 C 的业务经过网元 D 穿通,由 S1 光纤传到 C(主环业务);由 P1 光纤经过网元 B 穿通传到 C(备环业务)。在网元 C 支路板"选收"主环 S1 上的 A→C 业务,完成网元 A 到网元 C 的业务传输。网元 C 到网元 A 的业务传输与此类似。

当 BC 光缆段的光纤同时被切断,注意此时网元支路板的并发功能没有改变,也就是此时 S1 环和 P1 环上的业务还是一样的,如图 10.1(b)所示。

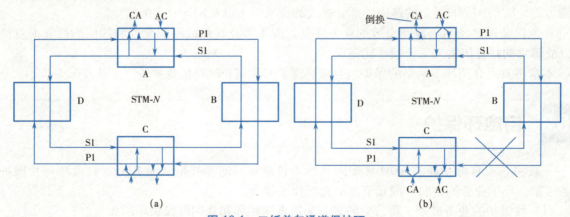

图 10.1 二纤单向通道保护环

我们看看这时网元 A 与网元 C 之间的业务如何被保护。网元 A 到网元 C 的业务由网元 A 的支路板并发到 S1 和 P1 光纤上,其中 S1 业务经光纤由网元 D 穿通传至网元 C,P1 光纤的业务经网元 B 穿通，由于 B-C 间光缆断，所以光纤 P1 上的业务无法传到网元 C，不过由于网元 C 默认选收主环 S1 上的业务，这时网元 A 到网 C 的业务并未中断，网元 C 的支路板不进行保护倒换。

网元 C 的支路板将到网元 A 的业务并发到 S1 环和 P1 环上，其中 P1 环上的 C 到 A 业务经网元 D 穿通传到网元 A，S1 环上的 C 到 A 业务，由于 B-C 间光纤断所以无法传到网元 A，网元 A 默认是选收主环 S1 上的业务，此时由于 S1 环上的 C→A 的业务传不过来，这时网元 A 的支路板就会收到 S1 环上 TU-AIS 告警信号。网元 A 的支路板收到 S1 光纤上的 TU-AIS 告警后，立即切换到选收备环 P1 光纤上的 C 到 A 的业务，于是 C→A 的业务得以恢复，完成环上业务的通道保护，此时网元 A 的支路板处于通道保护倒换状态，切换到选收备环方式。

网元发生通道保护倒换后，支路板同时监测主环 S1 上业务的状态，当连续一段时间（华为的设备是 10 min 左右）未发现 TU-AIS 时，发生切换网元的支路板将选收切回到收主环业务，恢复成正常时的默认状态。

二纤单向通道保护倒换环由于上环业务是并发选收，所以通道业务的保护实际上是 1+1 保护。倒换速度快（华为公司设备倒换速度 ≤ 15 ms），业务流向简捷明了，便于配置维护。其缺点是网络的业务容量不大。二纤单向保护环的业务容量恒定是 STM-N，与环上的节点数和网元间业务分布无关。举个例子，当网元 A 和网元 D 之间有一业务占用 X 时隙，由于业务是单向业务，那么 A→D 的业务占用主环的 A-D 光缆段的 X 时隙（占用备环的 A-B、B-C、C-D 光缆段的 X 时隙）；D-A 的业务占用主环的 D-C、C-B、B-A 的 X 时隙（备环的 D-A 光缆段的 X 时隙）。也就是说，A-D 间占 X 时隙的业务会将环上全部光缆的（主环、备环）X 时隙占用，其他业务将不能再使用该时隙（没有时隙重复利用功能）了。这样，当 A-D 之间的业务为 STM-N 时，其他网元将不能再互通业务了，即环上无法再增加业务了，因为环上整个 STM-N 的时隙资源都已被占用，所以单向通道保护环的最大业务容量是 STM-N。

二纤单向通道保护环多用于环上有一站点是业务主站—业务集中站的情况。

10.3.3 二纤双向通道保护环

二纤双向通道保护环的保护机理也是支路的"并发选收"，业务保护是 1+1 的，网上业务容量与单向通道保护二纤环相同，但结构更复杂，与二纤单向通道环相比无明显优势，故一般不用这种自愈方式。华为 2500 系统二纤双向通道保护环如图 10.2 所示。

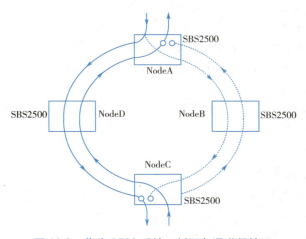

图 10.2 华为 2500 系统二纤双向通道保护环

10.3.4 二纤单向复用段保护环

二纤单向复用段保护倒换环的自愈机理，如图10.3所示。

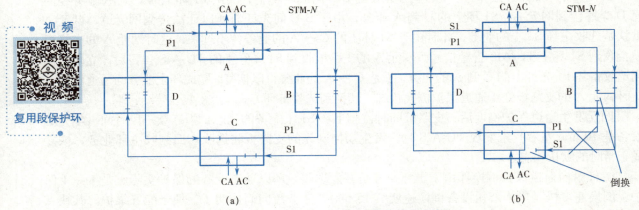

图 10.3 二纤单向复用段倒换环

若环上网元 A 与网元 C 互通业务，构成环的两根光纤 S1、P1 分别称为主纤和备纤，上面传送的业务不是 1+1 的业务而是 1:1 的业务——主环 S1 上传主用业务，备环 P1 上传备用业务；因此复用段保护环上业务的保护方式为 1:1 保护，有别于通道保护环。

在环路正常时，网元 A 往主纤 S1 上发送到网元 C 的主用业务，往备纤 P1 上发送到网元 C 的备用业务，网元 C 从主纤上选收主纤 S1 上来的网元 A 发来的主用业务，从备纤 P1 上收网元 A 发来的备用业务（额外业务），图 10.3 中只画出了收主用业务的情况。网元 C 到网元 A 业务的互通与此类似，如图 10.1（a）所示。

在 C-B 光缆段间的光纤都被切断时，在故障端点的两网元 C、B 产生一个环回功能，如图 10.1（b）所示。网元 A 到网元 C 的主用业务先由网元 A 发到 S1 光纤上，到故障端点站 B 处环回到 P1 光纤上，这时 P1 光纤上的额外业务被清掉，改传网元 A 到网元 C 的主用业务，经 A、D 网元穿通，由 P1 光纤传到网元 C，由于网元 C 只从主纤 S1 上提取主用业务，所以，这时 P1 光纤上的网元 A 到网元 C 的主用业务在 C 点处（故障端点站）环回到 S1 光纤上，网元 C 从 S1 光纤上下载网元 A 到网元 C 的主用业务。网元 C 到网元 A 的主用业务因为 C→D→A 的主用业务路由业中断，所以 C 到 A 的主用业务的传输与正常时无异只不过备用业务此时被清除。

通过这种方式，故障段的业务被恢复，完成业务自愈功能。

二纤单向复用段保护环的最大业务容量的推算方法与二纤单向通道保护环类似，只不过是环上的业务是 1:1 保护的，在正常时备环 P1 上可传额外业务，因此，二纤单向复用段保护环环的最大业务容量在正常时为 $2 \times STM\text{-}N$（包括了额外业务），发生保护倒换时为 $1 \times STM\text{-}N$。

二纤单向复用段保护环由于业务容量与二纤单向通道保护环相差不大，倒换速率比二纤单向通道保护环慢，所以优势不明显，在组网时应用不多。

10.3.5 四纤双向复用段保护环

随着网络的发展，前面三种自愈方式都暴露出了一些缺陷：由于通信网业务的容量与网元节点数无关，随着环上网元的增多，平均每个网元可上/下的最大业务随之减少，网络信道利用率不高。例如，二纤单向通道环为 STM-16 系统时，若环上有 16 个网元节点，平均每个 2 500 节点最大上/下业务只有一个 STM-1，这对资源是很大的浪费。

为改善这个缺陷，出现了四纤双向复用段保护环这种自愈方式，这种自愈方式环上业务量随着网元节点数的增加而增加，如图 10.4 所示。

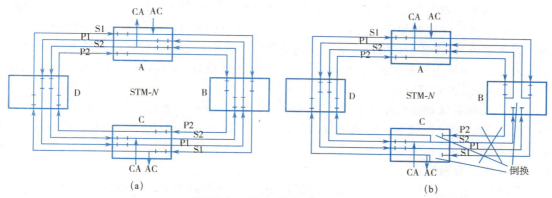

图 10.4　四纤双向复用段倒换环

四纤环由四根光纤组成，这四根光纤分别为 S1、P1、S2、P2。其中，S1、S2 为主纤传送主用业务；P1、P2 为备纤传送备用业务；也就是说，P1、P2 光纤分别用来在主纤故障时保护 S1、S2 上的主用业务。请注意 S1、P1、S2、P2 光纤的业务流向，S1 与 S2 光纤业务流向相反（一致路由，双向环），S1、P1 和 S2、P2 两对光纤上业务流向也相反，从图 10.4（a）可看出 S1 和 P2，S2 和 P1 光纤上业务流向相同（这是以后讲双纤双向复用段环的基础，双纤双向复用段保护环就是因为 S1 和 P2，S2 和 P1 光纤上业务流向相同，才得以将四纤环转化为二纤环）。另外要注意的是，四纤环上每个网元节点的配置要求是双 ADM 系统，因为一个 ADM 只有东/西两个线路端口（一对收发光纤称为一个线路端口），而四纤环上的网元节点是东/西向各有两个线路端口，所以要配置成双 ADM 系统。

在环网正常时，网元 A 到网元 C 的主用业务从 S1 光纤经 B 网元到网元 C，网元 C 到网元 A 的业务经 S2 光纤经网元 B 到网元 A（双向业务）。网元 A 与网元 C 的额外业务分别通过 P1 和 P2 光纤传送。网元 A 和网元 C 通过收主纤上的业务互通两网元之间的主用业务，通过收备纤上的业务互通两网元之间的备用业务，如图 10.4（a）所示。

当 B-C 间光缆段光纤均被切断后，在故障两端的网元 B、C 的光纤 S1 和 P1，S2 和 P2 有一个环回功能，如图 10.4（b）所示（故障端点的网元环回）。这时，网元 A 到网元 C 的主用业务沿 S1 光纤传到 B 网元处，在此 B 网元执行环回功能，将 S1 光纤上的网元 A 到网元 C 的主用业务环到 P1 光纤上传输，P1 光纤上的额外业务被中断，经网元 A、网元 D 穿通（其他网元执行穿通功能）传到网元 C，在网元 C 处 P1 光纤上的业务环回到 S1 光纤上（故障端点的网元执行环回功能），网元 C 通过收主纤 S1 上的业务，接收到网元 A 到网元 C 的主用业务。

网元 C 到网元 A 的业务先由网元 C 将其主用业务环到 P2 光纤上，P2 光纤上的额外业务被中断，然后沿 P2 光纤经过网元 D、网元 A 的穿通传到网元 B，在网元 B 处执行环回功能将 P2 光纤上的网元 C 到网元 A 的主用业务环回到 S2 光纤上，再由 S2 光纤传回到网元 A，由网元 A 下主纤 S2 上的业务。通过这种环回、穿通方式完成了业务的复用段保护，使网络自愈。

四纤双向复用段保护环的业务容量有两种极端方式：一种是环上有一业务集中站，各网元与此站通业务,并无网元间的业务。这时环上的业务量最小为 $2\times$STM-N(主用业务)和 $4\times$STM-N(包括额外业务)。因为该业务集中站东西两侧均最多只可通 STM-N(主)或 $2\times$STM-N(包括额外业务),为什么?由于光缆段的数速级别只有 STM-N。另一种情况其环网上只存在相邻网元的业务,不存在跨网元业务。这时每个光缆段均为相邻互通业务的网元专用,例如,A-D 光缆只传输 A 与 D 之间的双向业务,D-C 光缆段只传输 D 与 C 之间的双向业务等。相邻网元间的业务不占用其他光缆段的时隙资源,这样各个光缆段都最大传送 STM-N(主用)或 $2\times$STM-N(包括备用)的业务(时隙可重复利用),而环上的光缆段的个数等于环上网元的节点数,所以这时网络的业务容量达到最大:$N\times$STM-N 或 $2N\times$STM-N。

尽管复用段环的保护倒换速度要慢于通道环,且倒换时要通过 K1、K2 字节的 APS 协议控制,使设备倒换时涉及的单板较多,容易出现故障,但由于双向复用段环最大的优点是网上业务容量大,业务分布越分散,网元节点数越多,它的容量也越大,信道利用率要大大高于通道环,所以双向复用段环得以普遍的应用。

双向复用段环主要用于业务分布较分散的网络,四纤环由于要求系统有较高的冗余度——4 纤,双 ADM;成本较高,故用得并不多。怎样解决这个问题呢?请看双纤双向复用段保护环。

10.3.6 二纤双向复用段保护环

四纤双向复用段环同样有致命的缺陷:成本偏高。于是出现了一个改进的保护环:二纤双向复用段保护环,它的保护机理与四纤双向复用段环相类似,只不过采用双纤方式,网元节点只用单 ADM 即可,所以得到了广泛的应用。

从图 10.4(a)中可看到光纤 S1 和 P2、S2 和 P1 上的业务流向相同,那么可以使用时分技术将这两对光纤合成为两根光纤——S1/P2、S2/P1。这时将每根光纤的前半个时隙(例如 STM-16 系统为 1#-8#STM-1)传送主用业务,后半个时隙(例如 STM-16 系统的 9#-16#STM-1)传送额外业务,也就是说一根光纤的保护时隙用来保护另一根光纤上的主用业务。例如,S1/P2 光纤上的 P2 时隙用来保护 S2/P1 光纤上的 S2 业务。因为在四纤环上 S2 和 P2 本身就是一对主备用光纤,因此,在二纤双向复用段保护环上无专门的主、备用光纤,每一条光纤的前半个时隙是主用信道,后半个时隙是备信道,两根光纤上业务流向相反。双纤双向复用段保护环的保护机理如图 10.5 所示。

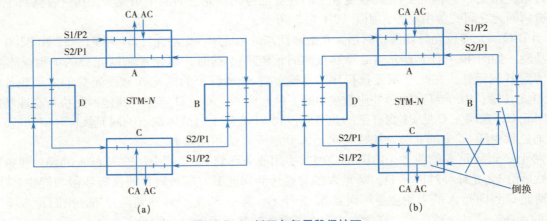

图 10.5 二纤双向复用段保护环

在网络正常情况下,网元 A 到网元 C 的主用业务放在 S1/P2 光纤的 S1 时隙(对于 STM-16 系

第 10 章 SDH 网络保护

统，主用业务只能放在 STM-N 的前 8 个时隙 1#-8#STM-1[VC4] 中），备用业务放于 P2 时隙（对于 STM-16 系统只能放于 9#-16#STM-1[VC4] 中），沿光纤 S1/P2 由网元 B 穿通传到网元 C，网元 C 从 S1/P2 光纤上的 S1、P2 时隙分别提取出主用、额外业务。网元 C 到网元 A 的主用业务放于 S2/P1 光纤的 S2 时隙，额外业务放于 S2/P1 光纤的 P1 时隙，经网元 B 穿通传到网元 A，网元 A 从 S2/P1 光纤上提取相应的业务，如图 10.5（a）所示。

在环网 B-C 间光缆段被切断时，网元 A 到网元 C 的主用业务沿 S1/P2 光纤传到网元 B，在网元 B 处进行环回（故障端点处环回），环回是将 S1/P2 光纤上 S1 时隙的业务全部环到 S2/P1 光纤上的 P1 时隙上去（例如 STM-16 系统是将 S1/P2 光纤上的 1#-8#STM-1[VC4] 全部环到 S2/P1 光纤上的 9#-16#STM-1[VC4]），此时 S2/P1 光纤 P1 时隙上的额外业务被中断。然后，沿 S2/P1 光纤经网元 A、网元 D 穿通传到网元 C，在网元 C 执行环回功能（故障端点站），即将 S2/P1 光纤上的 P1 时隙所载的网元 A 到网元 C 的主用业务环回到 S1/P2 的 S1 时隙，网元 C 提取该时隙的业务，完成接收网元 A 到网元 C 的主用业务，如图 10.5（b）所示。

网元 C 到网元 A 的业务先由网元 C 将网元 C 到网元 A 的主用业务 S2，环回到 S1/P2 光纤的 P2 时隙上，这时 P2 时隙上的额外业务中断。然后沿 S1/P2 光纤经网元 D、网元 A 穿通到达网元 B，在网元 B 处执行环回功能——将 S1/P2 光纤的 P2 时隙业务环到 S2/P1 光纤的 S2 时隙上去，经 S2/P1 光纤传到网元 A 落地。

通过以上方式完成了环网在故障时业务的自愈。

双纤双向复用段保护环的业务容量为四纤双向复用段保护环的 1/2，即 $M/2$(STM-N) 或 $M \times$ STM-N（包括额外业务），其中 M 是节点数。

双纤双向复用段保护环在组网中使用得较多，主要用于 622 和 2500 系统，也是适用于业务分散的网络。

10.4 链状网保护

常见的链状网络如图 10.6 所示。

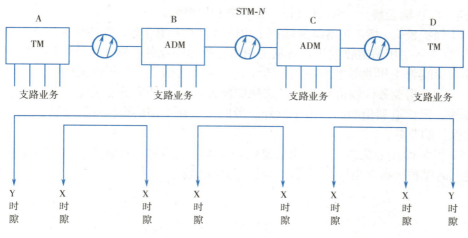

图 10.6 链状网络图

10.4.1 链状网简介

链状网的特点是具有时隙复用功能,即线路 STM-N 信号中某一序号的 VC 可在不同的传输光缆段上重复利用。如图 10.6 中 A-B、B-C、C-D 以及 A-D 之间通有业务,这时可将 A-B 之间的业务占用 A-B 光缆段 X 时隙(序号为 X 的 VC,例如,3VC4 的第 48 个 VC12),将 B-C 的业务占用 B-C 光缆段的 X 时隙(第 3VC4 的第 48VC12),将 C-D 的业务占用 C-D 光缆段的 X 时隙(第 3VC4 的第 48 个 VC12),这种情况就是时隙重复利用。这时 A-D 的业务因为光缆的 X 时隙已被占用,所以只能占用光路上的其他时隙 Y 时隙,例如,第 3VC4 的第 49VC12 或者第 7VC4 的第 48 个 VC12。

链状网的这种时隙重复利用功能,使网络的业务容量较大。网络的业务容量指能在网上传输的业务总量。网络的业务容量和网络拓扑,网络的自愈方式和网元节点间业务分布关系有关。

链状网的最小业务量发生在链网的端站为业务主站的情况下,所谓业务主站是指各网元都与主站互通业务,其余网元间无业务互通。以图 10.6 为例,若 A 为业务主站,那么 B、C、D 之间无业务互通。此时,C、B、D 分别与网元 A 通信。这时由于 A-B 光缆段上的最大容量为 STM-N(因为系统的速率级别为 STM-N),则网络的业务容量为 STM-N。

链状网达到业务容量最大的条件是链网中只存在相邻网元间的业务。如图 10.6 所示,此时网络中只有 A-B、B-C、C-D 的业务不存在 A-D 的业务。这时可时隙重复利用,那么在每一个光缆段上业务都可占用整个 STM-N 的所有时隙,若链网有 M 个网元,此时网上的业务最大容量为 $(M-1) \times$ STM-N,$M-1$ 为光缆段数。

10.4.2 链状网保护

链状网分为二纤链和四纤链,其中二纤链不提供业务的保护功能(不提供自愈功能);四纤链由于两根光纤收/发作主用信道,另外两根收/发作备用信道提供业务,所以可以提供三种网络保护模式。

(1) 1+1 保护模式:指发端在主备两个信道上发同样的信息(并发),收端在正常情况下选收主用信道上的业务,因为主备信道上的业务一模一样(均为主用业务),所以在主用信道损坏时,通过切换选收备用信道而使主用业务得以恢复。此种倒换方式又称单端倒换(仅收端切换),倒换速度快,但信道利用率低。

(2) 1:1 保护模式:指在正常时发端在主用信道上发主用业务,在备用信道上发额外业务(低级别业务),收端从主用信道收主用业务从备用信道收额外业务。当主用信道损坏时,为保证主用业务的传输,发端将主用业务发到备用信道上,收端将切换到从备用信道选收主用业务,此时额外业务被终结,主用业务传输得到恢复。这种倒换方式称为双端倒换(收/发两端均进行切换),倒换速率较慢,但信道利用率高。由于额外业务的传送在主用信道损坏时要被终结,所以额外业务也称不被保护的业务。

(3) 1:n 保护模式:是指一条备用信道保护 n 条主用信道,这时信道利用率更高,但一条备用信道只能同时保护一条主用信道,所以系统可靠性降低了。

第 10 章 SDH 网络保护

本 章 小 结

本章通过介绍网络管理的目标和任务，说明了网络保护的重要性。

网络保护最有效，最经济的方式是自愈，所以本章主要介绍了环状网络和链状网络的自愈保护机制。

本章主要介绍了环状网络的自愈措施（自愈环），包括两种通道保护环（二纤单向通道保护环、二纤双向通道保护环）和三种复用段保护环（二纤单向复用段环、四纤双向复用段保护环、二纤双向复用段保护环）。

本章还介绍了链状网络的自愈措施，包括 1+1 保护模式、1:1 保护模式、1:n 保护模式。

思考与练习

1. 简述网络管理的目标和任务。
2. 简述什么是 SDH 的自愈功能。
3. 说明通道保护环和复用段保护环的特性。
4. 说明二纤单向通道保护环的工作原理。
5. 说明二纤双向通道保护环的工作原理。
6. 说明四纤双向复用段保护环的工作原理。
7. 说明二纤双向复用段保护环的工作原理。
8. 说明链状网保护的三种模式。

第 11 章

SDH 时钟同步原理

学习目标

（1）了解时钟同步的基本原理，主要包括主从同步、时钟类型、工作模式等。
（2）了解 SDH 网络时钟同步原理，主要包括 SDH 的同步特性、同步原则、同步方式等。
（3）了解 S1 字节和 SDH 网络时钟保护倒换原理，主要包括原理说明和实例演示。

11.1 时钟同步基本原理

目前数字网络主要采用两种基本方式进行同步：主从同步和伪同步。

（1）主从同步方式使用一系列分级时钟，每一级时钟都与其上一级同步，在网中最高一级时钟称为基准主时钟或基准参考时钟（PRC）。它是一个高精度和高稳定度的时钟，该时钟经同步分配网（即定时基准分配网）分配给下面的各级时钟。

（2）伪同步是指数字交换网中各数字交换局在时钟上相互独立，毫无关联，而各数字交换局的时钟都具有极高的精度和稳定度，一般用铯原子钟。由于时钟精度高，网内各局的时钟虽不完全相同（频率和相位），但误差很小，接近同步，于是称之为伪同步。

视频
时钟同步基本原理

主从同步方式一般用于一个国家或地区内部的数字网，它的特点是国家或地区只有一个主局时钟，网上其他网元均以此主局时钟为基准来进行本网元的定时。

伪同步方式主要用于国际数字网中，也就是一个国家与另一个国家的数字网之间采取这样的同步方式。例如，中国和美国的国际局均各有一个铯时钟，二者采用伪同步方式。主从同步和伪同步的原理如图 11.1 所示。

第 11 章 SDH 时钟同步原理

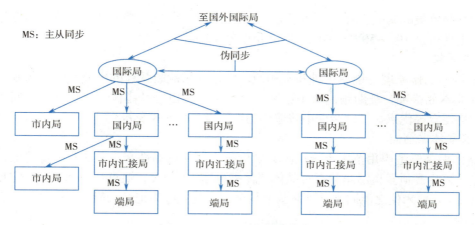

图 11.1 主从同步和伪同步原理

数字网的同步方式除主从同步和伪同步外,还有相互同步、外基准注入、异步同步(即低精度的伪同步)等。

11.1.1 主从同步

主从同步是最常用的同步方式,为了增加主从定时系统的可靠性,可在网内设一个副时钟,采用等级主从控制方式。两个时钟均采用铯时钟,在正常时主时钟起网络定时基准作用,副时钟亦以主时钟的时钟为基准。当主时钟发生故障时,改由副时钟给网络提供定时基准,当主时钟恢复后,再切换回由主时钟提供网络基准定时。

我国采用的同步方式是等级主从同步方式,其中主时钟在北京,副时钟在武汉。在采用主从同步时,上一级网元的定时信号通过一定的路由——同步链路或附在线路信号上从线路传输到下一级网元。该级网元提取此时钟信号,通过本身的锁相振荡器跟踪锁定此时钟,并产生以此时钟为基准的本网元所用的本地时钟信号,同时通过同步链路或通过传输线路(即将时钟信息附在线路信号中传输)向下级网元传输,供其跟踪、锁定。若本站收不到从上一级网元传来的基准时钟,那么本网元通过本身的内置锁相振荡器提供本网元使用的本地时钟并向下一级网元传送时钟信号。

主从同步的工作模式主要由从时钟的工作模式决定,下面详细介绍从时钟的工作模式。

11.1.2 主从同步的优点

主从同步的主要优点是网络稳定性好,组网灵活,适于树状组网和星状组网,对从节点时钟的频率精度要求较低,控制简单,网络的滑动性能也较好。其主要缺点是对基准主时钟和同步分配链路的故障很敏感,一旦基准主时钟发生故障会造成全网问题。因此,基准主时钟应采用多重备份以提高可靠性。同步分配链路也尽可能有备用,即通常所说的时钟链路保护。采用分级的主从同步方式不仅与交换分级网相匹配,也有利于改进全网的可靠性。

11.1.3 时钟类型

1. 铯原子钟

铯原子钟利用铯原子的能量跃迁现象构成的谐振器来稳定石英晶体振荡器的频率。原子时是极高的稳定时标,1967 年第 13 届国际计量大会上对秒的定义是:"铯-133 原子基态的两个超精细能级之间跃迁所对应辐射的 9 192 631 770 个周期所持续的时间。"其长期频偏优于 10^{-11},可以作为全网同步的最高等级的基准主时钟。其不足之处是价格昂贵，可靠性较差，短期稳定度不够理想。长期频率稳定度可达 $10^{-13} \sim 10^{-14}$，即约 300 万年误差 1 s。

2. 铷原子钟

铷原子钟的工作原理与铯原子钟基本相似，都是利用能级跃迁的谐波频率作为基准。铷原子钟，虽然性能不如铯钟，长期频偏低于铯钟一个数量级，但它具有体积小、预热时间短、短期稳定度高、价格便宜等优点，在同步网中普遍作为地区级参考频率标准。

3. 石英晶体振荡器

石英晶体振荡器是应用范围十分广泛的廉价频率源，可靠性高，寿命长，价格低，频率稳定度范围很宽，采用高质量恒温箱的石英晶体老化率可达 10^{-11}/天。缺点是长期频率稳定度不好，采用锁相环（PLL）技术使之能同步于外来基准信号，还具有频率记忆功能，可以作为长途交换局和端局的从时钟。

4. GPS

GPS 全球定位系统是 Navigation Satellite Timing and Range/Global Positioning System 的缩写词 NAVSTAR/GPS 的简称，它的全称含义是导航卫星测时和测距 / 全球定位系统，它是美国国防部在 1973 年开始建设的，是全天候的、基于高频无线电的卫星导航系统，能提供精确的定位（经度、纬度、高度）和速度、时间信息。GPS 由 24 颗卫星组成，卫星高度为 20 100 km，运行周期为 12 h，均分布在 6 个相对于赤道倾角为 55° 的几乎为圆形的等间距轨道上，轨道面之间的夹角为 60°。卫星同时发射两种频率的载波无线电信号，所有这些信号都受到原子频标控制。GPS 使用动态均衡的方法，综合最多 6 颗卫星的信号，所提供的频率精度可达 10^{-12} 数量级（24 h 平均）。卫星传输信号的固有缺点和选择性供给的影响，地面接收站接收到的定时信号短期稳定性是比较差的。同步网中使用的 GPS 接收机提供的定时信号，必须与大楼综合定时源（BITS）内部时钟和 GPS 接收机内部时钟综合，才能得到长期和短期都能满足要求的定时信号。

11.1.4 时钟工作模式

主从同步的数字网中，从站（下级站）的时钟通常有三种工作模式。

1. 正常工作模式——跟踪锁定上级时钟模式

此时从站跟踪锁定的时钟基准是从上一级站传来的，可能是网中的主时钟，也可能是上一级网元内置时钟源下发的时钟，也可是本地区的 GPS 时钟。

与从时钟工作的其他两种模式相比较，此种从时钟的工作模式精度最高。

2. 保持模式

当所有定时基准丢失后，从时钟进入保持模式，此时从站时钟源利用定时基准信号丢失前所存储的最后频率信息作为定时基准而工作。也就是说，从时钟有"记忆"功能，通过"记忆"功能提供与原定时基准较相符的定时信号，以保证从时钟频率在长时间内与基准时钟频只有很小的频率偏差。但是，由于振荡器的固有振荡频率会慢慢地漂移，故此种工作方式提供的较高精度时钟不能持续很久。此种工作模式的时钟精度仅次于正常工作模式的时钟精度。

3. 自由运行模式——自由振荡模式

当从时钟丢失所有外部基准定时，也失去了定时基准记忆或处于保持模式太长，从时钟内部振荡器就会工作于自由振荡方式。

此种模式的时钟精度最低，实属万不得已而为之。

11.2 SDH 网同步原理

SDH 网络对同步的要求比普通数字网络更高，当网络工作在正常模式时，各网元同步于一个基准时钟，网元节点时钟间只存在相位差而不会出现频率差，因此只会出现偶然的指针调整事件（网同步时，指针调整不常发生）。当某网元节点丢失同步基准时钟而进入保持模式或自由振荡模式时，该网元节点本地时钟与网络时钟将会出现频率差，而导致指针连续调整，影响网络业务的正常传输。

视频

SDH网同步原理

11.2.1 SDH 的引入对网同步的影响

SDH 网本身并不一定需要同步才能工作，由于有指针调整可以应付频率差，因而携带信息的净负荷可以在网内很容易地传递。然而，为了 PDH 和所承载的业务网的需要，SDH 仍需要工作在同步环境中。否则，指针调整会使 SDH 解同步器和互连的 PDH（2 Mbit/s）设备性能劣化，导致抖动超标甚至产生严重误块秒损伤。有了同步环境后，指针调整事件将很少发生，对业务不会造成影响。此外，有些业务网设备（蜂窝通信网的基站、信令业务等）需要传送网提供高精度频率或时间基准。因此，实际 SDH 网必须要有同步环境才能发挥作用。另外，由于国内业务和国际业务的需要，全路由各交换节点需要工作在同步环境下，这就是 SDH 尽量追求高精度基准定时的原因。理想情况是全球所有交换节点都是同步的。

SDH 的引入对同步网影响主要表现在以下三方面：

（1）SDH 特有的指针调整会在 SDH/PDH 网络边界产生很大的相位跃变。由于 SDH 指针调整是按字节调整，所以用来传送网络定时基准的 2 Mbit/s 信号通过 SDH 网时，都会遭受 8UI 的指针调整影响，峰峰值相当于 2 ms 的相位变化。嵌入在高次群（如 140 Mbit/s）信号内的 2 Mbit/s 信号通过 SDH 网时，由于承载速率较高，尽管也遭受 8UI（34 Mbit/s 或 8 Mbit/s）甚至 24UI（140 Mbit/s）的指针调整影响，但对应的输出相位变化要小得多，造成的定时损伤也小得多。

（2）SDH 允许不同规格的净负荷实现混合传输，这对传输网应用十分方便，但对网同步规划却带来不利。SDH 网中，网元收到的 2 Mbit/s 一次群信号既可能是单独传来的，也可能是嵌入在高次群信号内一起传来的，显然两者的定时性能有很大不同。但由于 SDH 网中的 DXC 和 ADM 都有分插和重选路由的能力，因而在网中很难区分具有不同经历的 2 Mbit/s 信号，也就难以确定最适于作网络定时的 2 Mbit/s 信号，给网同步规划带来困难。

（3）SDH 自愈环、路由备用和 DXC 的自动配置功能带来了网络应用的灵活性和高生存性，也给网同步定时的选择带来了复杂性。在 SDH 网中，网络定时和路由随时都有可能变化，因而其定时性能也随时可能变化，这就要求网元必须有较高的智能从而决定定时源是否还适用，是否需要搜寻其他更合适的定时源等。结果，选择和管理适于传定时基准的新配置的通道成为一项复杂的任务，需要对每一种网络配置及相关的各种故障影响都进行仔细分析和性能确认，并在全网实施统一的同步选择算法。

11.2.2 SDH 网络的同步原则

SDH 网的主从同步时钟可按精度分为四个类型（级别），分别对应不同的使用范围：作为全网定时基准的主时钟；作为转接局的从时钟；作为端局（本地局）的从时钟；作为 SDH 设备的时钟（即 SDH 设备的内置时钟）。ITU-T 将各级别时钟进行规范（对各级时钟精度进行了规范），时钟质量级别由高到低分列于下：

(1) 基准主时钟——满足 G.811 规范。

(2) 转接局时钟——满足 G.812 规范（中间局转接时钟）。

(3) 端局时钟——满足 G.812 规范（本地局时钟）。

(4) SDH 网络单元时钟——满足 G.813 规范（SDH 网元内置时钟）。

在正常工作模式下，传到相应局的各类时钟的性能主要取决于同步传输链路的性能和定时提取电路的性能。在网元工作于保护模式或自由运行模式时，网元所使用的各类时钟的性能主要取决于产生各类时钟的时钟源的性能（时钟源相应的位于不同的网元节点处），因此高级别的时钟须采用高性能的时钟源。

在数字网中传送时钟基准应注意以下几个问题：

(1) 在同步时钟传送时不应存在环路。

如图 11.2 所示，若 NE2 跟踪 NE1 的时钟，NE3 跟踪 NE2 的时钟，NE1 跟踪 NE3 的时钟，这时同步时钟的传送链路组成了一个环路，若某一网元时钟劣化，就会使整个环路上网元的同步性能连锁性的劣化。

(2) 尽量减少定时传递链路的长度，避免由于链路太长影响传输的时钟信号的质量。

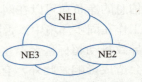

图 11.2 环状网网络图

(3) 从站时钟要从高一级设备或同一级设备获得基准。

(4) 应从分散路由获得主、备用时钟基准，以防止当主用时钟传递链路中断后，导致时钟基准丢失的情况。

(5) 选择可用性高的传输系统来传递时钟基准。

11.2.3 SDH 网元时钟源的种类

(1) 外部时钟源——由 SETPI 功能块提供输入接口。

(2) 线路时钟源——由 SPI 功能块从 STM-N 线路信号中提取。

(3) 支路时钟源——由 PPI 功能块从 PDH 支路信号中提取，不过该时钟一般不用，因为 SDH/PDH 网边界处的指针调整会影响时钟质量。

(4) 设备内置时钟源——由 SETS 功能块提供。

同时，SDH 网元通过 SETPI 功能块向外提供时钟源输出接口。

11.2.4 SDH 网络常见的定时方式

SDH 网络是整个数字网的一部分，它的定时基准应是这个数字网的统一的定时基准。通常，某一地区的 SDH 网络以该地区高级别局的转接时钟为基准定时源，这个基准时钟可能是该局跟踪的网络主时钟、GPS 提供的地区时钟基准（LPR）或本局的内置时钟源提供的时钟（保持模式或自由运行模式）。那么，SDH 网是怎样跟踪这个基准时钟保持网络同步呢？首先，在该 SDH 网中要有一个 SDH 网元时钟主站。这里所谓的时钟主站是指该 SDH 网络中的时钟主站，网上其他网元的时钟以此网元时钟为基准，也就是说，其他网元跟踪该主站网元的时钟。那么这个主站的时钟是何处而来？因为 SDH 网是数字网的一部分，网上同步时钟应为该地区的时钟基准时，该 SDH 网上的主站一般设在本地区时钟级别较高的局，SDH 主站所用的时钟就是该转接局时钟。我们在讲设备逻辑组成时，讲过设备有 SETPI 功能块，该功能块的作用就是提供设备时钟的输入/输出口。主站 SDH 网元的 SETS 功能块通过该时钟输入口提取转接局时钟，以此作为本站和 SDH 网络的定时基准。若局时钟不从 SETPI 功能块提供的时钟输入口输入 SDH 主站网元,那么此 SDH 网元可从本局上/下的 PDH 业务中提取时钟信息(依靠 PPI 功能块的功能)作为本 SDH 网络的定时基准。

此 SDH 网上其他 SDH 网元是如何跟踪这个主站 SDH 网时钟呢?可通过两种方法。一是通过 SETPI 提供的时钟输出口将本网元时钟输出给其他 SDH 网元。因为 SETPI 提供的接口是 PDH 接口,一般不采用这种方式(指针调整事件较多)。最常用的方法是将本 SDH 主站的时钟放于 SDH 网上传输的 STM-N 信号中,其他 SDH 网元通过设备的 SPI 功能块提取 STM-N 信号中的时钟信息,并进行跟踪锁定,这与主从同步方式相一致。下面以几个典型的例子来说明此种时钟跟踪方式。

图 11.3 是一个链网的拓扑,C 站为此 SDH 网的时钟主站,C 网元的外时钟(局时钟)作为本站和此 SDH 网的定时基准。在 C 网元将业务复用进 STM-N 帧时,时钟信息也就自然而然地附在 STM-N 信号上了。这时,D 网元的定时时钟可从线路 w 侧端口的接收信号 STM-N 中提取(通过 SPI),以此作为本网元的本地时钟。同理,网元 B 可从 e 侧端口的接收信号提取 C 网元的时钟信息,以此作为本网元的本地时钟,同时将时钟信息附在 STM-N 信号上往下级网元传输;A 网元通过从西向线路端口的接收信号 STM-N 中提取的时钟信息完成与主站网元 C 的同步。这样就通过一级一级的主从同步方式,实现了此 SDH 网的所有网元的同步。当从站网元 A、B、D 丢失从上级网元来的时钟基准后,进入保持工作模式,经过一段时间后进入自由运行模式,此时网络上网元的时钟性能劣化。

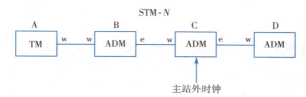

图 11.3 链状网网络图

不管上一级网元处于什么工作模式,下一级网元一般仍处于正常工作模式,跟踪上一级网元附在 STM-N 信号中的时钟。所以,若网元 C 时钟性能劣化,会使整个 SDH 网络时钟性能连锁反应,所有网上网元的同步性能均劣化(对应于整个数字网而言,因为此时本 SDH 网上的从站网元还是处于时钟跟踪状态)。

当链很长时,主站网元的时钟传到从站网元可能要转接多次和传输较长距离,这时为了保证从站接收时钟信号的质量,可在此 SDH 网上设两个主站,在网上提供两个定时基准。每个基准分别由网上一部分网元跟踪,减少了时钟信号传输距离和转移次数。不过要注意的是这两个时钟基准要保持同步及相同的质量等级。

那么环网的时钟是如何跟踪的呢?如图 11.4 所示,环中 NE1 为时钟主站,它以外部时钟源为本站和此 SDH 网的时钟基准,其他网元跟踪这个时钟基准,以此作为本地时钟的基准。在从站时钟的跟踪方式上与链网基本类似,只不过此时从站可以从两个线路端口西向/东向(ADM 有两个线路端口)的接收信号 STM-N 中提取出时钟信息,不过考虑到转接次数和传输距离对时钟信号的影响,从站网元最好从最短的路由和最少的转

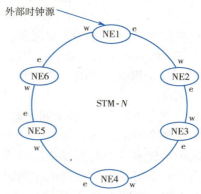

图 11.4 环状网网络图

接次数的端口方向提取。例如，NE2 网元跟踪西向线路端口的时钟，NE5 跟踪东向线路端口的时钟较适合。

图 11.5 中 NE5 为时钟主站，它以外部时钟源（局时钟）作为本网元和 SDH 网上所有其他网元的定时基准。NE5 是环带的一个链，这个链带在网元 NE1 的低速支路上。NE2、NE3 和 NE4 通过东/西向的线路端口跟踪、锁定网元 NE1 的时钟，而网元 NE1 的时钟是跟踪主站 NE5 传来的时钟（放在 STM-M 信号中）。怎样跟踪呢？网元 NE1 通过支路光板的 SPI 模块提取 NE5 通过链传来的 STM-M 信号的时钟信息，并以此同步环上的下级网元（从站）。

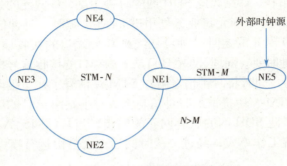

图 11.5　环带链网络图

11.3　S1 字节和 SDH 网络时钟保护倒换原理

11.3.1　S1 字节工作原理

视频

网络时钟保护倒换原理

为什么要使用 S1 字节？在 SDH 网中，网络定时的路由随时都有可能变化，因而其定时性能也随时可能变化，这就要求网络单元必须有较高的智能从而能决定定时源是否还适用，是否需要搜寻其他更合适的定时源等，以保证低级的时钟只能接收更高等级或同一等级时钟的定时，并且要避免形成定时信号的环路，造成同步不稳定。为了实现上述智能应用，在 SDH 的开销字节中引入了 S1 字节，即同步状态标志（SSM）字节。

S1 字节工作原理：

（1）S1 字节——同步状态字节，用来传送同步状态信息，即在定时传递链路上直接反映同步定时信号的质量级别。根据这些信息可以判断所收到同步定时信号的质量等级，以控制本节点时钟的运行状态，比如继续跟踪该信号，或倒换输入基准信号，或转入保持状态等。

（2）用该字节的 5~8 比特通过消息编码以表明该 STM-N 的同步状态，并帮助进行同步网的保护倒换。

在 SDH 网中，各个网元通过一定的时钟同步路径一级一级地跟踪到同一个时钟基准源，从而实现整个网的同步。通常，一个网元获得同步时钟源的路径并非只有一条。也就是说，一个网元同时可能有多个时钟基准源可用。这些中，保持各个网元的时钟尽量同步是极其重要的。为避免由于一条时钟同步路径的中断时钟基准源可能来自同一个主时钟源，也可能来自不同质量的时钟基准源。在同步网，导致整个同步网的失步，有必要考虑同步时钟的自动保护倒换问题。也就是说，

第 11 章 SDH 时钟同步原理

当一个网元所跟踪的某路同步时钟基准源发生丢失的时候,要求它能自动地倒换到另一路时钟基准源上。这一路时钟基准源,可能与网元先前跟踪的时钟基准源是同一个时钟源,也可能是一个质量稍差的时钟源。显然,为了完成以上功能,需要知道各个时钟基准源的质量信息。

ITU-T 定义的 S1 字节正是用来传递时钟源的质量信息的。它利用段开销字节 S1 字节的高 4 位,来表示 16 种同步源质量信息。

表 11.1 是 ITU-T 已定义的同步状态信息编码。利用这一信息,遵循一定的倒换协议,就可实现同步网中同步时钟的自动保护倒换功能。

表 11.1 同步状态信息编码

S1(b5~b8)	S1 字节	SDH 同步质量等级描述
0	0x00	同步质量不可知(现存同步网)
1	0x01	保留
10	0x02	G.811 时钟信号
11	0x03	保留
100	0x04	G.812 转接局时钟信号
101	0x05	保留
110	0x06	保留
111	0x07	保留
1000	0x08	G.812 本地局时钟信号
1001	0x09	保留
1010	0x0A	保留
1011	0x0B	同步设备定时源(SETS)信号
1100	0x0C	保留
1101	0x0D	保留
1110	0x0E	保留
1111	0x0F	不应用作同步

11.3.2 SDH 网络时钟保护倒换原理

在 SDH 光同步传输系统中,时钟的自动保护倒换遵循以下协议:

(1)规定同步时钟源的质量阈值,网元首先从满足质量阈值的基准时钟源中选择一个级别最高的时钟源作为同步源。

(2)若没有满足质量阈值的时钟源,则从当前可用的时钟源中选择一个级别最高的时钟源作为同步源。

(3)若网元的多个时钟源质量等级一样,则选取转接次数少,传输距离短的时钟源作为基准。

(4)当有同样高质量等级的参考信号存在时,可以通过人为设定的优先级(Priority)来进行判断选择。

(5)将同步源的质量信息(即 S1 字节)传递给下游网元(即若 B 跟踪 A 的时钟,则 A 不能跟踪 B)。

11.3.3 工作实例介绍

下面通过举例,来说明同步时钟自动保护倒换原理的实现。

光纤通信技术

如图 11.6 所示的传输网中，BITS 时钟信号通过 NE1 和 NE4 的外时钟接入口接入。这两个外接 BITS 时钟，互为主备，满足 G.812 本地时钟基准源质量要求。正常工作的时候，整个传输网的时钟同步于 NE1 的外接 BITS 时钟基准源。

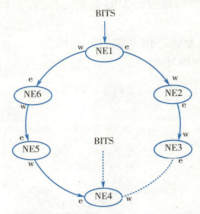

图 11.6　正常状态下的时钟跟踪

设置同步源时钟质量阈值"不劣于 G.812 本地时钟"。各个网元的同步源及时钟源级别配置见表 11.2。

表 11.2　各网元同步源及时钟源级别配置

网　元	同 步 源	时钟源级别
NE1	外部时钟源	外部时钟源、东向时钟源、西向时钟源、内置时钟源
NE2	西向时钟源	西向时钟源、东向时钟源、内置时钟源
NE3	西向时钟源	西向时钟源、东向时钟源、内置时钟源
NE4	东向时钟源	东向时钟源、西向时钟源、外部时钟源、内置时钟源
NE5	东向时钟源	东向时钟源、西向时钟源、内置时钟源
NE6	东向时钟源	东向时钟源、西向时钟源、内置时钟源

另外，对于网元 1 和网元 4，还需设置外接 BITS 时钟 S1 字节所在的时隙（由 BITS 提供者给出）。

正常工作的情况下，当网元 5 和网元 6 间的光纤发生中断时，将发生同步时钟的自动保护倒换。遵循上述的倒换协议，由于网元 4 跟踪的是网元 5 的时钟，因此网元 4 发送给网元 5 的时钟质量信息为"时钟源不可用"，即 S1 字节为 0XFF。所以当网元 5 检测到东向同步时钟源丢失时，网元 5 不能使用西向的时钟源作为本站的同步源，而只能使用本板的内置时钟源作为时钟基准源，并通过 S1 字节将这一信息传递给网元 4，即网元 5 传给网元 4 的 S1 字节为 0X0B，表示"同步设备定时源(SETS)时钟信号"。网元 4 接收到这一信息后，发现所跟踪的同步源质量降低了（原来为"G.812 本地局时钟"，即 S1 字节为 0X08），不满足所设定的同步源质量阈值的要求，则网元 4 需要重新选取符合质量要求的时钟基准源。网元 4 可用的时钟源有四个，东向时钟源、西向时钟源、内置时钟源和外接 BITS 时钟源。显然，此时只有西向时钟源和外接 BITS 时钟源满足质量阈值的要求。由于网元 4 中配置西向时钟源的级别比外接 BITS 时钟源的级别高，所以网元 4 最终选取西向时钟源作为本站的同步源。网元 4 跟踪的同步源由东向倒换到西向后，网元 5 西向的时钟源变为可用。显然，此时网元 5 可用的时钟源中，西向时钟源的质量满足质量阈值的要求，且级别也是最高的，因此网元 5 将选取西向时钟源作为本站的同步源。最终，整个传输网的时钟跟踪情况将如图 11.7 所示。

若正常工作的情况下，网元 1 的外接 BITS 时钟出现了故障，则依据倒换协议，按照上述的分析方法可知，传输网最终的时钟跟踪情况将如图 11.8 所示。

若网元 1 和网元 4 的外接 BITS 时钟都出现了故障，则此时每个网元所有可用的时钟源均不满足基准源的质量阈值。根据倒换协议，各网元将从可用的时钟源中选择级别最高的一个时钟源作为同步源。假设所有 BITS 出故障前，网中的各个网元的时钟同步于网元 4 的时钟。则所有 BITS 出故障后，通过分析不难看出，网中各个网元的时钟仍将同步于网元 4 的时钟，如图 11.9 所示。只不过此时，整个传输网的同步源时钟质量由原来的 G.812 本地时钟降为同步设备的定时源时钟。但整个网仍同步于同一个基准时钟源。

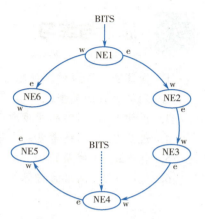

图 11.7　网元 5、6 间光纤损坏下的时钟跟踪

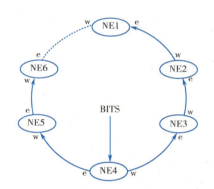

图 11.8　网元 1 外接 BITS 失效下的时钟跟踪

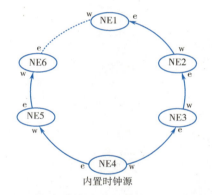

图 11.9　两个外接 BITS 均失效下的时钟跟踪

由此可见，采用了时钟的自动保护倒换后，同步网的可靠性和同步性能都大大提高了。

本 章 小 结

本章介绍了 SDH 网络中非常重要的定时和同步。

首先介绍了时钟同步的基本工作原理，包括时钟同步的主要方式、主从同步原理、主从同步优点、时钟类型、时钟工作原理。

然后介绍了 SDH 网的同步原理，主要包括 SDH 的引入对网同步的影响、SDH 网络的同步原则、SDH 网元时钟的分类、SDH 网络常见的定时方式。

最后介绍了字节和 SDH 网络时钟保护倒换原理，主要包括 S1 字节工作原理、SDH 网络时钟保护倒换原理，并通过实例演示了实现方式。

思考与练习

1. 简述主从同步的工作原理。
2. 列举时钟的类型。
3. 说明 SDH 网络的同步原则。
4. 说明 SDH 网络常见的定时方式。
5. 什么是 S1 字节？
6. 说明 SDH 网络时钟保护倒换的工作原理。

第 12 章 SDH 传输网规划与设备选型

学习目标
（1）掌握 SDH 光传输网的建设原则。
（2）掌握 SDH 光传输网的规划要点。
（3）掌握 SDH 光传输网的常见设备选择原则。

12.1 传输网规划

作为各种业务传送平台的传输网，其规划要考虑到传输设备容量不仅要满足固定电话网局间中继的传输需求，还要考虑到满足高速发展的数据、3G、4G、5G 等业务的传输需求，并为未来网络元素出租以及其他新业务的需求预留容量。传输网的主要业务包括语音业务、数据业务和专线业务。

视频
传输网规划

12.1.1 建设原则

发展信息高速公路已成为每个国家的当务之急，也是电信网络发展的需要。SDH 传输网已成为各国信息高速公路的主干光传输网，其建设原则是"高速、安全、灵活"，并能适应未来宽带综合业务数字网业务发展的需要。SDH 光传输网的建设应以市场为导向，以客户需求为中心，以高效益为目标，并遵循以下基本建设原则。

（1）开放性和标准化原则：在选择 SDH 网元设备时，不仅要考虑所选网元设备的接口类型和参数需遵循国际标准，同时还要考虑兼顾国内实际的应用情况；另外，建设的 SDH 网络应尽量避免使用那些私有的或不成熟的协议，以免在网络的互联互通方面存在问题，影响对业务的支持能力，以及影响全网的统一性、先进性和整体性。

（2）兼顾技术的先进性和成熟性原则：光传输网所采用的技术既要具有前瞻性，又要具有前向兼容性，同时还要考虑技术的成熟度。

(3) 可运营原则：由于用户量庞大，而需求又各自不尽相同，为此，光传输网要有向大量用户提供不同类型服务的能力。因此，网络应提供良好的业务管理能力，支持对宽带用户的接入管理、身份认证以及 QoS 保证，并针对不同的业务提供灵活的计费方式，确保网络的可运营性。

(4) 可管理原则：按照国际标准将光传输网设计成分层的网络结构，并使用具有统一的分级、分权管理的网络管理系统，实现统一的业务调度和管理，降低网络运营成本，同时使光传输网络易于管理。

(5) 可增值原则：针对不同的用户需求提供丰富的宽带增值业务，使网络能够持续赢利；在网络的规划和建设上，在满足客户需求的同时，尽可能降低网络建设成本。

(6) 可扩展原则：光传输网必须具有很强的可扩展性，主要体现在网络容量的扩展、网络技术的扩展、网络应用的扩展和网络用户的扩展。

(7) 安全性原则：光传输网的建设应充分考虑网络的安全性，保证业务数据安全、高效、稳定地传输，安全性主要包括网络安全、操作系统安全、用户安全、应用安全、信息安全等方面。

(8) 高可用性原则：光传输网应具有高可用性，光传输网能在不同的网络层次提供多种级别的保护策略，如设备级保护、网络级保护等，而且上述工作于不同网络层次的保护机制应能够有效地相互协调，共同提高网络的可用性。

12.1.2 规划要点

(1) 遵循"近细远粗"的规划原则：在编制未来几年城域网的规划书时，要将当年的规划细节体现出来，并指导当年工程建设；而对于未来几年的规划主要体现在目标规划上，是建设的方向，无须提供细节，可以随着业务的发展再做调整。

(2) 采用"分期分层式"建设模式：具体各年度的网络建设要有重点、有步骤、分期分批地建设和合理调整，并通过专网合作、合建、自建等多种方式来建设城域传输网，收敛用户，产生效益。光传输网分为核心层、汇聚层和接入层三层，它们之间相对独立，相对稳定，下层网络结构的变化不影响上层结构变化，使网络建设可以分层建设，以节约投资，保持网络结构稳定。

(3) 网络结构：以环状为主，链状为辅，根据业务发展，能成环的尽可能成环，不能成环的以链路接入，不刻意成环。SDH 环网的自愈功能非常有效地防止了因线路设备故障而导致的业务中断，极大地提高了电路的可靠性。因此在传输网建设中，大多数会采用可靠性较高的环状网。而在 SDH 环网的规划中则应充分考虑光纤物理走向，环网中两个节点间的光缆应采用不同的物理路由，这样才能真正发挥自愈环的作用。

(4) 节点设置：为保证同步传输质量，每一个接入节点和交换机之间的较远路径必须小于 20 个节点。环网不宜过长，环中的节点数不宜过多。从节点平均可用容量、定时传递损伤、自动保护倒换的响应时间、自动保护倒换算法限制等方面考虑，环网不宜长于 1 200 km，实际自愈环的节点数还受环中业务流量的限制，环网中节点数一般不宜多于 10 个。从安全性出发，相邻两个环的互通至少需要有两个公共节点，否则其中一个公共节点故障可能会导致两环不能互通。

(5) 设备配置：传输网络核心层和汇聚层平台建设可根据业务需求适度超前，以适应滚动发展的要求和满足网络结构在一定时期内稳定性和安全性的要求；核心层应采用 10 Gbit/s 传输设备；汇聚层采用 622 Mbit/s 设备或 2.5 Gbit/s 设备；接入层采用 155 Mbit/s 设备。各核心节点、汇聚节点和接入节点配置所需的 10 Gbit/s、2.5 Gbit/s 和 155 Mbit/s 设备的配置要根据所接入环链的多少和电路需求，合理配置 10 Gbit/s、2.5 Gbit/s 和 155 Mbit/s 设备的光电路板，使各节点设备根据业务需求的不同而具有设备差异性，以节约投资。

（6）汇聚节点机房选取：建设时的光缆结构、管道情况和机房条件决定着汇聚节点机房如何选取，并在汇聚区内合理选择汇聚节点。

（7）网络管理能力：城域网最大的特点是多样性，不能简单地以一种方式来适应各个地区城域网的发展，应根据城市规模、业务类型、用户分布等选取合理的技术，同时发挥网管系统的强大能力，提高网络的智能性，真正实现城域网内灵活的电路调度和端到端的管理。

12.1.3 本地网规划路线图

本地网也可称为城域传输网，其网络结构按照核心层、汇聚层和接入层的分层建设思路进行，分层的目的是使本地传输具有清晰的网络结构和明确的功能分担，同时隔离不同层的故障，避免不断变化的末端业务和网络对核心网稳定运行的影响。

（1）核心层网络建设：核心层网络中只包含各业务核心节点，负责各汇聚层之间的大颗粒业务调度，其中包含主干节点之间的以及需要主干节点转接的业务。核心层的网络结构应为环网结构，网络中主干节点不宜过多，一般3~6个即可，SDH环网采用复用段共享保护环方式。核心层负责大颗粒业务的调度，要求提供较大的业务交叉和汇聚能力，使网络具有良好的可扩展性。

（2）汇聚层网络建设：汇聚节点起承上启下作用，主要解决接入层小颗粒业务的汇聚，同时连接核心层。汇聚层节点负责将接入层业务转接至核心节点，也是承载大颗粒业务的平台。它和核心层一起构成本地传输网络的骨架部分，是运营商的主体网络。汇聚层的网络结构应为环网结构，每个汇聚环的业务分布模式是多个汇聚节点分别向两个核心节点的双归汇聚方式，以提高网络的安全性，SDH环网采用复用段共享保护环方式。汇聚层由业务转接量较大的传输节点组成，负责一定区域内业务的汇聚和疏导，要求提供较大的业务交叉和汇聚能力，使网络具有良好的可扩展性。

（3）接入层网络建设：接入层包含所有本地欲接入的业务点，包含移动无线网的基站类接入业务、移动网上开展的其他各种数据接入业务等。接入层的网络结构受具体业务点位置影响很大，结构应以环网为主，线状、星状、树状等其他结构为辅。接入层的节点数目多，分布广，业务点增减和业务点电路需求变化频繁。单个节点的业务量相对较小，对网络的可扩展性和适应变化能力要求较高。接入层业务发展随机性大，同时需要的业务种类千差万别，要求针对各种业务灵活配置设备，同时接入层设备要有高度灵活性和适应能力。

12.2 SDH 常见设备简介

已推出的 SDH/SONET 系列产品的世界各大主要生产厂家有中国华为、中国中兴、美国 AT&T、法国阿尔卡特、德国西门子、英国 GPT、瑞典爱立信、日本富士通等。

（1）中国华为（OptiX 系列）。

核心层 SDH 设备分别有 OptiX BWS 1600G/320G、OptiX OSN 9500、OptiX 10G、OptiX Metro 6100；

汇聚层 SDH 设备分别有 OptiX Metro 3000、OptiX Metro 3100、OptiX Metro 6040；

接入层 SDH 设备分别有 OptiX Metro 1000、OptiX Metro 1100、OptiX Metro 500。

（2）中国中兴（ZXMP 系列）。

核心层SDH设备分别有Unitrans ZXMP S390、Unitrans ZXMP S385、Unitrans ZXMP S380；

汇聚层SDH设备分别有Unitrans ZXMP S385、Unitrans ZXMP S380、Unitrans ZXMP S330；

接入层SDH设备分别有Unitrans ZXMP S330、Unitrans ZXMP S325、Unitrans ZXMP S320、Unitrans ZXMP S310、Unitrans ZXMP S200、Unitrans ZXMP S100。

（3）美国AT&T（2000系列）。

DR-2000无线终端（STM-1）：用于无线传输的线路终端系统；

DAC Scan-2000网络控制器：用于电话公司网络控制中心的网管系统，管理SDH子网，兼管PDH设备，具有监控、配置、维护、测试等能力；

DACS V-2000宽带数字交叉连接：用于主干网中选路由或更改路由，进行迂回保护，并作为PDH网与SDH网之间的网关。

（4）法国阿尔卡特。

1664 SL 2.5 Gbit/s同步光纤线路系统：其功能是将PDH 140 Mbit/s（电）及STM-1的155 Mbit/s（光、电）支路信号复接成2.5 Gbit/s信号，用于主干网传输系统；

1641 SM 155 Mbit/s同步上/下复接器：用作终端复接器和上/下复接器，按线性和自愈环组网，主要用于本地网。

（5）德国西门子。

SLA 4（STM-4）、SLA 16（STM-16）线路系统：用于线网节点作长距离传输；

CCM2交叉连接：可作为区域网到干线网的汇接节点，并提供PDH网进入SDH网的网关。

（6）英国GPT（Century 2000/s系列）。

接入网SDH设备分别有SMX-1同步复接器、SMH-1终端复接器、SMA-1上/下复接器、SMT-1汇接复接器（STM-1）；

核心网SDH设备分别有SLS-4同步线路系统、SLX-1/4同步线路复接器、SLR同步线路再生器、SLR 4D/I同步线路上/下复接再生器等，这些产品主要用于核心网的光纤传输，可用于短距或长距离的局间传输。

（7）瑞典爱立信（ETNA体系）。

AXD 155、AXD620、AXD2500：分别用于本地网、主干网的传输系统；

数字交叉连接系统（SDXC、DXC）：其产品为AXD4/4、AXD4/1、AXD1/D，主要功能是提供网络保护、管理；

设备管理系统FMAS：管理SDH子网或SDH网元，并可管理PDH设备，分为国家级、地区级和本地级分层管理电信网。

（8）日本富士通。

SMS-150T终端复接器和SMS-150A上/下复接器：提供终端复接和上/下复接2 Mbit/s、34 Mbit/s支路能力，是STM-1传送设备，在本地网和接入网中点对点汇接及环状网系统应用。

NMS网管系统及LCT本地控制终端是管理网络单元。

12.3 SDH常见设备选择原则

在SDH设备的选择过程中，要根据网络组织、安全及业务需求，并按照以下原则来选取所需

第 12 章 SDH 传输网规划与设备选型

合适的 SDH 设备：

(1) 设备的安全性：对于大容量多交叉连接光传输设备要考虑其可靠性和安全隐患问题，要支持保护倒换，电源、时钟、交叉板要通过 1+1 保护、业务板要通过 $n+1$ 保护；另外，群路侧东、西两方向采用不同的光板，实现安全保护。

(2) 设备的先进性：在设备的选择过程中，不仅要考虑设备的可扩展性、灵活的组网能力和多业务提供能力，在满足目前业务的基础上，还要满足今后数据、大客户等业务的发展需求。

(3) 投资的经济性：根据实际情况，在满足组网的前提下，尽可能地考虑到投资的经济性。

(4) 汇聚层节点要满足大颗粒业务需求：汇聚层节点作为各种业务特别是千兆以太网（GE）大颗粒业务的汇聚和传送点，需要使用含有比较多槽位的传输设备，并且能够配置多块业务板，同时满足各种大颗粒业务的接入。

(5) 在城域传送网的核心节点支持上、下 2 Mbit/s 或 STM-1/4/16/64 的时分多路复用（TDM）业务，在相关数据节点支持上、下 GE、快速以太网（FE）和 155 Mbit/s 等数据业务。

(6) SDH 传输设备要支持以太网业务的透传功能，最佳配置要求具有汇聚功能，将接入层以太网业务集中到汇聚层节点，再连接到配套传输网的中心数据交换机上。

本 章 小 结

本章叙述了传输网的规划原则，包括建设原则、规划要点和本地网规划路线图，并简要介绍了常见的 SDH 设备，以及各种设备的选择原则。

思考与练习

1. 简述传输网的建设原则。
2. 简述传输网的规划要点。
3. 简述本地网规划路线图。
4. 简述 SDH 常见设备选择原则。

第 13 章

PTN 传输网基础

学习目标

（1）掌握 MSTP 关键技术。
（2）掌握 OTN 技术优点与分层结构。
（3）掌握 OTN 的帧结构。
（4）了解 PTN 技术产生背景。

13.1 PTN 技术发展背景

PTN 技术的快速发展主要有以下几个驱动力：

1. 移动网络向 LTE 演进的分组化传送需求

从 3G 网络到长期演进技术（Long Term Evolution，LTE）网络的演进过程是一个功能简化和重新分配的过程。其目标是使传送网向着高数据速率、低时延和优化分组数据应用方向演进。主要从两方面考虑，首先要降低运营成本（Operational Expenses，OPEX）和初期建设成本（Capital Expense，CAPEX），可通过 IP 化、扁平化、简单化手段来进行；其次要提高用户体验，可通过简化网络结构，降低时延来达到目的。

2. 业务 IP 化激发了分组化传送需求

用于移动多媒体通信业务的移动网络 3G、4G 与 5G 的 IP 化已成为重要的发展趋势。这种 IP 化一方面体现在承载网传送的主导业务以 IP 业务类型为主，如图 13.1 所示，可见传统业务向 IP 转型，新型业务全部 IP 化；IP 化的另一方面体现在网络的扁平化和分布化，IP 化有助于优

图 13.1 业务全 IP 化的发展趋势

化运营商移动网络的架构,提升网络容量,节省网络成本,提高运营商的网络竞争力。移动语音业务将持续快速发展,数据业务也在迅猛增长,大颗粒的数据业务使用 IP 承载效率更高,同时大客户专线的数据业务不仅带来高带宽的需求,还带来了高可靠性、高 QoS、低时延、低抖动的要求。因此,城域网技术需要向"以 IP 分组交换为内核"演进。

3. 移动业务对网络提出了分组化传送的需求

高质量的移动业务需要高质量的网络保证,对 OAM、QoS、同步、端到端网络管理提出了较高的要求。具体业务表现为:伴随着 IPTV、VoIP 等实时业务的应用,固定互联网业务出现了很大的增长;随着 4G/5G 的快速发展,智能手机以及移动上网本用户大量提升,对无线带宽提出了很高的要求;大客户专线和 VPN 等企业客户也有更高的需求。这些新业务对高带宽提出了要求,还对高可靠性、高 QoS、低时延、低抖动等方面提出了要求。原有网络是很难满足快速增长的这些业务所提出的这些要求的。以上这三种业务采用三种网络承载,存在重复设备投资、运营成本高等问题。因此,城域网迫切需要一种统一承载方式,满足大规模多业务承载需求,同时满足一些高价值业务如基站、高价值集团客户等和一些普通集团客户、家庭宽带等低价值业务。

传统传送网是基于电路交换的传送网,它以刚性管道为特点,对于 IP 业务的带宽突发性、高峰均值比等特点不能很好地适应;且目前的 IP 网存在可扩展性差,网络可靠性和可用性差等缺点,不能体现服务质量差异,无法满足运营级组网的基本要求。城域网需要合理选择组网技术,适用于大规模数据业务的控制和管理。

面对移动业务的快速发展,移动承载网络需要满足移动宽带化、IP 化、多业务接入、高质量业务保证的需求,并提供性价比最优的解决方案。运营商需要不断地改进其网络以便能够在竞争不断加剧的市场环境中生存下来。为了迎接移动业务所带来的挑战,主要运营商的网络和业务都开始了向分组化的演进。

4. 现有承载网络与技术无法满足业务发展需求

传统承载网络主要包括以下三种方式:

(1) 多业务传送平台(Multi-Service Transport Platform,MSTP)/SDH。基于 SDH 平台的多业务传送平台技术是以电路交换为核心,在一定程度上能够实现对分组业务的承载,体现了光传送网向支持分组传送的演进趋势。但 MSTP 仍然是以 TDM 交换(VC 交叉)作为内核,只适合以分组业务为辅的场合,其封装、映射处理代价较大,带宽共享能力局限于单板,难以满足以分组业务为主的应用需求,在分组业务比重较大时承载效率较低,存在承载 IP 业务效率低、带宽独占、调度灵活度差等缺点。

(2) 交换机。该方式在网络保护、OAM、QoS、网络管理等方面都存在明显的缺陷。随着网络规模的增大,网络保护倒换时间长;缺乏有效和方便的网络管理、操作、维护机制;缺乏有效的服务质量保障机制,多业务承载和同步传送能力差。

(3) 路由器。该方式具备一定的多业务承载能力,一般通过软件轮询方式进行 OAM 监控,缺乏基于硬件的监控方法,管理维护成本高,缺乏同步传输能力,具有少量的设备级、网络级保护措施,在实际应用中显得非常缺乏。该方式对传送网维护人员技能要求高。

13.2 MSTP 技术

PTN 技术基于分组的架构，继承了 MSTP 的理念，本节对 MSTP 做简单介绍。

13.2.1 MSTP 技术概述

MSTP技术概论

多业务传送平台技术是指在 SDH 平台基础上，同时实现 TDM、ATM、以太网等多种业务的接入、处理和传送，提供统一网管的多业务传送平台。在 PTN 技术出现以前，我国各大运营商采用的主要传输承载网技术就是 MSTP 技术。

MSTP 是在充分利用 SDH 技术的保护恢复能力和确保延时性能的基础上，加以改造后适应多业务应用，它支持数据传输，简化电路指标，加快业务提供速度，对网络的扩展性进行了改进，节省了运营维护成本。

MSTP 能够满足语音业务的需求，它保留了固有的 TDM 交叉能力和传统的 SDH/PDH 业务接口；此外，MSTP 能够满足数据业务的汇聚、梳理和整合的需要，它提供 ATM 处理、Ethernet 透传以及 Ethernet 二层交换功能。对于其他非 SDH 业务，MSTP 技术需要将其先映射到 SDH 的虚容器 VC 中，让其变成适合于 SDH 传输的业务颗粒，再与其他 SDH 业务在 VC 级别上进行交叉连接整合后，一起在 SDH 网络上进行传输。

对于 ATM 的业务承载，在映射虚容器 VC 之前，要进行 ATM 信元的处理，提供 ATM 统计复用和虚通道 / 虚电路（Virtual Path/Virtual Circuit，VP/VC）的业务颗粒交换，没有复杂的 ATM 信令交换过程，有利于降低成本。

以太网的业务承载要满足对上层业务的透明性，映射封装过程要实现带宽可配置。在此前提下，在进入 VC 映射之前，可以选择是否进行二层交换。对于二层交换功能，良好的实现方式要能支持如虚拟局域网（Virtual LAN，VLAN）、生成树协议（Span Tree Protocol，STP）、地址学习、流控、组播等辅助功能。

13.2.2 MSTP 关键技术

MSTP关键技术

MSTP 承载以太网业务的关键技术主要有以下三个：

1. 数据封装协议——通用成帧（GFP）

目前可以完成以太网数据业务的封装主要有以下三种链路层适配协议，即点到点协议（PPP）、链路接入 SDH 规程（LAPS）与通用成帧协议（GFP）。其中，PPP 和 LAPS 的缺点是不能区分不同的数据包，从而不能进行有效的流量控制和带宽管理。

GFP 的优点如下：

（1）效率高，适用于点到点、环状、全网状拓扑结构。

（2）没有特定的帧标识符，安全性高。

（3）数据流的等级可在 GFP 帧里做标示，用于拥塞处理。

（4）GFP 可完成以太网数据的统一封装。它提供了一种把不同上层协议里的可变长度负载映射到同步物理传输网络的方法，底层可以是 SDH。业务数据可以是协议数据单元（如以太网数据帧），也可以是数据编码块（如 GE 用户信号）。

GFP 的帧结构包含核心帧头和净负荷两大部分，以太网业务数据装载在其净荷区内。图 13.2 是 GFP 协议的帧封装格式。

第 13 章 PTN 传输网基础

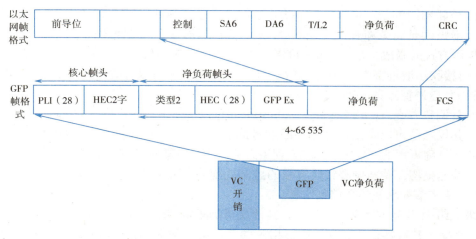

图 13.2 GFP 协议的帧封装格式

PLI（2 B）：指示净负荷的长度。PLI=0~3 时，表示该帧为空闲帧或管理帧，空闲帧在源端进行 GFP 字节流和传输层速率的适配，管理帧用于装载 OAM 信息；当 PLI=4~65 535 时，表征该帧为用户帧，包括用户数据帧和用户管理帧，用户数据信号装载在用户数据帧中，用户信号相关的管理信息装载于用户管理帧中。

HEC（2 B）：表示核心帧头差错校验码，对核心帧头进行 CRC-16 校验。

净负荷包括净负荷帧头、净负荷和净负荷校验序列（FCS）三部分。净负荷头（4 B）用于表征帧类型和帧负荷类型，以及净负荷的扩展校验。净负荷（0~65 535 B）用于承载净负荷信息。FCS（4 B）用于净负荷 CRC-32 校验。

2. 虚级联技术

为了克服 SDH 速率等级太少的缺点，MSTP 采用级联技术把多个小的虚容器级联起来组装成虚容器组。级联技术分为连续级联和虚级联两种，如图 13.3 所示。连续级联是通过把多个相邻 VC 合并，只保留第一个 VC 的 POH 开销字节，因此，该过程实现简单且传输效率高，端到端只有一条路径，业务无时延；连续级联的缺点是要求整个传输网络都支持相邻级联，原有的网络设备可能不支持，业务不能穿通。

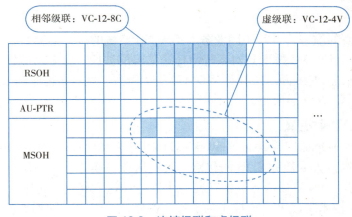

图 13.3 连续级联和虚级联

与连续级联不同的是：虚级联的每个 VC 都有自己的 SOH，它可以为以太网业务传送提供合适的带宽。虚级联是将分布在同一个 STM-N 中不相邻的多个 VC 或不同 STM-N 中的多个 VC 用字节间插复用方式级联成一个虚拟结构的虚容器组 VCG 进行传送，连续的带宽分散在几个独立的 VC 中，到达接收端后再将这些 VC 合并在一起。虚级联技术可以有效提高网络带宽利用率。

3. 链路容量调整方案

链路容量调整方案（Link Capacity Adjustment Scheme，LCAS）是一种实现虚级联带宽动态可调的方法。其优点是可以灵活地在不中断业务的前提下，自动调整和同步虚级联组大小，并将有效净荷自动映射到可用的 VC 内。LCAS 利用虚级联 VC 中某些开销字节传递控制信息，在源端和宿端提供一种无损伤、动态调整线路容量的控制机制。高阶 VC 虚级联利用 H4 字节，低阶 VC 虚级联时利用 K4 字节来承载链路控制信息。

在虚级联组中，当某个成员失效时，其他成员仍正常传输数据。LCAS 机制可自动从 VCG 中将失效 VC 删除，并对其他正常 VC 进行相应调整，保证 VCG 的正常传送，失效 VC 修复后也可以再添加到 VCG 中；此外，LCAS 可调整 VCG 的容量，即根据实际应用中被映射业务流量大小和所需带宽来自动调整 VCG 的容量，LCAS 具有一定的流量控制功能，可自动删除、添加 VC 和自动调整 VCG 容量，这些操作对承载的业务不会造成损伤。LCAS 技术是一种用于提高 VC 虚级联性能的重要技术，它不但可以动态调整带宽容量，而且提供了一种容错机制，大大增强了 VC 虚级联的可用性。

MSTP 最初是为了解决传送网的 IP 业务承载问题而出现的，但是这种改进不彻底，它采用刚性管道承载分组业务，缺点是汇聚比受限，统计复用效率不高。MSTP 作为一种静态配置以太网业务方案，效率和灵活性较差，通过 GFP 技术封装以太网业务数据帧时，以太网承载效率为 80%~90%，且 MSTP 主要支持单一等级业务，不能支持区分 QoS 的多等级业务。

移动互动网时代提出了低成本、高带宽等需求的挑战，在大量数据业务的 4G/5G 时代，如果仍然使用 MSTP 刚性管道来承载业务，势必存在带宽需求量大，但是带宽利用率严重低下的问题，会带来巨大的投资成本压力。MSTP 的多业务仅仅能满足少量数据业务出现时的网络初期的网络需求，当数据业务进一步扩大时，网络容量、QoS 能力等功能都会受到限制。

13.3 OTN 技术

视频

OTN 技术

随着网络的演进，各种不同业务对 DWDM 系统的统一运营、管理和维护提出了越来越高的要求，而 WDM 技术只对系统中传送信号的波段、频率间隔做了规定，对上层的信号帧结构没有统一的标准。这导致 WDM 系统不能方便地对多种体制信号进行统一的运营、管理和维护，OTN 应运而生。

13.3.1 OTN 定义

光传送网（Optical Transport Network，OTN）通常又称 OTH（Optical Transport Hierarchy），综合了 DWDM 的带宽可扩展性和 SDH 的优点，集传送和交换能力于一体。它引入光交叉连接，在光层实现组网功能，为客户层信号提供在光域上进行传送、复用、选路、监控和生成性处理的功能的传送网。OTN 技术是以 WDM 技术为基础，并解决了 WDM 网络无波长/子波长业务调度能力、保护能力弱、组网能力弱等问题。

OTN 在多个方面如帧结构、功能模型、信息模型、开销安排和分层结构等与 SDH 有相似之处，主要区别与改进之处如下：

（1）SDH 的帧频和帧周期都固定为 125 ms，不同速率等级的帧字节数不同。OTN 不同速率等级的帧字节定长，帧频帧周期不同。

（2）OTN 引入了规范化的前向纠错（Forward Error Correction，FEC）编码方法，解决透明信道时光信噪比的恶化问题。

（3）规定了串联连接监控（Tandem Connection Monitor，TCM）功能，一定程度上解决了光通道跨多自治域监控的互操作问题。

（4）OTN 标准化了类似于 SDH 的 VC 通道的光通道 ODUk 等级，业务调度颗粒更大。

13.3.2　OTN 的分层结构

OTN 概念涵盖了光层和电层两层网络。根据 ITU-T 的 G.709 规定，OTN 的整个光层分为光信道层（OCH）、光复用段层（OMS）和光传输段层（OTS）。OCH 又由三个电域子层构成，包括光信道净荷单元（OPU）、光信道数据单元（ODU）和光信道传送单元（OTU），电层完成客户信号从 OPU 到 OTU 的逐级适配、复用，最后转换成光信号调制到光交叉连接上。

OTN 系统的分层结构如图 13.4 所示，客户层主要指 OTN 网络所要承载的包括 SDH、以太网、IP 业务等局方信号。OPU 是承载客户信号的"容器"，用来适配客户信号以便适合在光通道上传输。ODU 层的开销可以支持对传输信号质量端到端的检测，由 OPU 层和 ODU 层相关开销构成。OTU 由 ODU 层和 OTU 层相关开销构成，是传输信息的基本单元结构。OCH 层支持不同格式的用户净荷，提供两个光网络节点间端到端的光信道，该层的光信号是具有特定波长和特殊帧格式的光信号。OMS 以信道的形式管理每一种信号，可以实现波长复用，提供包括波分复用、复用段保护和恢复等服务功能。OTS 是用来确保光信号在不同类型的光媒质（光纤）上进行正确传输。

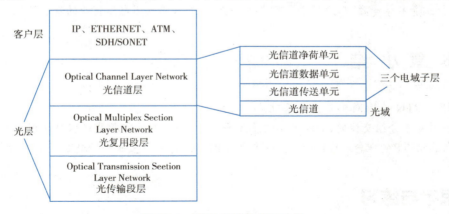

图 13.4　OTN 系统的分层结构

13.3.3　OTN 的帧结构

OTN 的帧结构如图 13.5 所示，其结构为 4 行 ×4 080 列结构，列宽为一个字节，该结构固定不变，但 OTN 帧长不固定。光传送单元（Optical Channel Transport Unit，OTU）作为 OTN 里光通道（OCH）的客户层，不仅提供净荷映射复用，还有完善的管理和威力。OTU1 为 48.971 μs，OTU2 为 12.191 μs，OTU3 为 3.035 μs，因此，帧速率可变。OTN 和 SDH 的速率见表 13.1。

图 13.5 OTN 帧结构

表 13.1 OTN 与 SDH 速率对比

G.709 Interface	Line 速率	SDH 速率	Line 速率
OTU-1	2.666 Gbit/s	OC-48/STM-16	2.488 Gbit/s
OTU-2	10.709 Gbit/s	OC-192/STM-64	9.953 Gbit/s
OTU-3	43.018 Gbit/s	OC-768/STM-256	39.813 Gbit/s

拓 展 阅 读

集中力量办大事作为我国的制度优势,有其独特的内涵和运行机制,资源的集中使用立足于独立自主、自力更生和调动各方面积极性。资源总是有限的,有限资源首先要满足关键领域、行业的发展需要,缺乏资源或资源不足,难以办成事,甚至无法办成事。集中力量办大事,将有限的人力、物力、财力资源用于急需的领域、行业,以确保重大项目的突破。我国 PTN 技术乃至电信行业的发展,就集中了有限的电信人才、行业资本等资源,形成了资源集中的优势,从而使得我国电信行业的发展处在世界领先水平。

本 章 小 结

本章介绍了 PTN 传输网相关技术基础。

PTN 是一种基于分组交换的、面向连接的多业务传送技术。业务需求是 PTN 技术诞生的强大驱动力。PTN 技术继承了 MSTP 的理念和 OTN 的优点,本章对 PTN 传输网的基础——MSTP 和 OTN 技术做了介绍。

思考与练习

1. PTN 技术快速发展的原因有哪些?
2. 传统网络承载方式有哪几种?
3. MSTP 的定义是什么?简述其主要工作原理。
4. MSTP 关键技术有哪些?各有何作用?
5. OTN 技术与 SDH 技术相比,主要有哪些改进?

第 14 章

PTN 传输网工作原理

学习目标

（1）重点掌握 PTN 技术的工作原理。
（2）掌握 MPLS 的标签交换原理。
（3）掌握 MPLS 的标签交换过程。
（4）掌握 PTN 技术的分层结构。
（5）掌握 PTN 技术的基本功能。
（6）了解 PTN 技术的优势。

14.1 PTN 定义

PTN（Packet Transport Network）是指分组传送网。其中，Packet 表示分组内核、多业务处理、层次化 QoS 能力。Transport 表示类 SDH 的保护机制：快速、丰富，从业务接入到网络侧以及设备级的完整保护方案；类 SDH 的丰富 OAM 维护手段；综合的接入能力、完整的时钟同步方案。Network 表示业务端到端，管理端到端。

PTN 针对分组业务流量的突发性和统计复用传送的要求，在 IP 业务和底层光传输媒质之间设计一个层面，该层面是一种基于分组交换的、面向连接的多业务传送技术，承载电信级以太网业务为主，兼顾了 TDM、ATM 和 FC 等传统业务的综合传送技术。PTN 技术基于分组的架构，继承了 MSTP 的理念，融合了 Ethernet 和多协议标签交换（Multi-Protocol Label Switching，MPLS）和光传送网的优点，包括高效的带宽管理机制和流量工程、良好的网络扩展性、丰富的操作维护、快速的保护倒换和时钟传送能力、高可靠性和安全性、整网管理理念和端业务配置与精准的告警管理等，具有更低的总体使用成本（Total Cost of Ownership，TCO），是下一代分组承载的技术。

光纤通信技术

PTN 是基于 MPLS 技术的一种新的网络承载技术，融合了 MPLS 技术的优点，下节先对 MPLS 技术做简单介绍。

14.2 MPLS 技术

视频

MPLS 技术

14.2.1 MPLS 定义

多协议标签交换技术是一种利用标记引导数据在开放的通信网上高速和高效传输的新技术，它是一种介于 OSI 二层与三层（即 2.5 层）的技术，如图 14.1 所示。

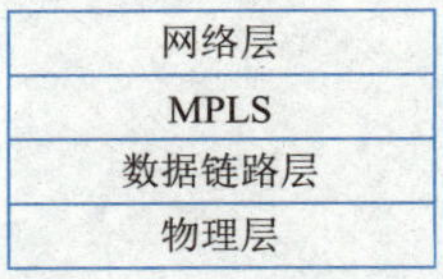

MPLS 的核心思想是把网络层的路由和数据链路层的交换有机结合起来，实现在 MPLS 网络边缘进行三层路由，内部进行二层交换。由边缘交换路由器进行 IP 识别，进行分类，并封装上标记；核心交换机只根据标记进行交换，从而加快交换的速度。

| 网络层 |
| MPLS |
| 数据链路层 |
| 物理层 |

图 14.1 MPLS 所处位置

MPLS 可以支持多种三层协议，如 IP、IPv6、IPX、SNA 等，并给报文打上标签，以标签交换取代 IP 转发。MPLS 的目的是将 IP 与 ATM 的高速交换技术结合起来，实现 IP 分组的快速转发。其主要特点如下：

（1）支持多协议：不仅可支持多种上层网络协议，如 IP、IPX、AppleTalk 等，还可运行于不同底层网络之上，如点对点协议（Point to Point protocol，PPP）、FDDI、ATM、帧中继（Frame Relay，FR）和以太网等。

（2）标签交换：给报文打上固定长度的标签，以标签取代 IP 转发过程。

14.2.2 MPLS 的标签交换原理

MPLS 基本概念示意图如图 14.2 所示。MPLS 网络的基本构成单元是标签交换路由器（LSR）和边缘交换路由器 LER，MPLS 的基本概念和术语如下：

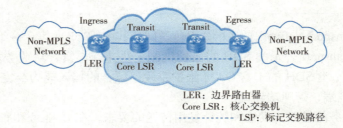

LER：边界路由器
Core LSR：核心交换机
-------- LSP：标记交换路径

图 14.2 MPLS 基本概念示意图

1. 标记或标签

标签（Label）是一个比较短的、定长的、通常只具有本地意义的标识，这些标签封装在数据链路层的二层封装头和三层数据包之间，标签通过绑定过程同转发等价类（FEC）相映射。一个 FEC 可能有多个标记，但一个标记只能对应一个 FEC。标签是用户数据流标识的缩写，是路由器转发分组的一个判别依据，它类似于信件的邮政编码，可以快速有效地处理信息，加速了信息的选路过程。且标签简短、长度是固定的，为了加速分组的转发，可以用硬件实现标记交换。

第 14 章　PTN 传输网工作原理

2. 转发等价类

转发等价类（Forwarding Equivalence Class，FEC）是一组具有某些共性的数据流的集合，这些数据流在转发过程中被标签交换路由器以相同的方式处理。可通过地址、业务类型、QoS 等来标识创建 FEC；通常在一台设备上，对一个 FEC 分配相同的标签。而在传统的采用最长匹配算法的 IP 转发中，到同一条路由的所有报文就是一个转发等价类。

3. 标签交换路径

标签交换路径（Label Switching Path，LSP）是基于 MPLS 协议建立起来的分组转发路径，它是一个从入口到出口的单向路径。如图 14.2 所示，一个 FEC 的数据流，在不同的节点被赋予确定的标签，数据转发按照这些标签进行。数据流所走的路径就是标签交换路径。

4. 标签交换路由器

标签交换路由器（Label Switching Router，LSR）是 MPLS 的网络的基本路由器，它提供标签交换和标签分发功能，负责与其他 LSR 交换路由信息来建立路由表实现 FEC（转发等价类）和 IP 分组头的映射，建立 FEC 和标签之间的绑定分发标签绑定信息，建立和维护标签转发表。LSR 可以看作 ATM 交换机与传统路由器的结合，由控制单元和交换单元组成。

5. 边缘标签交换路由器

边缘标签交换路由器（Label Switching Edge Router，LER）位于 MPLS 的网络边缘。MPLS 域外采用传统的 IP 转发，MPLS 域内按照标签交换，无须查找 IP。当 MPLS 域外 IP 分组流量进入 MPLS 网络时，由 LER 将 IP 分组分为不同的 FEC，并为这些 FEC 分配标签。它提供流量分类和标签映射、标签移除功能。

14.2.3　MPLS 的标签结构

MPLS 的标签结构如图 14.3 所示，它是包含在每个分组中的短而固定的数值，标签长度为 32 bit，标签共包含四个域，其中：

（1）Label——20 bit，为 MPLS 标签值，标签是在 0~1 048 575 之间的一个 20 bit 的整数，是数据转发的指针，它用于识别某个特定的 FEC。

（2）Exp——3 bit，保留用于试验。

（3）S——1 bit，为栈底标识。MPLS 支持多重标签，S 值为 1 时表明为最底层标签，S 值为 0 时表示其余标签。

（4）TTL——8 bit，表示有效生命期或寿命，和 IP 分组中的 TTL（Time To Live）意义相同。

图 14.3　MPLS 的标签结构

14.2.4　MPLS 的标签交换过程

图 14.4 表示了 MPLS 的标签交换过程。在 MPLS 标签交换过程中，FEC 是基于 IP 分组的目的地址来进行划分的。在 IP 分组数据进入 MPLS 域时，特定的 IP 分组映射到特定的 FEC；并建

立一条与特定 FEC 相映射的标记交换路径（LSP），该路径位于进入 MPLS 域输入节点 Ingress 到 MPLS 域输出节点 Egress 之间。FEC 在沿 LSP 的两个相邻的标记交换路由器（LSR），及其连接的链路上，被编码为一个短而定长的标记 L。标记与 IP 分组数据包一起传送，携带标记的 IP 分组数据包，以此标记作为指针，指向下一个新的标记和到达下一跳的一个输出端口，标记分组用新标记替代旧标记成为新标记分组，由指定输出端口传送到下一跳。MPLS 的标记调换转发过程与帧中继 FR 网中按数据链路连接标识（Data Link Connection Identifier，DLCI）转发过程和 ATM 中按虚通道标识 VPI/虚信道标识 VCI 的转发过程，实质上是一致的。只不过 MPLS 中 FEC 是远比 FR 网中链路和 ATM 中信元复杂得多的概念。FEC 是一个抽象概念，它对数据流、链路、端口等各种独立的对象进行了集中提升。MPLS 可以用交换机来进行转发，因为它的转发是按标记发现的，而通常情况下 IP 分组是不能用交换机直接来转发，因为交换机不具备分析处理 IP 分组的组头的能力。

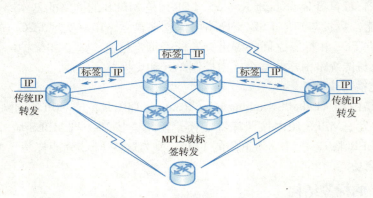

图 14.4　MPLS 的标签交换过程

MPLS 域中，边缘标记交换路由器（LER）具有复杂的处理功能，它与用户靠近并与域外节点互相连接。处于网络内部的是标签交换路由器（LSR），它不与域外节点相连，只执行简单的标记调换转发功能。因此，在 MPLS 域外采用传统的 IP 转发，MPLS 域内按照标签交换，无须查找 IP。

14.3　PTN 技术原理

视频
PTN原理概述

14.3.1　PTN 原理概述

在未来的通信网络中，业务网具有全 IP 化的趋势发展，传统业务向 IP 转型，新型业务天然 IP 化，面向这种业务传送需求的 PTN 网络，目前只有一种协议具有成为 PTN 核心技术的潜力，它在面向连接、可管理性和可扩展性等运营级特性上能满足要求。它就是融合 MPLS 和 SDH 传送网电信级特性的面向连接的包传输技术（T-MPLS/MPLS-TP）。MPLS-TP 的特点见表 14.1。该技术最初由 ITU-T 命名为 T-MPLS，后由 IETF/ITU-T JWT 工作组负责标准制定，将其命名为 MPLS-Transport Profile（MPLS-TP）。MPLS-TP 作为 MPLS 的一个子集，将数据通信技术与电信网络做了有效结合，增加了 SDH Like OAM 和保护，去除了 MPLS 的无连接特性。可用 MPLS-TP=MPLS-IP+OAM+PS（保护倒换）来表示 MPLS。

第 14 章 PTN 传输网工作原理

表 14.1　MPLS-TP 的特点

方　面	特　点
内核	以分组交换为内核
承载业务	天然支持分组业务承载，采用内嵌电路仿真方式承载电路业务
QoS	支持 QoS 区分和统计复用
OAM 和网管	支持电信级 OAM 和网管能力，以及图形化界面
安全性	采用面向连接技术保证业务的安全性
可靠性	支持线性保护
同步	支持精确频率同步和基于 1588v2 的时间同步能力
标准化	在环网保护、同步、OAM、与路由器互通等方面的标准尚不成熟

　　MPLS-TP 是面向连接的分组传送技术，是基于 MPLS 标签的管道技术，利用一组 MPLS 标签标识一个端到端转发路径（LSP）。T-MPLS/MPLS-TP 的 LSP 分为内外两层，内层标识业务类型，为 T-MPLS/MPLS-TP 伪线（PW）层；外层标识业务转发路径，为 T-MPLS/MPLS-TP 隧道（Tunnel）层。客户信号可以采用直接映射和间接映射两种方式，可直接映射到 T-MPLS/MPLS-TP 的 LSP（如 IP 客户信号），也可以通过伪线仿真方式封装（非 IP 客户信号）实现间接映射。图 14.5 为 T-MPLS/MPLS-TP 的帧格式和标签域。

数据帧结构

DA	SA	0×8847	TMP 标签域	TMC 标签域	数据净荷	CRC
6 字节	6 字节	2 字节	4 字节	4 字节		4 字节

TMP 标签域

TMP label	EXP	S 比特=0	TTL
20 比特	3 比特	1 比特	8 比特

TMC 标签域

TMC label	EXP	S 比特=1	TTL
20 比特	3 比特	1 比特	8 比特

图 14.5　T-MPLS/MPLS-TP 的帧格式和标签域

T-MPLS/MPLS-TP 标签域中各个字段的定义描述见表 14.2。

表 14.2　T-MPLS/MPLS-TP 标签域中各个字段的定义

项　目	含　义	描述与作用
PA	前同步码	7 B，1 和 0 交替，使接收节点进行同步并做好接收数据帧的准备
SFD	帧起始标志符	1 B 0xAB，标识以太网帧的开始
FCS	帧校验序列	4 B，采用 CRC-32 对从 "DA" 字段到 "数据" 字段的数据进行校验
DA	目的地址	6 B，目标站点的物理地址
SA	源地址	6 B，源站点的物理地址
PAD	填充位	当数据段的数据不足 64 B 时用以填充数据段
Type	以太网帧类型	2 B，被各公司分配用于建立系统以及用于遵循国际标准的软件
Label	标签值字段	20 bit，用于转发的指针，从 16 开始进行分配
EXP	实验字段	3 bit，保留用于实验，现在通常用作 CoS
S	栈底标识	1 bit，栈底标识，MPLS 支持的标签分层结构，即多重标签，S 值为 1 时表示为最底层标签
TTL	生存周期	8 bit，和 IP 分组中的 TTL 意义相同

T-MPLS/MPLS-TP 具有业务的可扩展性和多业务承载能力，TMC 标签域和 TMP 标签域的统计复用能力使 T-MPLS/MPLS-TP 传送管道成为"柔性"管道，为 IP 化业务提供更高的资源利用率。TMC 作为一个内层标签，实现对业务的划分，作用类似于 SDH 的"低阶电路"；TMP 作为一个外层标签，作用类似 SDH 的"高阶电路"。T-MPLS/MPLS-TP 标签是局部标签，可以在各节点重复使用。因此，T-MPLS/MPLS-TP 具有强大的传送能力。

PTN 网络承载技术既继承了 MSTP 网络在多业务、高质量、高可靠、可管理和时钟等方面的优势，又具备了以太网的在低成本和统计复用等方面的优点。PTN 技术的主要优点有：

（1）继承 MPLS 的转发机制和多业务承载能力（PWE3）。PTN 统一采用 PWE3 封装技术来承载仿真类业务。主要支持 TDM 业务仿真和传送、以太网二层业务的仿真和传送以及 ATM 业务的仿真和传送。PWE3 利用分组交换网上的隧道机制模拟业务的必要属性，该隧道被称为伪线（PW），主要用于在分组网络上构建点到点的以太网虚电路。

（2）支持分组交换、QoS 和统计复用能力（IP 化）。QoS 是指网络的一种能力，即在跨越多种底层网络技术。

（3）采用面向连接技术，提高业务端到端性能保证。

（4）继承传送网的 OAM，具有点对点连接的完美 OAM 体系，保证网络具备保护切换、错误检测和通道监控能力。

（5）具备丰富的保护方式，遇到网络故障时能够实现基于 50 ms 的电信级业务保护倒换，实现传输级别的业务保护和恢复。

（6）去除了 IP 的复杂的路由协议和面向非连接的特性，更适应城域网环网结构和汇聚型业务需求。

（7）去除了 SDH 的 TDM 交换和同步。

14.3.2　PTN 分层结构

PTN工作原理

按照下一代网络的观点，网络体系结构由传送层、业务层和控制层三层组成。业务层与传送层的分离，从传送的角度出发，可实现各网络层的各司其职，使网络更高效地运行，作为服务层的传送网，要更好地传送分组业务。

传送网的通用分层架构一般分为三层，包括通道层、通路层和传输媒质层。

（1）通道层又定义为业务信道或电路层，它为客户提供端到端的传输网络管道业务，在此通道内的不同业务流线路。

（2）通路层使传送网实现更经济有效的传送、交换、OAM、保护和恢复。它能够提供公共网络隧道，将一个或多个客户业务汇聚到一个更大的隧道中。

（3）传输媒质层包括段层和物理媒质层，其中段层网络主要保证各通路层在两个节点之间信息传递的完整性，物理媒质层是指具体的支持段层网络的传输媒质。

PTN 的网络分层结构如图 14.6 所示，也包括信道层、通路层和传输媒质层。其通过 GFP 架构在 OTN、SDH 和 PDH 等物理媒质上。

分组传送网络包括三个 PTN 层网络，它们分别是分组传送信道层[又称虚通道（VC）层]网络、分组传送通路层[又称虚通路（VP）层]网络、分组传送段层[又称 PTN 虚段（VS）层]网络。PTN 的底层是物理媒介层网络，可采用 IEEE 802.3 以太网技术或 SDH、光传送网（OTN）等面向连接的电路交换（CO-CS）技术。对于 MPLS-TP 技术，PTN 的 VC 层即伪线（PW）层，VP 层即标记交换路径层。

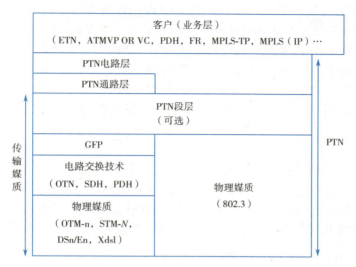

图 14.6　PTN 的分层结构

（1）分组传送信道层：封装客户信号进虚信道，让客户信号进虚信道（VC），并传送 VC，为客户提供点到点、点到多点的分组传送网络业务，并实现端到端的 OAM、端到端性能监控和端到端的保护。在 T-MPLS 协议中该层被称为 TMC 层。

（2）分组传送通路层：该层是通过配置点到点、点到多点的虚通路来支持通道层的。封装和复用虚电路进虚通路，并传送和交换虚通路（VP），提供多个虚电路业务的汇聚和可扩展性（分域、保护、恢复、OAM）。通路层主要采用隧道（Tunnel）来承载通道层伪线，进行封装适配收映射到段层承载。在 T-MPLS 协议中该层被称为 TMP 层。

（3）分组传送网络传输媒介层：包括分组传送段层和物理媒质。段层提供点到点链接来支持通路层和通道层，完成对固定传送网通路的承载和支撑。段层提供了虚拟段信号的 OAM 功能。物理媒质层对比特流进行传送，并负责对网络故障进行监测和点位，与其他系统的媒介定义一致，可是光媒介或电媒介。在 T-MPLS 协议中该层被称为 TMS 层。

14.3.3　PTN 的基本功能

PTN 设备的基本功能可由三个功能平面来表示，包括传送平面、管理平面和控制平面。

1. 传送平面

PTN 传送平面主要实现各种业务的传送处理功能，包括封装、转发、流控、交换等，并实现保护和 OAM 开销处理，确保所传送信号的可靠性。传送平面采用分层结构，其数据转发是基于标签进行的，由标签组成端到端的转发路径。

客户信号通过分组传送标签进行封装，加上分组传送信道（Packet Transfer Channel，PTC）标签，形成 PTC，多个 PTC 复用成分组传送通道（Packet Transfer Path，PTP），通过 GFP 封装到 SDH 或 OTN，或者封装到以太网物理层进行传送。网络中间节点交换 PTC 获 PTP 标签，建立标签转发路径，客户信号在标签转发路径中进行传送。

2. 管理平面

PTN 管理平面主要完成设备拓扑管理、配置管理、计费管理、告警性能管理和安全管理。PTN 业务配置和性能告警管理采用图形化网管，端到端业务配置和性能告警管理采取同 SDH 网管相似的方法，因此，原 SDH 设备维护人员可继续沿用。路由器与交换机的业务配置和性能告警管理采用命令行界面，因此，对路由器维护人员技能要求很高，一般需要思科网络专家认证 CCIE。同样的节点数和业务数量，路由器网络需要更多的维护人员。

PTN 管理平面执行传送平面、控制平面以及整个系统的管理功能，同时提供这些平面之间的协同操作。

3. 控制平面

PTN 控制平面通过路由协议和信令实现业务的建立和保护恢复。可通过接口获得控制平面元件之间的互操作性以及元件之间通信需要的信息流。PTN 控制平面的主要功能包括通过信令支持建立、拆除和维护端到端连接的能力，通过选路为连接选择合适的路由；网络发生故障时，执行保护和恢复功能；自动发现邻接关系和链路信息，发布链路状态信息以支持连接建立、拆除和恢复。

14.3.4 PTN 与 SHD/MSTP 的比较

PTN 与 MSTP 网络架构的对比见表 14.3，可以看出两者没有本质差别，核心的差别在交换方式和交换颗粒上，SDH 设备和 MSTP 设备都是采用 TDM 交换（VC 交叉），而 PTN 设备是采用分组交换方式。SDH、MSTP 与 PTN 在业务应用上有明确的定位（效率和成本）：SDH 设备只能承载 TDM 业务，而无法承载分组业务；MSTP 定位以 TDM 业务为主，而 PTN 在分组业务占主导时才体现其优势。图 14.7 对 SDH/MSTP 和 PTN 技术的交换方式进行了比较。

表 14.3 PTN 与 MSTP 网络架构对比

项目	PTN 组网	MSTP 组网
统计复用	弹性管道，有统计复用，带宽规划可按收敛比、提高带宽利用率	刚性管道，无统计复用
速率	核心层、汇聚层 10GE，接入层 GE 组网	核心层 10G，汇聚层 10G/2.5G，接入层 622/155M 组网
组网	环状、链状、MESH	
保护	1+1/1:1 LSP 线路保护	复用段保护、通道保护、SNCP 保护
保护性能	50 ms 电信级保护	
控制平面	可升级支持	

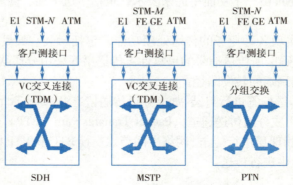

图 14.7 SDH/MSTP 和 PTN 设备的交换方式比较

第 14 章　PTN 传输网工作原理

表 14.4 对 SDH 设备、MSTP 设备与 PTN 设备在内核、承载业务类型和技术特点与现状作了比较。

表 14.4　SDH 设备、MSTP 设备与 PTN 设备对比

设　备	内　核	承载业务类型	技术特点和现状
SDH 设备	TDM 交换（VC 交叉）	TDM 业务	无法承载分组业务
MSTP 设备	TDM 交换（VC 交叉）	TDM 业务和分组业务	在分组业务比重较大时承载效率较低
PTN 设备	分组交换	TDM 业务和分组业务	在分组业务比重较大时承载效率较高

引入 MPLS 和分组化的 PTN 与 MSTP 系统对比优势主要体现在以下几点。

（1）采用分组为核心的交换方式，支持建立动态的路由和标签交换路径，使得传送网业务调度非常灵活，既能保障语音业务的承载，又满足了数据业务的承载需求。

（2）实现以太网多业务等级。PTN 系统除支持传统的尽力而为业务外，还支持保障/规整业务。保障带宽的业务具有严格的延时和抖动保障机制，其业务速率恒定，无论在用户接口上或者在经过某个节点时，都会被优先处理，且可以做到几乎没有抖动，延迟也很小。

（3）实现以太网业务公平性接入。传统以太网在网络发生阻塞时，不能保证业务公平接入，PTN 系统克服了该难题。它在保证业务质量的基础上，根据用户的最初约定来公平地提供带宽接入，实现端到端的流量控制。

（4）实现细微的带宽颗粒配置。PTN 系统除支持传统基本业务颗粒包括 VC12/VC3/VC4 外，还能提供更灵活的带宽颗粒，实现 100 kbit/s 的带宽颗粒，运营商可以为用户提供更小颗粒带宽的业务租用。

（5）提供分组环网保护。PTN 系统提供分组环保护，在不需要 SDH 层面保护的情况下，PTN 可以实现以太网分组环小于 50 ms 的业务保护，提高带宽利用率。

本 章 小 结

本章介绍了 PTN 传输网的工作原理。

PTN 分组传送网是基于 MPLS 技术的一种新的网络承载技术，融合了 MPLS 技术的优点。本章首先介绍了 MPLS 的标签交换原理和标签交换过程，在此基础上，对 PTN 技术的工作原理、分层结构、基本功能以及优点做了详细介绍，并对 PTN 与 SHD/MSTP 技术做了比较分析。

思考与练习

1. MPLS 的定义是什么？简述其主要工作原理？
2. 画图说明 MPLS 的帧结构。
3. PTN 的定义是什么？
4. PTN 的体系结构分为哪几层？各有何作用？
5. PTN 技术的基本功能有哪些？各有何作用？
6. PTN 的主要优点有哪些？

第 15 章

PTN 传输网关键技术

学习目标

（1）掌握 PWE3 技术原理。
（2）掌握 PTN 的 OAM 技术。
（3）掌握 PTN 的 QoS 技术。
（4）掌握 PTN 的同步技术。
（5）了解 PTN 的保护方式。
（6）了解 PTN 的组网技术。

15.1 伪线仿真技术

视频

PWE3技术

伪线仿真技术 PWE3（Pseudo-Wire Emulation Edge to Edge）是一种点到点的二层业务承载技术，通过分组交换网为各种业务进行网络传递。通过 PWE3 可将传统网络与分组交换网络互连起来，实现资源的共享与网络的拓展。

15.1.1 PWE3 工作原理

PTN 统一采用 PWE3 承载仿真类业务。PWE3 在分组交换网络上尽可能真实地模拟各种点到点业务，主要支持三种类型业务：TDM 业务仿真和传送、以太网二层业务的仿真和传送、ATM 业务的仿真与传送。PWE3 利用分组交换网上的隧道机制模拟一种业务的必要属性，该隧道即被称为伪线（PW），主要在分组网络上构建点到点的以太网虚电路。

图 15.1 为 PWE3 的工作原理图。在该图中，PE 为边缘节点，在该节点采用 PWE3 技术对客户业务进行适配，适配后进行 TMP 标签封装，再复用到输出端口的断层上进行转发。P 为路径上的转发节点，该节点根据 TMP 标签进行包交换，将数据包沿 LSP 路径逐条转发直到输出目的地节点 PE。在目的节点弹出标签，并通过 PWE3 技术适配还原出客户业务。

第 15 章 PTN 传输网关键技术

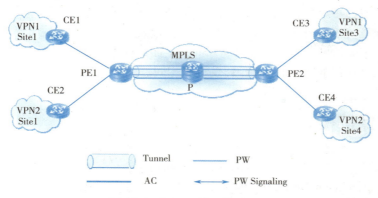

图 15.1 PWE3 的工作原理图

图中用户设备（Custom Edge，CE）是发起和终结业务的设备。CE 不能区分正在使用的是仿真业务还是本地业务。运营商边界路由器（Provider Edge Router，PER）是向 CE 提供 PWE3 的设备，一般是指主干网上的边缘路由器，主要负责 VPN 业务的接入，它与 CE 相连，负责完成报文从私网到公网隧道、从公网隧道到私网的映射与转发。接入链路 AC 是 CE 到 PE 之间的连接链路或虚链路。AC 上的所有用户报文都要原封不动地转发到对端去，包括用户的二三层协议报文。伪线或虚链路是在 VC 上加隧道，隧道可以是 LSP、L2TPV3，或者 TE。对于 PWE3 来说，PW 就像一条本地 AC 到对端 AC 之间的一条直通通道，完成用户的二层数据透传。转发器（Forwarder）是一个选择 PW 来传输 AC 上收到的净载荷的 PE 子系统。隧道（Tunnel）是在网络上透明承载信息的一种机制，是一条本地 PE 与对端 PE 之间的直连通道，完成 PE 之间的数据透传，用于承载 PW，一条隧道上可以承载多条 PW，一般情况下为 MPLS 隧道。PW 上传输的报文使用的标准的 PW 封装（Encapsulation）格式和技术，PW 上的 PWE3 报文封装有多种。PW 信令协议（Pseudo-Wire Signaling）用于创建和维护 PW，是 PWE3 的实现基础。目前，PW 信令协议主要是 LDP 与 RSVP。

以 CE1 到 CE3 的 VPN1 报文流向为例，说明 PWE3 的工作流程。

（1）CE1 上送二层报文，通过 AC 把需要仿真的业务接入 PE1。

（2）PE1 收到业务数据后，由转发器选定转发报文的 PW。

（3）PE1 把业务数据进行两层标签封装（私网标签用于标识 PW，公网标签用于穿越隧道到达 PE2）。

（4）二层报文经公网隧道 PE2，系统弹出私网标签（公网标签在 P 设备上经倒数第二跳弹出）。

（5）由 PE2 的转发器选定转发报文的 AC，将该二层报文转发给 CE3。

15.1.2 PWE3 的分类

PW 按不同方式划分，可分为多种类型：

（1）根据实现方案的不同，可分为静态 PW 和动态 PW。静态 PW（Static PW）是通过命令行手工指定相关信息，而不使用信令协议进行参数协商，数据通过隧道在 PE 之间传递。动态 PW 是指通过信令协议建立起来的 PW。U-PE 通过 LDP 交换 VC 标签，并通过 VC-ID 绑定对应的 CE。当连接两个 PE 的隧道建立成功，双方的标签交换和绑定完成后，只要这两个 PE 的 AC 链路为 Up，一个 VC 就建立起来了。

(2)按组网类型，可分为单跳 PW 和多跳 PW。单跳 PW（Single-Hop Pseudo-Wire）不需要 PW Label 层面的标签交换，在 U-PE 与 U-PE 之间只有一条 PW。而多跳 PW（Multi-Hop Pseudo-Wire）需要在 S-PE（Switching PE）上做 PW Label 层面的标签交换，在 U-PE 与 U-PE 之间存在多个 PW，多跳中的 U-PE 和单跳中的 U-PE 转发机制相同。

15.2 PTN 保护技术

PTN 网络的保护方案分为 PTN 网络内的保护方式、PTN 的接入链路保护和双归保护等三大类。PTN 网络内的保护方式主要分为线性保护和环网保护；PTN 的接入链路保护可分为 TDM/ATM 接入链路的保护和以太网 GE/10GE 接入链路的保护；双归保护是网络内保护与接入链路保护配合，实现接入链路或接入节点失效情况下的端到端业务保护。

15.2.1 PTN 技术线性保护

线性保护主要包括无协议的 1+1 方式和基于协议的 1:1/1:N 方式，可以对端到端路径或者端到端路径上的每个区段（节点或链路）进行保护，其中 1+1 和 1:1 为独享保护，1:N 为共享保护。在 1+1 保护方式中，工作路径和保护路径都承载业务并采用双发选收的模式。在 1:1 保护方式中，网络正常时仅工作路径承载业务，备用路径空闲（也可运行其他较低优先级的业务）；在网络故障情况下，通过协议切换到备用路径承载业务（可抢占其他较低优先级的业务）。

TE FRR 属于 1:1 线性保护的一种实现方式，它是基于协议的区段 1:1 方式。一般对端到端路径上的每个区段分别做 1:1 线性保护。

1. 1+1 线性保护

1+1 线性路径保护倒换机制分为单向 1+1 路径保护倒换和双向 1+1 路径保护倒换。单向 1+1 路径保护倒换机制如图 15.2 所示。正常工作状态下，数据流在源端永久桥接到保护域的工作通路和保护通路上，选择器在宿端选择工作通路上的数据流。当工作通路发生故障后，宿端受到上游产生的告警信息并产生相应的倒换请求，选择器根据此请求执行倒换操作。该倒换操作也可由网管人员在节点 Z 执行外部命令来完成。

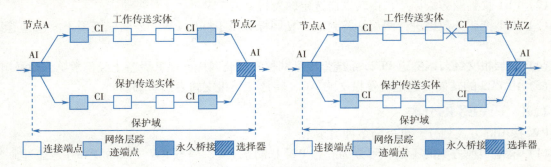

图 15.2 单向 1+1 路径保护倒换

PTN 保护技术中，1+1 线性保护方式的技术特点有：
(1) 采用 MSTP 的通道保护原理，进行双发选收。
(2) 倒换时间最短。

(3) 保护路径不能传送业务。
(4) LSP 标签占用大、因此带宽利用率低。
(5) 主用、备用 LSP 应配置相同标签来减少标签数。

2. 线性 1:1 保护

1:1 路径保护的实现如图 15.3 所示,在源端和宿端均配置有桥接选择器,两个桥接选择器的配合工作即可完成倒换操作。当工作通路发生故障后,上游产生的告警信息会传送给宿端,宿端接到此告警信息后,会产生相应的倒换请求,此倒换请求让选择器执行倒换操作,并向源端发送 APS 信息,该信息携带有倒换请求信息,源端收到倒换请求后,执行倒换操作。至此,数据流实现了从工作通路到保护通路的倒换。保护倒换的操作也可由网管人员在源端与宿端执行外部命令来完成。

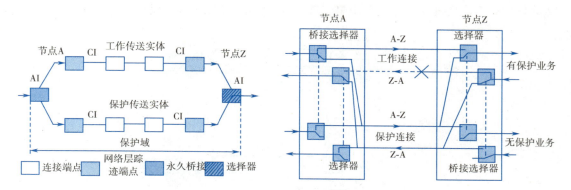

图 15.3 单向 1:1 路径保护倒换

PTN 保护技术中,1:1 线性保护方式的技术特点有:
(1) 采用 SDH 的通道保护原理,源宿两端节点桥接。
(2) 倒换时间相对 1+1 长,小于 50 ms。
(3) 保护路径可传送次要业务。
(4) LSP 标签占用大、带宽利用率低。
(5) 主用、备用 LSP 应配置相同标签来减少标签数。

PTN 技术在工作通道和保护通道都检测告警,并通过告警信息来触发自动倒换。PTN 技术支持与 SDH 类似的 1+1 保护功能,有小于 50 ms 的业务倒换时间,且提供 1:1 保护功能,支持与 SDH 通道保护类似的包括闭锁、强制、人工等手工倒换功能。

15.2.2 APS 保护

APS(Automatic Protection Switching)是指自动保护倒换。APS 是用于两个实体之间的倒换信息协同决策的协议。使用该协议的两个实体通过 APS PDU 协同切换信息,从而调整各自选择器位置,实现工作隧道到保护隧道的切换。APS 保护模式类似于线性保护执行过程,但保护对象及协议执行方式不同。MPLS APS 标准为 ITU-T G.8031,其保护对象是 MPLS Tunnel,其倒换业务中断时间小于 50 ms。APS 协议固定在备用通道上发送,这样双方设备就能知道接收到 APS 报文的通道是对方的备用通道,可通过此来检测彼此的主备通道配置是否一致。当接收不到 APS 报文时,应该固定从主通道收发业务。

APS 保护分为 MPLS APS 单向倒换和 MPLS APS 双向倒换。单向倒换是指当一个方向的 Tunnel 出现故障后，只受影响的方向进行倒换，另一个方向的 Tunnel 保持不变，继续从原通道选收业务。双向倒换是指当一个方向的 Tunnel 出现故障后，两个方向的 Tunnel 都需要倒换。业务流量要么都走工作 Tunnel，要么都走保护 Tunnel。双向倒换能保证两个方向的业务流量走同样的路径，便于维护。

APS 用于在双向保护倒换时协调源宿双方的动作，使得源宿双方通过配合共同完成保护锁定、手工倒换、倒换延时、等待恢复等功能。

APS 保护 Tunnel 通过 OAM 对单挑 LSP 进行连通性检测，发现主 Tunnel 故障，通过 APS 协议实现保护倒换过程，支持 1+1 保护和 1∶1 保护。

APS 1+1 保护是指发送方同时向工作和保护两个 Tunnel 发送业务流量，由接收方根据 Tunnel 状态或者外部命令选择性的接收业务流量，图 15.4 是 MPLS APS 1+1 保护示意图。

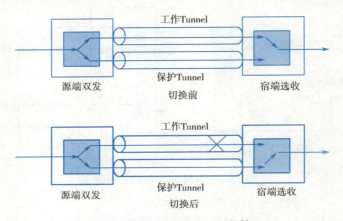

图 15.4　MPLS APS 1+1 保护

图 15.5 是 MPLS APS 1∶1 保护示意图。APS 1∶1 保护在工作 Tunnel 正常时，发送方通过工作 Tunnel 发送业务流量，接收方从工作 Tunnel 接收业务流量。当工作 Tunnel 故障时，通过保护 Tunnel 发送业务流量，接收方从保护 Tunnel 接收业务流量。

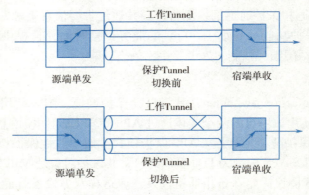

图 15.5　MPLS APS 1∶1 保护

第 15 章 PTN 传输网关键技术

15.3 OAM 技术

PTN 相对于传统的分组设备,强化了运行维护管理技术(OAM)能力。

视频

OAM技术

15.3.1 OAM 定义

运营商根据运营网络的实际需要,把对网络的管理工作分为操作(Operating)、管理(Administration)与维护(Maintenance),简称 OAM。操作需要完成对日常网络与业务的分析、预测、规划和配置工作;维护主要负责网络与业务的测试和故障管理工作。OAM 指为保障网络与业务正常、安全有效运行而采取的生产组织管理活动,简称运行管理维护或运维管理。

OAM 可简化网络操作,检验网络性能和降低网络运行成本。为了保障服务质量,OAM 功能尤为重要。PTN 网络必须具备 OAM 能力,用以保证具有 QoS 保障的多业务能力,OAM 机制可以预防网络故障的发生、实现对网络故障的迅速诊断和定位,提高网络的可用性和用户服务质量。

15.3.2 OAM 帧

OAM 帧中包含 OAM 信息,OAM 帧由 OAM PDU 和外层的转发标签栈条目组成,如图 15.6 所示。转发标记栈条目内容同其他数据分组一样,用来保证OAM 分组在 T-MPLS 路径上的正确转发。

1	2	3		4
第一个字节	第二个字节	第三个字节		第四个字节
Label(14)		MEL	S	TTL
Function Type	Res	Version	Flags	TLV Offset
OAM PDU Payload area					
End TLV				

图 15.6 OAM 帧结构

帧结构中最前面 4 字节是 OAM 标记栈条目,各字段定义如下。

Label(14):20 bit 标记值,值为 14,标识 OAM 标记。

MEL:3 bit MEL,范围为 0~7。

S:S 值为 1 位,表示标记栈底部。

TTL:TTL 的值为 8 bit,取值为 1 或 MEP 到指定 MIP 的跳数 +1,第 5 个字节表示 OAM 消息类型。

Function Type:8 bit,表示 OAM 功能类型。

另外,部分 OAM PDU 需要指定目标 MEP 或 MIP,即 MEP 或 MIP 标识,根据功能类型的不同,可以是如下三种格式之一。

48 bit MAC 地址;

13 bit MEG ID 和 13 位 MEP/MEP ID;

128 bit IPV6 地址。

OAM 帧对应三种不同应用,其发送周期是不同的:

故障管理的默认周期为 1 s（1 帧/s）；

性能监控的默认周期是 100 ms（10 帧/s）；

保护倒换的默认周期 3.33 ms（300 帧/s）。

15.3.3 PTN 的 OAM 功能

PTN 具备类似 SDH 网络的 OAM 能力，能满足电信级网络管理维护的要求。

PTN 的 OAM 主要功能特征有：

（1）PTN 具备分层架构的 OAM 功能，提供了最多 8 层（0～7），并且每层支持独立的 OAM 功能，来应对不同的网络部署策略。一般分为 TMC、TMP、TMS 和接入链路层面。

（2）提供与故障管理相关的 OAM 功能，能够实现网络故障的自动检测、查验、故障定位和通知的功能。在网络端口、节点或链路故障时，通过连续性检测，快速检测故障并触发保护；在故障定位时，通过环回检测，准确定位到故障端口、节点或链路。

（3）提供与性能监视相关的 OAM 功能，实现了网络性能的在线测量和性能上报功能。在网络性能发生劣化时，通过对丢包率和时延等性能指标进行检测，实现对网络运行质量的监控，并触发保护。

（4）提供与告警相关的 OAM 功能。告警机制可以保证在网络故障时产生告警，从而及时、有效定位到故障影响的业务。网络底层故障会导致大量的上层故障，上游故障会导致大量的下游故障，AIS/FDI 等告警抑制可以屏蔽无效告警。

（5）提供用于日常维护的 OAM 功能，包括环回、锁定等操作，为操作人员在日常网络检查中提供更为方便的维护操作手段。

PTN 的 OAM 功能见表 15.1。

表 15.1 PTN 的 OAM 功能

功　能	OAM	T-MPLS	PBT
故障管理	CC	✓ CV	✓ CC
	FDI/AIS	✓ FDI/AIS	✓ AIS
	RDI	✓ RDI	✓ RDI
	LoopBack（LB）	✓	✓
	Test（TST）	✓	✓
	LCK	✓	✓
	CSF	✓	×
性能管理	Dual-ended LM、Single-ended LM	✓	✓
	One-way DM、Two-way DM	✓	✓
其他 OAM	APS、MCC、EX、VS	✓	✓
	SCC、SSM	✓	×

OAM 功能可以分为故障管理 OAM 功能、性能相关 OAM 功能以及其他 OAM 功能，具体 OAM PDU 的定义如下：

第 15 章 PTN 传输网关键技术

1. 故障管理相关 OAM 功能

（1）连续性检测和连通性（Continuity and Connectivity Check，CC）功能：工作在主动模式，源端维护实体组（Maintenance Entity Group，MEG）的端点周期性发送该 OAM 报文，宿端维护实体组端点（MEG End Point，MEP）检测两维护端点之间的连续性丢失（LOC）故障以及误合并、误连接等连通性故障。可用于故障管理、性能监控、保护倒换。用于检测相同 MEG 域内任意一对 MEP 间连接是否正常。

（2）告警指示信号（Alarm Indication Signal，AIS）/前向缺陷指示（Forward Defect Indication，FDI）功能：FDI 报文由第一个检测到缺陷的节点产生并向下游发送，报文中会携带缺陷的类型和位置，其主要目的是抑制受影响的客户 LSP 层产生告警，避免出现冗余告警。

（3）远端故障指示（Remote Defect Indication，RDI）功能：MEP 检测到故障后将这一信息通知对端 MEP。

（4）环回（Loopback，LB）：工作在按需模式，源端 MEP 发送该请求 OAM 报文，宿端 MEP 接收该报文并返回相应应答 OAM 报文。用于验证 MEP 与对端 MEP 间的双向连通性，以检测节点间及节点内部故障，进行故障定位。

2. 性能相关 OAM 功能

（1）帧丢失测量（Frame Loss Measurement，LM）：用于定时双向和手动单向检测丢包和丢包率。

（2）分组时延和分组时延变化测量（Packet Delay and Packet Delay Variation Measurements，DM）：用于定时双向和手动单向检测丢包和丢包率时延/时延抖动。

3. 其他 OAM 功能

（1）自动保护倒换（Automatic Protection Switching，APS）：当其中一条链路出现故障时自动倒换到备用链路。

（2）管理通信信道（Management Communication Channel，MCC）：用于在 OAM 两个端点传送管理信息。

（3）用户信号失效（Client Signal Fail，CSF）：用于从 T-MPLS 路径的源端传递客户层的失效信号到 T-MPLS 路径的宿端。

15.4 QoS 技术

QoS（Quality of Service，服务质量）是指为网络通信提供更好的服务的一种能力，是利用各种基础技术解决网络延迟、丢包率、抖动和带宽等一系列问题的技术。该技术的目的是有效控制网络资源及其使用，避免网络阻塞，减小报文的丢失率，调控网络的流量，为特定用户或业务提供专用带宽，支撑网络上的实时业务。

视频

QoS 与同步技术

15.4.1 QoS 的服务模型

QoS 的服务模型主要包括以下三种：

1. 尽力而为服务模型

尽力而为服务（Best-Effort）是一个单一的服务模型，也是最简单的服务模型，是传统 IP 网络提供的服务类型。Best Effort 模型是网络的默认服务模型，它适用于绝大多数网络应用，它通过先入先出（FIFO）调度方式来实现。在该服务方式下，所有经过网络传输的分组具有相同的优先级，IP 网络会尽一切可能将分组正确完整地送到目的地，不保证分组在传输中不发生丢弃、损坏、重复、失序及错误等现象，不对分组传输介质相关的传输特性（如时延、抖动等）做出任何承诺。

2. 保证服务模型

保证服务模型（Integrated Service，IntServ）模型是一个综合服务模型，它是 IETF 于 1993 年开发的一种在 IP 网络中支持多种服务的机制。其特点是在发送报文前要先向网络提出申请，这个请求是通过信令来完成的，网络在流量参数描述的范围内，预留资源以承诺满足该请求。它的目标是在 IP 网络中同时支持实时服务和传统的尽力而为服务，它是一种基于为每个信息流预留资源的模型。保证服务模型要求源和目的主机通过资源预留协议（Resource Reservation Protocol，RSVP）信令消息，在源和目的主机之间传输路径上的每一个节点建立分组分类和转发状态。

IntServ 模型的最大优点可以提供端到端的 QoS 投递服务。网络节点需要为每个资源预留维护一些必要的软状态（Soft State）信息，因此其最大缺点是可扩展性不好。在与组播应用相结合时，还要定期地向网络发资源请求和路径刷新信息，以支持组播成员的动态加入和退出。Internet 有上百万的流量，要为每个流保持维护状态对设备消耗巨大，因此保证服务模型一直没有真正投入使用。

3. 区分服务模型

在 Internet 上，为了针对不同的业务提供有差别的服务质量，IETF 定义了 DiffServ（Differentiated Service）模型。它是一种多服务模型，可以满足不同的 QoS 需求。区分服务（Differentiated Service，DiffServ）模型在区分服务域的网络边缘入口设备进行流量的分类与标记，使用流量类来描述各种服务。DiffServ 模型中，分类标记是数据包的一部分，能够随着数据在网络中传递，所以，网络设备不需要为不同的流保留状态信息，数据包能获得什么样的服务跟它的标记密切相关，网络根据每个报文携带的优先级来提供特定的服务。当网络出现拥塞时，根据业务的不同服务等级约定，有差别的进行流量控制和转发来解决拥塞问题。

DiffServ 模型一般用来为一些重要的应用提供端到端的 QoS。通常在配置 DiffServ 模型后，边界设备通过报文的源地址和目的地址等信息对报文进行分类，对不同的报文设置不同的优先级，并标记在报文头部。而其他设备只需要根据设置的优先级来进行报文的调度。

15.4.2 QoS 功能

QoS 技术包括流分类、流量监管、流量整形、接口限速、拥塞管理、拥塞避免、队列调度等功能。

1. 流分类与流标记功能

流是一组具有相同特性的数据报文，业务的区分基于数据报文进行。流分类是指采用一定的规则对业务流进行分类；流标记是对流分类后的报文采用一定的规则标识符合某类特征的报文，它是对网络业务进行区分服务的前提和基础。

PTN 支持按照一定规则，对业务流进行分类和优先级标记，以实现不同业务的 QoS 区分。优先级用于标识报文传输的优先程度，可以分为两类：报文携带优先级和设备调度优先级。报文携带优先级包括 802.1p 优先级、DSCP 优先级、IP 优先级、EXP 优先级等。这些优先级都是根据公认的标准和协议生成的，体现了报文自身的优先等级；设备调度优先级是指报文在设备内转发时使用的优先级，只对当前设备有效，它又包括本地优先级（LP）、丢弃优先级（DP）和用户优先级（UP）。

2. 流量监管

流量监管（Traffic-policing）是对流分类后采取的动作，对进入或流出设备的特定流量进行监管，对业务流进行速度限制，当流量超出设定值时，可以采取限制和惩罚措施，以保证对每个业务流的带宽控制。通常的用法是使用承诺访问速率（Committed Access Rate，CAR）来限制某类报文的流量，例如可以限制HTTP报文不能占用超过50%的网络带宽。如果发现某个连接的流量超标，流量监管可以选择丢弃报文，或重新设置报文的优先级。

3. 流量整形

流量整形（Traffic-shaping）一种流量控制措施，主动调整流的输出速率，使报文流以均匀的速率发送，对每个业务流进行流量整形，有助于避免不必要的报文丢弃和延迟，通常作用在接口出方向。

流量整形通常使用缓冲区和令牌桶来完成，当报文的发送速度过快时，首先在缓冲区进行缓存，在令牌桶的控制下，再均匀地发送这些被缓冲的报文。通用流量整形（GTS）可以对不规则或不符合预定流量特性的流量进行整形，以利于网络上下游之间的带宽匹配。GTS与CAR的主要区别在于：利用CAR进行报文流量控制时，对不符合流量特性的报文进行丢弃，而GTS对于不符合流量特性的报文则是进行缓冲，减少了报文的丢弃，同时满足报文的流量特性。

PTN流量监管和流量整形功能能实现为各类业务流分配带宽属性和带宽参数，主要涉及承诺速率、峰值速率、额外速率等指标，支持在不影响现有业务的情况下，调整QoS带宽参数。

4. 拥塞管理

当拥塞发生如制定一个资源的调度策略，以决定报文转发的处理次序，通常作用在接口出方向。

5. 拥塞避免（Congestion Avoidance）

监督网络资源的使用情况，当发生拥塞有加剧的趋势时，通过主动丢弃报文的策略，实现网络过载情况的解除，通常作用在接口出方向。

PTN主要支持尾丢弃（Tail-Drop）或加权随机早期探测两种拥塞控制机制。

6. 队列调度

当报文到达网络设备接口的速度大于接口的发送能力时，将产生拥塞，需要通过采用队列调度机制来解决拥塞。

15.5 同步技术

精确的同步控制是保证可靠、高质量的通信网络的必备条件。同步可分为时间同步与时钟同步两个概念，通信网中所有需要同步的网元设备与业务都需要将同步网中时间与时钟频率作为定时基准信号。为了满足应用需求和QoS的要求，PTN网络必须实现网络的同步。

15.5.1 同步的概念

1. 时钟同步

时钟同步又称频率同步，是指信号间的频率或相位严格保持某种特定关系，其相对应的有效瞬间以同一平均速率出现，以维持通信网络中所有的设备以相同的速率运行。

2. 时间同步

时间同步是指信号之间频率与相位都相同。时间同步是按照接收到的时间来调控设备内部的时钟和时刻，它既控制时钟的频率又调控时钟的相位。时间同步接收非连续的时间参考源信息。

通常会有一个同步参考源即主时钟；另外有一个时钟，使其保持与主时钟的频率和时间同步。为了消除相位差，主时钟可以提供一个以 60 s 为周期的基准脉冲信号，使从时钟秒针的跳变位置在每一个基准信号脉冲出现时，与主时钟秒针的跳变位置保持一致，则两个时钟就能保持相位的对齐（或相位同步）以及时间上的同步。

3. 同步网

同步网（Synchronization Network）是一个实体网，它由节点时钟和定时链路组成，为实现各种业务网的同步，通过网同步技术为各种业务网的所有网元分配定时信号（时钟或时间信号）。

15.5.2 同步技术简介

目前在基于 PTN 传送的分组网络中，可通过同步以太网（物理层同步）和 IEEE 1588v2 报文同步两种方式来实现时钟同步；时间同步可通过 IEEE 1588v2 协议报文实现，从而替代传统的 GPS 同步方案。1588v2 协议和网络时间协议（NTP）相似，也是一种基于协议层实现的网络同步时间传递方法，可实现频率同步和相位同步。与网络时间协议的毫秒级精度相比，1588v2 协议有更高的精度，可实现微秒及次微秒级时间同步精度，可替代当前的全球定位系统（Global Positioning System，GPS）实现方案，从而降低网络组网成本和设备的安装复杂性。同步以太网技术是一种物理层时钟同步技术，该技术从物理层数据码流中提取高精度时钟用于网络传递，为系统提供基于频率的时钟同步功能，它不受业务负载流量影响。同步以太网可应用于基于频分双工（Frequency Division Duplexing，FDD）模式，不需要同步的应用中。

1. 同步以太网

同步以太网采用与 SDH/PDH/SONET 方式类似的时钟同步方案，通过以太网物理层信号传递时钟，又称物理层时钟同步。它不受链路业务流量影响，通过同步状态信息（Synchronization Status Message，SSM）帧传递对应的时钟质量信息。图 15.7 为同步以太网传递时钟原理图。设备系统需要支持一个时钟模块，统一输出一个高精度系统时钟给所有以太网接口卡，以太网接口卡上的物理层器件利用这个高精度时钟把数据发送出去。在接收侧，以太网接口的物理层器件将时钟恢复并提取出来，分频后送给时钟板。时钟板根据 SSM 和其他相关信息，选择一个精度最高的，将系统时钟与其同步。

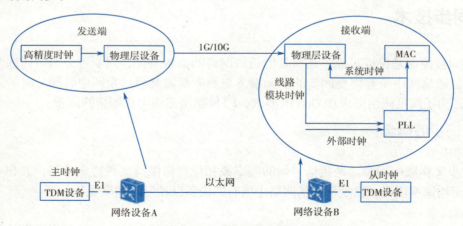

图 15.7 同步以太网传递时钟原理

为了保证时钟源选择的正确性，在传递时钟信息的同时，必须传递 SSM。在 SDH 网络中，

SDH 的带外开销字节包含了时钟质量等级信息，与 SDH 网络不同的是，以太网没有带外通道，所以只能通过构造 SSM 报文的方式告知下游设备，报文格式可以采用以太 OAM 的通用报文格式。

2．IEEE 1588v2 技术

IEEE 1588v2 技术定义了一种精确时间同步协议（Precision Time Protocol，PTP），其基本功能是使分布式网络内的最精确时间与其他时间保持同步。IEEE 1588v2 利用硬件记录主从设备之间时间报文交换产生的时间戳，计算主从之间的路径延迟和时间偏移，实现主从频率和时间同步。其基本原理如图 15.8 所示。

图 15.8　IEEE 1588v2 基本原理

IEEE 1588v2 协议的优点是支持高精度的频率同步与时间同步，网络报文时延差异影响可以通过逐级的恢复方式解决，是统一的业界标准。其缺点是不支持非对称网络，需要硬件支持 IEEE 1588v2 协议和工作过程。

PTN 同步以太网与 IEEE 1588v2 两种技术的融合，可以提升与时钟的时间精度（与基站相连节点必须为普通时钟（Ordinary Clock，OC）或边界时钟（Boundary Clock，BC）模式，为避免业务流量对 IEEE 1588v2 时间传递精度的影响，IEEE 1588v2 报文应在设备接口测处理（IEEE 1588v2 对于双向时延不一致敏感）。

15.6　PTN 组网技术

15.6.1　PTN 组网概述

PTN 传送网在网络规划与建设方面与传统的 SDH/MSTP 在物理架构上类似，同样分为核心层、汇聚层和接入层，可组织环网、链状网、网状网等。PTN 传送网综合了 SDH/MSTP 和 IP/MPLS 两者的优点，可实现网络扁平化的目的，可广泛应用于城域传送网和宽带接入网的二层汇聚网络以及 3G/4G/5G 基站到 RNC 的基站回传段。

组网模型要根据网络的规模来确定，可按照中小型城域网和大型城域网来划分。大型城市的特点是业务量大，接入节点数量大，层次多，网络结构复杂。中型城市的业务量较大，接入节点数适中，网络结构较复杂。而对于小型城市而言，其业务量小，接入节点数较小，网络结构简单，一般只有两层。

中小城域网的接入网采用 GE 组环，而汇聚层和核心层都可采用 10GE 组环。

大中城域网的接入网可采用 GE 组环，汇聚层采用 10GE 组环，由于业务量较大，汇聚层的

视频

PTN组网技术

10GE 环容量已经很满，如果核心层仍采用 10GE 组环，则无法对带宽进行收敛，在此情况下，可建设成直达方式，组成网状网。在业务终端节点同样需配置 PTN 设备，一方面实现对业务的端到端管理，另一方面可识别 4G/5G 基站的标识，将相应的业务配置到对应的 LSP 通道中。核心层负责提供核心节点间的局间中继电路，并负责各种业务的调度，核心层应该具有大容量的业务调度能力和多业务传送能力。可采用 10GE 组环，节点数量为 2~6 个，也可采用 Mesh 组网。

汇聚层具有较大的业务汇聚能力和多业务传送能力，它负责各种业务的汇聚和疏导，采用 10GE 组环，节点数量宜在 4~8 个。接入层具有灵活、快速的多业务接入能力。接入层应具有灵活、快速的多业务接入能力。采用 GE 组环，对于 PTN，为了安全起见，节点数量不应超过 15 个；对于 IP RAN，不应多于 10 个。

15.6.2 PTN 组网应用

PTN 传送网主要承载高价值的以太网类分组化电路业务，例如 3G/4G/5G、LTE 业务，以及重要的集团客户业务。

PWE3 提供 PTN 三大业务 TDM、ATM/IMA、ETH 的统一承载，建立端到端的 PW 伪连接，构建 L2VPN 网络。

(1) 网络侧可通过 MPLS Tunnel 和 IP Tunnel，GRE Tunnel 实现报文的透明传输。
(2) 利用 TE 技术实现流量的规划和 QoS 保障。
(3) 对于 MPLS Tunnel，实现端到端的 OAM 检测和 1+1 LSP 保护。
(4) PTN 支持点对点以太专线，多点对多点的以太专网和多点对点的以太汇聚。
(5) TDM：支持结构化 CES 业务和非结构化 CES 业务，可实现 64 kbit/s 空闲时隙的压缩。
(6) ATM/IMA：支持 1:N 和 1:1 的 VPC 和 VCC 连接，支持 VPI/VCI 交换和空闲 ATM 信元去除。

根据 PTN 网络用户接入方式不同，具体业务可以分为以下六种。

(1) 移动回传 Backhaul 网络的典型应用，如图 15.9 所示。

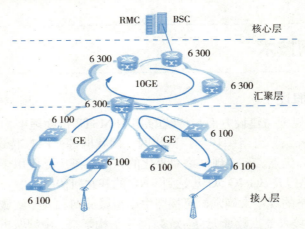

图 15.9 移动 Backhaul 网络的典型应用

(2) 典型的业务形式一。从基站传入的 TDM E1 业务，经过 PTN 网络后，通过汇聚设备的 Ch.STM-1 接口落地，如图 15.10 所示。

(3) 典型的业务形式二。从基站传入的 IMA E1 业务，经过 PTN 网络后，通过汇聚设备的 ATM STM-1 接口落地，如图 15.11 所示。

第 15 章　PTN 传输网关键技术

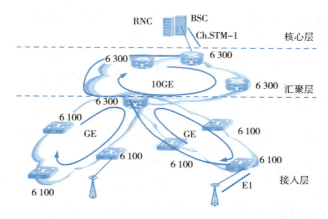

图 15.10　TDM E1 业务应用

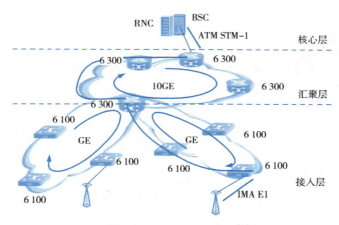

图 15.11　IMA E1 业务应用

（4）典型的业务形式三。从基站传入的 FE 业务，在经过 PTN 网络后，通过汇聚设备的 GE/FE 接口落地。提供标准的 E-Line 业务，如图 15.12 所示。

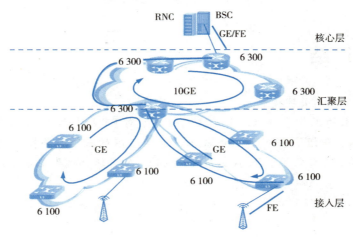

图 15.12　E-Line 业务应用

(5) 典型的业务形式四。图 15.13 是 E-Lan 业务实例，通过节点间的隧道建立连接，提供 E-Lan 业务。

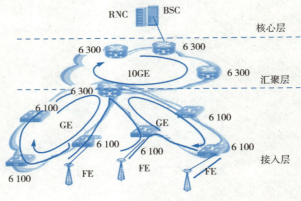

图 15.13　E-Lan 业务应用

(6) 典型的业务形式五。
图 15.14 是 E-Tree 业务实例，通过节点间的隧道建立连接，提供 E-Tree 业务。

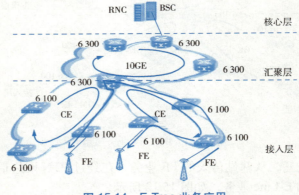

图 15.14　E-Tree 业务应用

本 章 小 结

本章介绍了 PTN 传输网关键技术。

介绍了 PWE3 技术的工作原理以及 PWE3 的分类；对 PTN 的 OAM 技术包括 OAM 帧结构和 OAM 的功能做了介绍；介绍了 PTN 的 QoS 技术，包括 QoS 的三种服务模型以及 QoS 的功能；对 PTN 的同步技术做了介绍；介绍了 PTN 技术的线性保护、APS 保护以及几种典型 PTN 的组网技术。

思考与练习

1. PWE3 的定义是什么？简述 PWE3 技术的工作流程。
2. 简述 APS 保护的基本原理。
3. PTN 的 OAM 主要功能特征有哪些？
4. QoS 的定义是什么？有哪些服务模型？
5. 时钟同步与时间同步分别如何定义？
6. PTN 典型的组网应用有哪些？

参 考 文 献

[1] 原容．光纤通信技术 [M]．北京：机械工业出版社，2011．
[2] 王辉，于虹，王平．光纤通信 [M]．北京：电子工业出版社，2014．
[3] 袁建国，叶文伟．光纤通信新技术 [M]．北京：电子工业出版社，2014．
[4] 田国栋，王超，张立中．光纤通信技术 [M]．西安：西安电子科技大学出版社，2008．
[5] 赵东风，丁洪伟，汤小民，等．SDH 光传输网络技术教程 [M]．昆明：云南大学出版社，2011．
[6] 肖萍萍，吴健学．SDH 原理与应用 [M]．北京：人民邮电出版社，2014．
[7] 门巴耶夫，沙伊纳．光纤通信技术 [M]．徐公权，段鲲，廖光裕，等译．北京：机械工业出版社，2002．
[8] 拉马斯瓦米，西瓦拉詹，佐佐木．光网络 [M]．徐安士，吴德明，何永琪，译．北京：电子工业出版社，2013．
[9] 张维华．城市光网 [M]．北京：人民邮电出版社，2014．
[10] 杨波，周亚宁．大话通信：通信基础知识读本 [M]．北京：人民邮电出版社，2012．
[11] 许圳彬，王田甜，胡佳，等．SDH 光传输技术与应用 [M]．北京：人民邮电出版社，2012．
[12] 许圳彬，王田甜，胡佳，等．分组传送网技术 [M]．北京：人民邮电出版社，2012．
[13] 张颖艳，岳蕾，傅栋博，等．光通信仪表与测试应用 [M]．北京：人民邮电出版社，2012．
[14] 刘焕淋．光分组交换技术 [M]．北京：国防工业出版社，2010．
[15] 顾畹仪，李国瑞．光纤通信系统 [M]．北京：北京邮电大学出版社，2008．
[16] 赵梓森．光纤通信技术概论 [M]．北京：科学出版社，2012．
[17] 原容．宽带光接入技术 [M]．北京：电子工业出版社，2010．
[18] 杜文龙，朱祥贤．光传输网组建与维护项目化教程 [M]．北京：机械工业出版社，2012．
[19] 赵东风，彭家和，丁洪伟．SDH 光传输技术与设备 [M]．北京：北京邮电大学出版社，2012．
[20] 孙学康，毛京丽．SDH 技术 [M]．北京：人民邮电出版社，2014．
[21] 何一心，文杰斌，王韵，等．光传输网络技术：SDH 与 DWDM[M]．北京：人民邮电出版社，2010．
[22] 刘增基，周洋溢，胡辽林，等．光纤通信 [M]．西安：西安电子科技大学出版社，2008．
[23] 王健，张敏锋，周晓，等．光网络评估及案例分析 [M]．北京：人民邮电出版社，2015．
[24] 杨一荔．PTN 技术 [M]．北京：人民邮电出版社，2014．
[25] 杨彬，张兵，潘丽，等．传输网工程维护手册 [M]．北京：人民邮电出版社，2016．
[26] 王晓义，李大为．PTN 网络建设及其应用 [M]．北京：人民邮电出版社，2010．